航空工艺装备设计与制造系列丛书

航空工艺装备设计案例

主 编　王新峰

副主编　王鸿昇　徐小伟　郭　峰

西北工业大学出版社

西 安

【内容简介】 本书主要总结了近二十年来近十种飞机产品工艺装备的设计经验,对飞机工艺装备相关装配型架、模具夹具、地面/实验设备、数字化集成装备专用工装设计过程进行了分专业分类介绍,并对需求分析、结构设计、设计计算等工艺装备设计过程中具体的操作方案进行了详细阐述。通过阅读本书,读者可以较为全面地了解航空工艺装备的设计过程及技术内涵,快速掌握航空工艺装备设计流程及方法。

本书可作为高等院校航空制造相关专业的教材,也可供航空工艺装备设计、制造人员使用。

图书在版编目(CIP)数据

航空工艺装备设计案例 / 王新峰主编.--西安 ：
西北工业大学出版社,2024.10.-- ISBN 978 - 7 - 5612
- 9385 - 0

Ⅰ.V241

中国国家版本馆 CIP 数据核字第 2024T4K847 号

HANGKONG GONGYI ZHUANGBEI SHEJI ANLI

航 空 工 艺 装 备 设 计 案 例

王新峰 主编

责任编辑：胡莉巾		策划编辑：胡莉巾	
责任校对：王玉玲		装帧设计：薛 璐	
出版发行：西北工业大学出版社			
通信地址：西安市友谊西路 127 号		邮编：710072	
电 话：(029)88493844,88491757			
网 址：www.nwpup.com			
印 刷 者：西安五星印刷有限公司			
开 本：787 mm×1 092 mm		1/16	
印 张：16.625			
字 数：415 千字			
版 次：2024 年 10 月第 1 版		2024 年 10 月第 1 次印刷	
书 号：ISBN 978 - 7 - 5612 - 9385 - 0			
定 价：68.00 元			

如有印装问题请与出版社联系调换

《航空工艺装备设计案例》
编　写　组

主　编　王新峰

副主编　王鸿昇　徐小伟　郭　峰

编　者　王守川　李继红　李卫平　魏洪杨　刘　航
　　　　　赵　成　王伟华　周　亮　曹爱民　翟　攀
　　　　　杨文举　闫宝强　闫喜强　袁　婕　南晓莹
　　　　　史利利　曹莎莎　杜媛媛　马圣男　吕引明
　　　　　邢林强　苏玥铭　段　岩　程　露　任　焕
　　　　　杨宝华　许　斌　何　斌　雷润德　高　刚
　　　　　田　天　张莹莹　王乐蕾　田芳方　刘艳芳
　　　　　王　伟

前　　言

工艺装备(简称"工装")是航空制造的基础,工艺装备设计是实现飞机产品制造技术指标和制造工艺工序的核心要素,是支撑飞机产品良好制造质量的关键。在航空制造行业内,本书是首部对航空工艺装备设计案例进行全面梳理的教材,书中内容是笔者多年从事工艺装备设计技术研究工作的经验总结,并大量结合中航西安飞机工业集团股份有限公司(简称"中航西飞")多型飞机工艺装备研制工程实践。本书对工艺装备行业设计从业人员和产业链条相关技术及管理人员深入了解航空工艺装备制造技术有重要价值,对航空制造相关专业学生进行课程设计、项目研究、论文撰写等有重要指导价值,同时对工艺装备设计从业新员工培训有重要意义。

本书对工艺装备设计过程中涉及的装配、夹具、模具、地面、试验、工量具、机电等工装类别设计方法进行了全面归集,对各工装类别均选取了3~10个具有代表性的典型案例。本书以典型案例为主线、设计过程为灵魂、设计方法与计算过程为主体,引导读者熟悉各类别工艺装备设计过程,掌握各类别工艺装备的基本设计方法。

本书编者主要为中航西飞工艺装备设计工程技术人员。其中,编写思路、大纲、技术方向确定,全文审定等工作由王新峰完成,技术内容审定工作由王鸿昇、徐小伟、郭峰完成,案例选定工作由王守川、李卫平、李继红完成,装配工装设计由刘航、赵成、周亮、高刚、田天、张莹莹编写,夹具工装设计由曹爱民、袁婕、南晓莹、史利利、王乐蕾编写,模具工装设计由翟攀、杨文举、闫宝强、曹莎莎、杜媛媛、田芳方编写,地面工装设计由马圣男、吕引明、邢林强、魏洪杨编写,试验工装设计由段岩、苏玥铭编写,工量具设计由刘艳芳、王伟编写,机电类工装设计由王守川、王伟华、闫喜强、杨宝华、程露、任焕、许斌、何斌、雷润德编写。

中航西飞张炜、田经纬、蔡继钊、李希、寇永兴、翟玉正、郑文利、吴峰、王迥仁、车剑昭、赵晓亮、李磊、景志凯、许广孝、周新房、龙志华、芦海涛、赵远鹏为本书的撰写提供了帮助,南昌航空大学朱永国老师等为本书的编辑提供了充分的协助,航空工艺装备制造行业及航空院校相关专家——中国航空制造技术研究院刘华东、沈阳航空航天大学王巍、西北工业大学王仲奇和李西宁参与了部分内容的审校工作。在此,对他们一并表示衷心感谢。

本书受到国家重点研发计划"超大型复合材料整体加筋壁板高性能精确成型及工程化应用"(课题编号:2021YFB3401705)的支持,在此表示感谢。

另外,在编写本书的过程中参考了大量文献,在此对相关文献的作者表示真诚的感谢。同时对西北工业大学出版社认真负责的工作表示感谢。

由于水平有限,书中难免有疏漏与不妥之处,敬请广大读者批评指正。

编　者

2024 年 4 月

目 录

第1章 装配工装设计

1.1 概 述

装配工艺装备(简称装配工装。本书中若无特别说明,装配工装均指飞机装配工装)是指在完成飞机产品从组件到部件装配以及总装配过程中,用以控制其几何外形和空间位置的具有定位功能的专用装备。装配工装是飞机装配过程中重要的工艺装备,相关资料表明,40%以上飞机的装配和制造是在装配工装中进行的。装配工装可分为组件装配工装、部件装配工装、精加工工装、检验工装等。装配工装一般由骨架、外形定位件、接头定位件、夹紧件、支座、标准件及辅助设备等部分组成。装配工装通过对飞机产品的组件、部件等装配单元内的主要零组件进行支撑、定位、压紧,保证各产品零组件间的正确、稳定关系,以便操作者实施铆接、螺接等连接组合,形成正确的装配单元。合理设计和使用适当的工装能够提高装配效率、质量和安全性。装配工装结构复杂,设计难度大,设计过程需要耗费大量的人力与物力,且后期的修改频繁,占用飞机生产准备阶段大量劳动时间。及时、高效、高质量地完成装配工装的设计对飞机产品的生产制造具有重要的意义。

装配工装的设计质量同其他生产用工艺装备一样,即以产品质量、工作效率、操作安全性和成本作为衡量标准,并以此作为设计工作所遵循的基本准则。设计人员在进行工装设计时应遵循如下要求。

1. 使用性

(1)满足装配工艺要求。

(2)定位合理,压紧可靠。

(3)工作环境开敞,操作条件好。

(4)定位件及压紧件操作简单,活动构件应便于开启和工作位置的恢复。

(5)产品上架和出架方式合理。

2. 协调性

(1)定位系统的设计应保证工艺装备之间的协调性,并应合理确定其制造方法。

(2)要从结构设计角度考虑如何能在工艺装备的制造上更好地达到工艺装备之间的协调性。

（3）对于加入尺寸控制环节（即数字传递环节）的定位件，必须确定合理的定位或转换基准，以减少其安装误差。

3．稳定性

（1）刚度合理，对重要构件应消除应力。

（2）活动定位件的使用位置较稳定。

（3）根据产品的尺寸大小和精度要求情况，在工艺装备结构设计中有消除或减少温度因素对协调影响的相应措施。

（4）工艺装备在地坪上的安放，应优先采用三点支撑或多点可调支撑，以消除地基下沉对型架准确度的影响或便于恢复型架的总体精度。

4．经济性

（1）在满足使用要求的前提下，工艺装备的结构造价应较低。

（2）工艺装备结构的设计应适当考虑产品改型对其提出的改造可行性。

（3）工艺装备选择及其结构设计，须处理好新机研制、试制和转批量生产三者之间的关系。

（4）便于工装的故障检修。

（5）类似产品的工艺装备结构，如框、肋等，必须尽量同一化，即结构相似和元件相似或相同，以利于工艺装备的制造。

（6）选择合理的制造公差，并具有良好的制造工艺性。

（7）合理利用原材料，优先选用库存材料；尽量采用标准件，优先采用储备标准件。

5．安全性

（1）在产品的定位和压紧过程中，应有必要的保护措施，以防止划伤产品。

（2）型架与产品之间必须有足够空间和必要的保护措施，以保证产品在出架时不致因摆动而被碰伤。

（3）大型活动构件应有配重或省力装置；在操作者的活动区域内，工艺装备零件不得有锐角和锐边，以利于安全。

（4）较重的可卸构件，应设置起吊装置和存放支撑；承力较大的构件，必须经过强度校核。

6．先进性

注意采用先进结构和先进工艺方法，以提高工艺装备的使用性和降低工艺装备的制造费用。

1.2　中后机身壁板型架设计

1.2.1　产品结构分析

如图1.1所示，中后机身壁板主要由蒙皮、长桁、剪切角片、垫板、球面框框缘、客舱观察窗窗框等组成。蒙皮构成飞机的理论外形。长桁是壁板的纵向加强件，与蒙皮和剪切角片连接。剪切角片为横向构件，支撑、连接机身辅框，其轴线面为平面，外形为蒙皮内形。垫板对蒙皮起加强作用。球面框框缘为"Y"型材，用于支撑、连接球面框，其外形为蒙皮内形，其立边外形为球面框球皮内形。该壁板处于机身变截面段，为双曲度壁板，长桁轴线为空间曲线。

机身壁板一般的装配顺序：先定位长桁，再定位框，接着定位蒙皮、垫板，之后定位剪切角片，最后定位其他结构件。

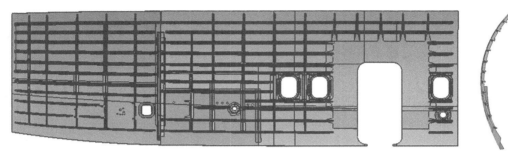

图 1.1　中后机身壁板结构示意图

1.2.2　总体设计

1. 产品定位部位

机身壁板型架一般采用内定位，即以蒙皮内形为定位基准。用内形卡板定位蒙皮内形，用拉紧带压紧蒙皮，使其贴紧内形卡板的外形；框缘或者剪切角片通过定位孔或按在内形板上刻划的端头标记线定位，使其紧贴蒙皮并用压紧件压紧；长桁用长桁定位器定位、压紧，贴紧蒙皮。

2. 产品放置状态

机身壁板型架的产品通常都选择侧放，框轴线与地面垂直，装配时操作者在侧面，方便铆接工作，同时也便于产品下架。

3. 框架形式

机身壁板型架通常为整体框架式结构，不打基础，用可调支撑支撑在地面上。该中后机身壁板型架尺寸较大，为了便于连接面的精加工，采用分散梁与三角架组合连接的结构形式；为了减小梁挠曲变形，在中间增加支撑。

4. 制造安装方法

本壁板型架采用数字化方法制造。内形卡板采用数控加工外形，刻划相关标记线，钻制有关定位孔、连接孔，再通过连接孔安装相关定位件，最后结合激光跟踪仪测量将内形卡板安装到框架上。

1.2.3　工装结构设计

1. 壁板型架框架设计

壁板型架框架通常采用方钢管焊接而成，截面大小根据型架尺寸及产品精度要求而定。根据机身壁板的外形要求，控制型架框架的刚度，在材料自重作用下垂直方向的挠度不大于

0.15 mm。在型架框架尺寸和截面一定的情况下,合理地设计支撑也可明显地提高型架框架的刚度。型架框架的内形尺寸还应满足壁板铆接工作的开敞性和可达性要求。

如果壁板外形曲率变化大,或壁板长度尺寸较大,或精加工硬垫补偿连接的框架无法整体加工,而整体焊接框架难以满足要求,那么必须采用分散梁组合式结构,通过支架组合而成。

在设计壁板型架框架时,一定要注意框架与产品边缘间有足够的空间,以方便铆接。通常情况下,框架内侧面距离产品边缘应当大于 200 mm。此外,还要特别注意一些伸出壁板的零件,这些零件伸出壁板的部分可能不需要在型架上定位,但是有可能与型架框架发生干涉。

如图 1.2 所示,本型架框架采用分散梁精加工组合形式,用可调支撑支撑于地面。梁和支架选用 200 mm×200 mm×10 mm 的钢方管,分别通过数控方法加工连接面。根据壁板曲率变化情况,框架上梁与下梁错开布置。支架设计应考虑壁板型架的稳定性。框架总长 8 m,为了减小梁的挠曲变形,在框架中间增设支撑点。为了便于通过激光跟踪仪测量、安装时建立测量坐标系统,在梁及支架上布置激光测量基准工具球点(TB 点)座。

图 1.2 型架框架结构

2.内形卡板设计

壁板型架的内形卡板是壁板型架的最主要定位元件,内形卡板组件如图 1.3 所示。在每一个有框缘或补偿片的框位上均需设置一块内形卡板。内形卡板的外形为蒙皮内形。在内形卡板上应作出长桁轴线、蒙皮边缘线、框缘/剪切角片端头线等标记;内形卡板的端头处与蒙皮边缘间应留出足够的空间(一般不小于 200 mm),以便于安装定位件和增大铆接的开敞性。

(1)卡板厚度的选取,一般与卡板的长度有关,通常 2 m 以内的卡板厚度取 20 mm,超过 2 m 时则根据卡板的外形曲率适当加厚。卡板一般采用铝板 2A12 或 6061 - T6。

(2)卡板端头处的外形设计,要考虑在使用蒙皮拉紧带时能够有效、可靠地压紧蒙皮,使其贴合到内形卡板上。

(3)卡板应满足数控加工和激光安装的要求,其上要注明数控加工的基准孔、基准面;要划线标记的各种特征线,必须在数控模型中作出并标记。光学工具点(Optical Tooling

Points,OTP)孔一般作为数控加工的基准孔,其在卡板轴线面内的布置应当合理,能够控制卡板的安装位置准确、可靠。卡板上一般的定位件连接孔通过数控加工制出,公差按数控加工公差控制。

图 1.3 所示内形卡板长度为 2.5 m,厚度为 25 mm,宽度为 195 mm,材料为 6061 - T6。内形卡板上制有数控加工基准孔、OTP 点孔、长桁定位器安装孔、系统定位件/钻模安装连接孔,并刻划有长桁轴线、蒙皮边缘线。内形卡板上的长桁缺口根据长桁截面形状设计,并且不应影响产品从壁板型架上下架。

(a)内形卡板　　　　(b)安装剪切角片压紧件及其他定位件后　　　(c)安装长桁定位器后

图 1.3　内形卡板组件

3.剪切角片定位件设计

剪切角片通常采用轴线面与端头定位:轴线面用内形卡板面定位,端头则按长桁产品轴线面定位,或者按卡板上的端头线定位,再通过设置的压紧件将剪切角片压紧在卡板面上。

4.长桁定位器设计

根据长桁的形式,按需设计长桁定位器。由于长桁定位器是装配工装中用得最多的元件,因而应当尽可能选用标准结构,或根据不同类型的长桁截面将其标准化。双曲度壁板的长桁定位器需制出长桁走向角。

本壁板长桁定位器为非标结构,结构形式如图 1.4 所示。

5.蒙皮压紧件设计

一般情况下,在用内形卡板定位时蒙皮压紧件都采

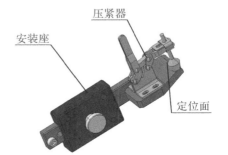

图 1.4　长桁定位器

用拉紧带结构,如图 1.5 所示。通常将拉紧带的一端固定在卡板的上端头,另一端则固定在下端头。这样,设计卡板端头时就必须考虑其形状及尺寸,以使拉紧带能够有效地压紧蒙皮,包括边缘区域在内的整个范围。

6.卡板连接角座设计

如图 1.6 所示,卡板连接角座用于固定卡板并将其连接到框架上。通常情况下,卡板连接角座可选用角材、焊接角座或整体机加带筋角座,具体根据所需角座的尺寸确定。设计角座时,需考虑卡板调装的便利性,同时在角座与框架之间设置补偿垫片。

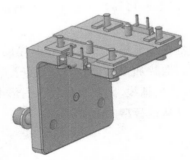

图 1.5　蒙皮拉紧带　　　　图 1.6　卡板连接角座

7. 系统定位件/钻模设计

图 1.7 为系统定位件,图 1.8 为钻模,通常它们都直接安装在卡板上。先在卡板上按尺寸制出定位件或者钻模的连接孔,按尺寸加工定位件或钻模,再将定位件或钻模用精制连接件连接到卡板上即满足要求。

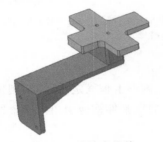

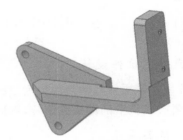

图 1.7　系统定位件　　　　图 1.8　钻模

8. 其他

当壁板型架卡板长度大于 1.8 m 时,必须在卡板之间加撑杆,以增加刚性,保证卡板的相对位置正确。卡板的撑杆必须与框架连接。要求在壁板型架框架上用红漆做出框号(框站位)、航向、左右等标识。

本壁板型架卡板长度接近 2.5 m,每块卡板设置两处撑杆,端头卡板与框架也有两处支撑点。

最终,中后机身壁板装配型架总体效果如图 1.9 和图 1.10 所示。

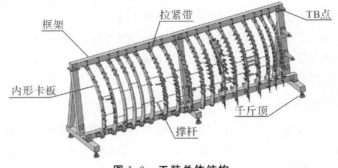

图 1.9　工装总体结构

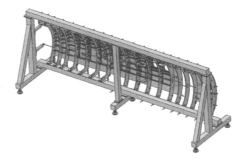

(a)壁板外形定位　　　　　　　　　　　　　　(b)壁板内形定位

图 1.10　工装产品定位示意

1.3　机身部件总装型架设计

1.3.1　产品结构分析

机身产品结构通常被两个工艺分离面分为前机身、中机身和后机身三部分,在工艺分离面处采用框上对接形式,在飞机装配生产线上通常设有机身对接站位。

1.前机身产品结构

前机身位于机身结构最前端,前机身前端框用于雷达罩安装,后端框与中机身对接。现代飞机采用前三点起落架布局,前起落架安装在前机身上。民用客机的登机门通常设置在前机身上。前机身内部的主要结构为驾驶舱,外侧为飞机壁板拼接成的壳体结构。前机身结构按特征主要划分成上壁板组件、左右侧壁板组件、下壁板组件、驾驶舱地板组件、天窗骨架组件、前起落架舱组件、雷达罩安装框、后端框、门框组件等。用于后期机身对接装配的起吊接头、调姿支撑接头、测量接头等工艺接头也需要在前机身装配站位完成定位安装。

2.中机身产品结构

中机身位于机身结构中部,中机身前端框与前机身对接,后端框与后机身对接。国外前三点起落架布局的大型飞机,主起落架安装在中机身上,如 A320 系列等飞机。中机身中间区域与飞机机翼对接。A320 系列等飞机采用下单翼布局,两侧外翼与中央对接,中央翼结构设计在中机身内部下方,与座椅地板连接,在中机身机翼上方位置设计有逃生门(左右对称,各 2 处)。A320 系列飞机采用上单翼布局,机翼与机身采用翼身接头对接,在对接区域,中机身上方有大开口结构,将中机身上部分为前、后两部分,中机身上翼身对接承力框的上部设计有翼身对接接头。中机身内部主要结构为座椅地板,外侧为飞机壁板拼接成的壳体结构。

3.后机身产品结构

后机身位于机身结构尾部,后机身前端框与中机身对接,后端框上部与飞机尾翼对接

（通常采用插耳式接头对接）。后机身内部主要结构为地板，外侧为飞机壁板拼接成的壳体结构。后机身结构按特征主要划分为前上壁板组件、水平上壁板组件、下壁板组件、地板组件、尾翼身对接承力框等。与前机身、中机身一样，起吊接头、调姿支撑接头、测量接头等工艺接头也需要在后机身总装站位完成定位安装。这些工艺接头的分布、数量等要求与前机身、中机身一致。

1.3.2 定位设计

1.壁板定位

采用耳片孔定位航向、展向，外（内）形卡板控制型面，设置辅助参考线用于检查蒙皮边缘；或者直接采用工艺接头定位航向、展向和外形，分离面处单独设置外（内）形卡板定位型面并检查端头。此外，还可采用外形卡板（块）配套吸盘结构的定位方式。

2.地板组件定位

地板组件通常以组件状态参与装配，在前后端以定位孔和地板平面为基准定位。

3.天窗骨架定位

天窗骨架以组件状态参与装配时，以定位孔为基准定位，设置外形检查块检查窗框外形；以散件定位时，单独零件采用孔定位夹持，设置外形块定位外形。

4.前起落架舱定位

前起落架舱组件以前起交点轴为定位基准，在机轮舱侧壁等产品较强结构上选取腹板面、定位孔为辅助定位基准。通常在前起交点轴上装有工艺大轴，其在装配过程中起定位协调、定位基准传递的作用。

5.雷达罩安装框定位

雷达罩安装框以框腹板平面及腹板上的定位孔为定位基准，要求检查外形。通常雷达罩由成品厂商提供，涉及厂际协调，框上雷达罩安装交点轴及锁座点位置利用实物标准平板协调。

6.前后端框定位

机身部件的前后端框用于机身部件对接协调。无论是机加框还是钣金框都以框腹板面及腹板面上的定位孔为基准定位。定位孔数量按产品结构尺寸特征选取2～3个，通常在尺寸1 500 mm以上的情况下选取3个定位孔。

7.主起落架接头定位

以接头交点和端面为基准定位，借用机身外形限制绕轴旋转，设置辅助支撑调整外形间隙。

8.中央翼组件定位

中央翼以两侧外翼对接三叉接头上的结构特征为基准定位，可采用固定形式定位器定位，也可在产品定位基准上选取测量要素，采用调姿定位方法。

9. 翼身对接承力框定位

翼身对接承力框设有翼身对接接头,以翼身对接接头为主定位基准,在框下部区域选取框腹板面及定位孔为辅助定位基准;翼身对接接头处要求设有保形架,在产品装配完成后起吊、运输环节保证翼身对接接头之间相对位置关系稳定。

10. 气密顶板定位

在水平腹板平面和长桁结构上选取定位孔为定位基准。

11. 门框组件定位

以重要交点(或零件通过孔)和门框平面为主要基准,门框内形为辅助基准。

12. 工艺接头定位

工艺接头通常与产品结构有连接孔,支撑接头、起吊接头对安装位置要求不高,可选取产品连接孔定位,测量接头如果采用理论值作为后续调姿基准,安装位置精度要求较高,选取测量孔为基准定位。

1.3.3　工装结构设计

1. 底盘设计

图 1.11 为型架底盘结构,机身总装配型架采用多支点可调整体底盘与分散式框架组合的结构形式。分散式框架与底盘连接,对于采用专用地基的工装,可以不设置整体底盘,分散式框架直接与专用地基连接。整体底盘可按型架结构布局分块拼接,采用螺纹连接,拼接面处允许采用硬垫或环氧水泥补偿,每个底盘分块结构采用方钢焊接,上表面铺设防滑铝板。

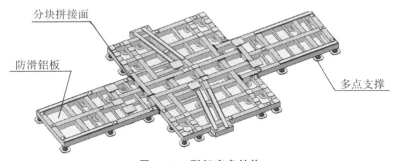

图 1.11　型架底盘结构

2. 前后端框架设计

图 1.12 为中机身总装型架前端框架。前后端框架设置在机身部件的前后外侧,可用于周圈壁板耳片、地板端头、测量接头、起吊接头、支撑接头定位器及端框内形卡板生根;其带有与地板平面高度协调的工作平台和蹬梯,使工作人员可达机身内部;前后端框架可沿航向向外撤离工作位置,以为产品下架提供安全空间;在工作位置设有限位机构,用于二次定位。前后端框架采用方钢焊接;允许分块拼接;工作平台铺设防滑铝板;定位器安装面精加工,以保证激光安装工艺的表面粗糙度满足要求。

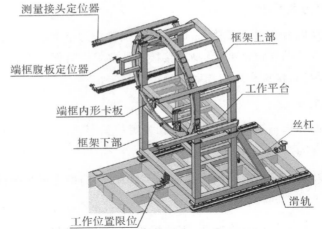

图 1.12　中机身总装型架前端框架

3. 侧面框架设计

图 1.13 为模块化拼装框架过程,图 1.14 为中机身总装型架侧面框架。侧面框架设置在机身部件两侧,可用于侧壁板及上壁板工艺接头定位器、门框组件定位器、翼身交点定位模块及其他定位器生根,也可用于机身部件上方工装结构生根。其带有满足上壁板与侧壁板搭接处制孔、铆接施工需求的工作平台。工作平台可以采用固定形式,也可以采用翻板或伸缩板结构。当采用固定形式时,侧面框架需可向展向外侧移动,为产品下架提供安全空间;工作位置限位要求与前后端框架一致。侧面框架采用方钢焊接,为保证激光安装工艺对安装面表面粗糙度的要求,建议分块拼接以提高加工工艺性。

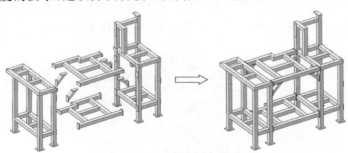

图 1.13　模块化拼装框架过程

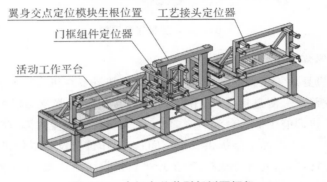

图 1.14　中机身总装型架侧面框架

4. 翼身交点定位器设计

机型翼身交点为插耳接头形式,因此定位器配合设计为插耳接头形式,插耳配合留理论间隙。4 组定位器在同一框架上生根,形成翼身交点定位、保形模块,随中机身产品一同下架,为后续中机身装配过程中翼身交点保形(见图 1.15)。翼身交点定位保形模块与型架之间设有分离面,采用杯锥机构、零点定位系统、V 形块,用于快速复位(见图 1.16)。

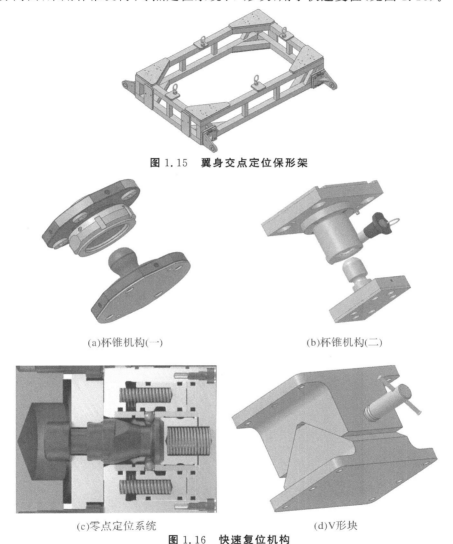

图 1.15　翼身交点定位保形架

(a)杯锥机构(一)　　　　　　　　　　(b)杯锥机构(二)

(c)零点定位系统　　　　　　　　　　(d)V形块

图 1.16　快速复位机构

5. 翼身开口二层保形架设计

如图 1.17 所示,为保证翼身开口在起吊、运输过程中的保形效果,在翼身交点下方设计二层保形架。选取产品紧固件孔与产品连接固定,中机身总装产品装配完成后,在施工空间有限的情况下,二层保形架协调产品安装。建议二层保形架结构为分块拼接结构,在结构连接处或撑杆中间区域设计调节机构。

翼身开口二层保形架的设计原则同样适用于前、中、后机身分离面处的保形（见图1.18）。

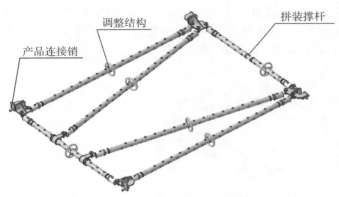

图1.17　翼身开口二层保形架　　　　图1.18　后机身前端开口保形架

6. 下壁板定位

如图1.19所示，下壁板定位器通过耳片孔定位下壁板航向、展向，其定位器通常设在前后端框架上。在产品下方设计外形卡板，控制型面。外形卡板在高低方向可调，调整机构中设有理论位置限位销。

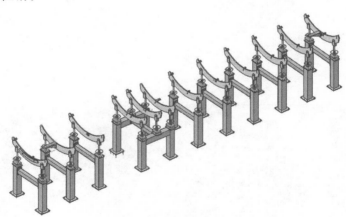

图1.19　下壁板定位器

7. 中央翼定位

下单翼布局飞机的中央翼设在中机身下方，其上方与飞机地板连接，两侧与外翼对接，以外翼对接结构为定位基准。采用测量调姿定位的装配工艺方法，即选取外翼对接结构特征要素，使用激光测量特征要素坐标，设计中央翼托架和调姿定位机构，托架与中央翼之间通过工艺接头连接，也可以通过外形托版配合真空吸盘进行连接、固定，托架与调姿定位机构之间利用球窝配合的杯锥机构对接，调姿完成后球窝杯锥结构（见图1.20）可锁死。调姿定位机构有三坐标调姿定位器（见图1.21和图1.22）和数控定位器两种形式。

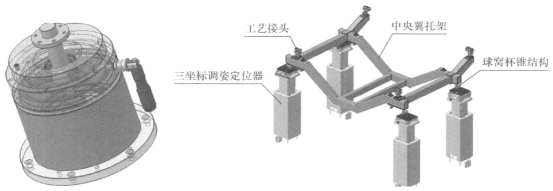

图 1.20　球窝杯锥结构　　　　　图 1.21　中央翼调姿定位工装

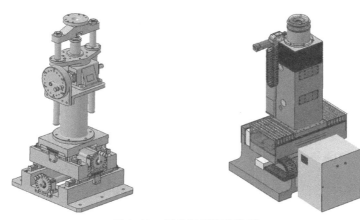

图 1.22　三坐标调姿定位器

如图 1.23 和图 1.24 所示,调姿定位的装配工艺方法同样适用于处在机身结构下方的其他产品结构。

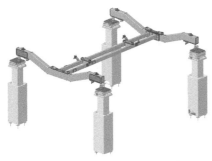

图 1.23　龙骨梁调姿定位工装模块　　　　图 1.24　中机身下部组件调姿定位工装模块

8. 机身外部工艺接头定位器设计

支撑接头、起吊接头及测量接头在机身外形外侧安装,以接头结构上定位孔为基准,其定位器在附近的前、后端框架及侧框架上生根,采用伸缩梁免拆的工装结构。图 1.25 为测量接头定位器。

9.起落架定位模块设计

图 1.26 所示为前起落架舱定位器。前起落架舱组件以前起交点轴为定位基准,在前起交点轴上装有工艺大轴,其在装配过程中起定位协调、定位基准传递的作用。在前机身总装型架上通过工艺大轴轴线、法兰端面或台肩面来定位前起落架舱组件。

主起接头通常以零件个体形式在中机身产品上定位、安装,以接头交点和端面为基准定位,借用机身外形限制绕轴旋转,设置辅助支撑调整外形间隙。图 1.27 所示为主起接头定位器,主起接头定位模块与底盘之间设置滑轨机构,可沿展向向外脱离工装位置,为产品下架提供安全空间。

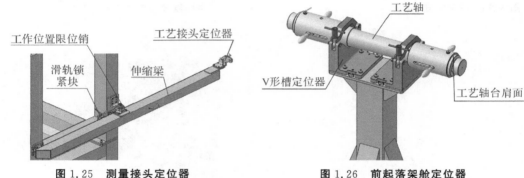

图 1.25　测量接头定位器　　　　　　图 1.26　前起落架舱定位器

10.门框组件定位模块设计

图 1.28 所示为门框组件定位器。门框产品装配工作的目标是保证门框交点在飞机坐标系下的绝对位置和门框交点之间的相对位置关系。门框组件以交点为基准在机身部件上定位、安装,将门框交点定位器设置在一个局部整体工装框架上形成门框定位模块,其与工装框架之间设计滑轨机构。

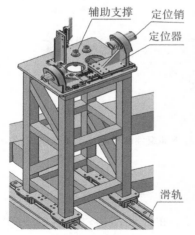

图 1.27　主起接头定位器

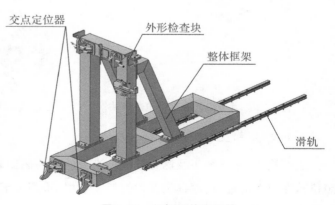

图 1.28　门框组件定位器

1.4　中机身下部总装型架设计

1.4.1　产品结构分析

中机身下部为半圆筒形结构,包括前下壁板组件、后下壁板组件、左侧下壁板组件、右侧下壁板组件、盒形件、地板横梁滑轨组件、工字梁等。

1.4.2　总体设计

中机身下部总装型架总体设计方案,可从产品放置状态、工装框架总体布局、大部件的上下架及分解去毛刺三个方面进行阐述。

1. 产品放置状态

中机身下部型架产品立式放置的优点如下:

(1)产品的放置状态为立放,相比于传统的产品水平放置状态,减小了型架的占地面积。

(2)产品平放,工人在产品下方仰头工作;而产品立放,工人在操作时,无须下蹲、仰头等,只需站立或坐着即可。

(3)产品平放,工人在蒙皮内侧操作时,必须踩踏产品;而产品立放,工人在蒙皮内侧操作时,站在型架自带的工作平台上,可以有效减少工人操作时对飞机产品的踩踏。

产品立放有以下缺点:

(1)盒形件的装配型架产品为平放,若盒形件装配完成后进入中机身下部总装站位时为平放,则需对盒形件进行一次翻转,待中机身下部产品装配完成进入中机身总装站位时,则需再对中机身下部产品进行一次翻转。由于盒形件和中机身下部产品外形尺寸大,且重量较大,对其进行翻转风险较大。

(2)由于盒形件包含两个翼身对接框,为整框,若产品立放,在下架时,产品须向蒙皮外侧方向移动至退出整个框架,然后才能起吊。在向蒙皮外侧方向吊出时,盒形件上的两个翼身对接框极易与型架发生碰撞。

综合以上优缺点,并考虑到安全、可靠等因素,最终确定中机身下部总装型架产品的放置方式为平放。

2. 工装框架总体布局

框架采用整体底盘分散式框架结构形式,各分散式框架连接在底盘上。底盘尺寸大,考虑到加工及运输过程,将底盘分为 3 段,并用螺栓连接为一个整体底盘,将各分散式框架在底盘上进行安装。

分散式框架分为固定式框架、移动式框架和可拆卸式框架。其中定位前后下壁板、定位盒形件的辅助定位器及辅助托件、定位工字梁框架、用于定位翼身开口保形架的框架均为固定式框架。考虑到产品的上下架及分解去毛刺过程,定位左右侧下壁板和定位翼身开口保形架的框架均为移动式框架。定位地板横梁滑轨的框架为可拆卸式框架,这也是因为充分考虑到产品的上、下架。所有固定式框架、移动式框架、可拆卸式框架应相互协调,并充分考虑到产品上、下架及产品分解、去毛刺的过程,所有框架的设置均满足装配需要的施工通路及操作空间。工装框架总体布局如图 1.29 所示。

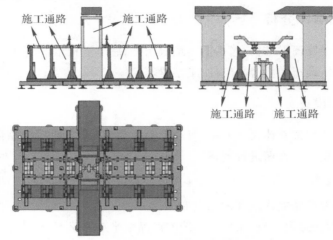

图 1.29 工装框架总体布局图

3. 大部件的上、下架及分解、去毛刺

(1)前、后下壁板的上架及分解、去毛刺。将定位盒形件的展向方向可移动的框架退出理论位置,将产品吊装至型架上完成定位。待前、后下壁板与左、右侧下壁板和盒形件制孔完毕后,定位左、右侧下壁板展向方向可同步移动的卡板退出理论位置。再将定位前、后下壁板上下方向可移动的卡板退出理论位置,完成前、后下壁板与左、右侧下壁板和盒形件的分解。随后在架上完成前、后下壁板的去毛刺。去毛刺完成后,定位前、后下壁板上下方向可移动的卡板复位,定位左、右侧下壁板展向方向可同步移动的卡板复位。

(2)左、右侧下壁板的上架及分解、去毛刺。将定位盒形件的展向方向可移动的框架退出理论位置,将定位左、右侧下壁板展向方向可同步移动的卡板退出理论位置,左、右下壁板上架后即完成预定位。根据产品的装配顺序,在盒形件上架后,将定位左、右侧下壁板展向方向可同步移动的卡板推至理论位置。待左、右侧下壁板与前、后下壁板和盒形件制孔完成后,将定位左、右侧下壁板展向方向可同步移动的卡板退出理论位置,完成左、右侧下壁板与前、后下壁板和盒形件的分解。随后在架上完成左、右侧下壁板的去毛刺。去毛刺完成后,定位前、后下壁板上下方向可移动的卡板复位,定位左、右侧下壁板展向方向可同步移动的卡板复位。

(3)盒形件的上架及分解、去毛刺。将定位盒形件的展向方向可移动的框架退出理论位置,盒形件上架,将定位盒形件的展向方向可移动的框架推至理论位置,完成盒型件的定位。待盒形件与前、后下壁板及左、右侧下壁板制孔完毕后,盒形件始终由定位器定位,定位左、右侧下壁板展向方向可同步移动的卡板先退出理论位置,随后定位前、后下壁板上下方向可移动的卡板退出理论位置,这样便完成了盒形件与左、右侧下壁板和前、后下壁板的分解。随后在架上完成盒形件的去毛刺。去毛刺完成后,定位前、后下壁板上下方向可移动的卡板复位,定位左、右侧下壁板展向方向可同步移动的卡板复位。

4. 产品完成装配后的下架

产品完成装配后,将定位盒形件的展向方向可移动的框架退出理论位置,拆除定位地板横梁滑轨的可拆卸式框架,拆除可拆卸件及工装与产品连接的标准件,产品吊装出架。

根据中机身下部产品特点,结合以上分析,设计出图 1.30 所示的中机身下部总装型架。

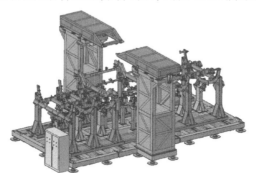

图 1.30　中机身下部总装型架

1.4.3　定位结构设计

1. 工字梁定位

工字梁位于前、后下壁板的下方,按照产品的装配顺序,工字梁首先上架。上架时先将工字梁放在翼身对接框前后的定位卡板的凹槽内。由于工字梁与前、后下壁板和盒形件有制孔连接、工作,所以待前、后下壁板和盒形件完成定位后,才对工字梁进行定位。工字梁的定位基准为其上的两个定位孔及外侧腹板面。由于工字梁的上表面与前、后下壁板的蒙皮外形贴合,所以在工装定位器上设置上下方向的长圆孔(定位器仅定位工字梁的航向及展向),工字梁的上表面与前、后下壁板的蒙皮外形贴合。由于工字梁长度较长且仅设置两个定位孔,因此在工字梁的端头及两个定位孔之间设置工字梁展向方向的挡件并夹紧,这提高了工字梁展向方向的定位精度。同时在工字梁下方设置压紧器,使工字梁的上表面与前、后下壁板的蒙皮外形贴合。定位器结构如图 1.31 所示。

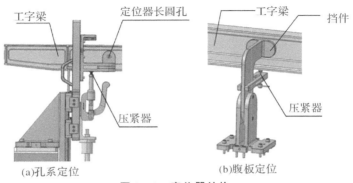

图 1.31　定位器结构

2.前下壁板定位

前下壁板定位时在航向前框处设置蒙皮耳片孔。由于前下壁板与盒形件的对接区在框处,无法设置蒙皮耳片孔,因此在前下壁板装配型架上,用钻模在对接区框与前框之间的左右特征长桁上钻制定位孔,以用于前下壁板在中机身下部总装型架上的定位。设置定位器定位各定位框处设置的蒙皮耳片孔,以实现前下壁板航向和展向的定位。在各定位框处设置外形卡板以定位前下壁板蒙皮外形。由于前下壁板要在架上分解、去毛刺,所以外形卡板设置为上下方向可升降形式,并在卡板上及与卡板连接的角座上安装成品滑轨和举升机,以实现外形卡板上下方向的升降。前下壁板定位的具体结构形式如图1.32和图1.33所示。

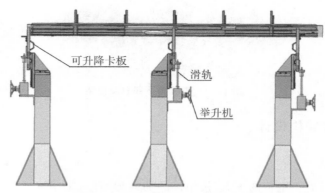

图1.32 前下壁板可升降卡板示意图

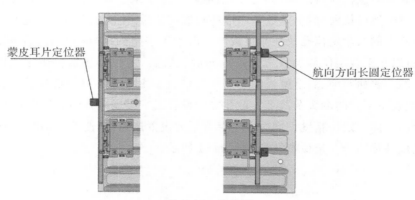

图1.33 定位器

3.后下壁板定位

后下壁板定位时需在航向后的框位设置定位器定位框缘定位孔及腹板面。由于后下壁板与盒形件的对接区框处无法设置蒙皮耳片孔,因此在后下壁板装配型架上,用钻模在对接区框与定位框之间的左右特征长桁上钻制定位孔,以用于后下壁板在中机身下部总装型架上的定位。设置定位器定位框缘定位孔及腹板面,以实现后下壁板航向及展向的定位。在各定位框处设置外形卡板,定位后下壁板蒙皮外形。由于后下壁板要在架上分解、去毛刺,所以外形卡板设置为上下方向可升降的,在卡板上及与卡板连接的角座上安装成品滑轨和举升机,以实现外形卡板上下方向的升降。后下壁板的定位结构形式如图 1.34 和图1.35所示。

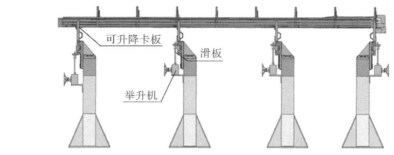

图 1.34　后下壁板可升降卡板

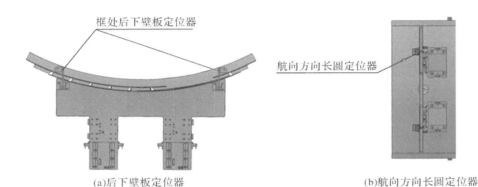

(a)后下壁板定位器　　　　　　　　　　　(b)航向方向长圆定位器

图 1.35　定位器

4.盒形件定位

在盒形件产品下架后,盒形件与翼身开口保形架连接为一体,之后流转至中机身下部总装站位,在翼身开口保形架左、右侧下位置设置 4 个接头定位器;采用翼身交点反量规协调安装,与翼身交点机身接头定位连接,与完成装配铆接的盒形件一体形成封闭的刚性整体,起到定位作用,同时达到保形的效果。采用数字量协调的方式在翼身开口保形架整体框架的上方 4 个角处设置二次转接定位接头,用于盒形件在中机身下部总装站位上对翼身交点机身接头的转接定位。所以对盒形件的定位,即为对翼身开口保形架整体框架的上方 4 个角处设置的二次转接定位接头进行定位。对翼身开口保形架二次转接定位接头的定位为盒形件的主定位。在安装型架制造定位器时,根据翼身开口保形架上 4 个接头定位器上的工装基准点(TB 点)实测值在型架上对翼身开口保形架进行调装,定位二次转接定位接头的定位器根据翼身开口保形架二次转接定位接头协调安装。由于盒形件产品尺寸大、重量大,且包含翼身交点接头关键协调部位,所以还需在盒形件下方设置上下方向的可调托板,用于对盒形件的支撑和盒形件在中机身下部总装站位的调装;同时在包含翼身交点接头的翼身对接框处设置定位器,以定位翼身对接框上的定位孔和腹板面。上下方向的可调托板和翼身对接框处定位器均为盒形件的辅助定位。由于与盒形件连接的翼身开口保形架离地高度高,且考虑到盒形件的上架及整个中机身下部的下架,所以对与盒形件连接的翼身开口保形架的定位采用电动推杆和滑轨的移动框架式结构。盒形件的定位如图 1.36 所示。

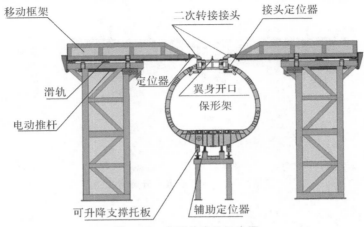

图 1.36　盒形件定位示意图

5. 左、右侧下壁板定位

左、右侧下壁板为对称结构,定位形式相似,以下仅对左侧下壁板的定位进行阐述。由于左侧下壁板长度较长,为使左侧下壁板定位精确,在各框处设置 4 个蒙皮耳片孔,并在此 4 个蒙皮耳片孔处设置 4 个蒙皮耳片定位器,其中前端框蒙皮耳片定位器为主定位,其余 3 处蒙皮耳片定位器为航向方向长圆定位器。在航向后的后端框设置定位器,定位框缘定位孔及腹板面。在几处框处设置外形卡板,定位左侧下壁板的蒙皮外形。考虑到左侧下壁板的上架及在架上分解、去毛刺,左侧下壁板的外形卡板及与外形卡板连接的框架结构需在展向方向上整体移动。由于框架结构尺寸大、重量大,所以采用电动推杆和滑轨的移动框架式结构定位左侧下壁板。左侧下壁板的定位如图 1.37 所示。

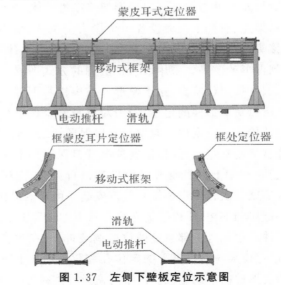

图 1.37　左侧下壁板定位示意图

6.地板横梁滑轨定位

地板横梁滑轨组件由滑轨和横梁组成。滑轨长度长,刚性不足,且横梁数量多,所以最优方案为设置滑轨和横梁的保形架,然后对在工装上保形架进行定位,即对地板横梁滑轨组件进行定位。但由于滑轨长度太长,无法设置地板横梁滑轨组件的整体保形架,且由于盒形件预先上架、定位,即使设置了整体保形架,也无法在型架上上下架。为此,在盒形件的框航向前和框航向后设置整体框架,整体框架在左、右侧下壁板的定位框架上安装,在每个框位处设置地板横梁和滑轨的定位器,以解决滑轨长度长导致的滑轨刚性不足的问题。所有定位器在框航向前和框航向后设置的两个整体框架上安装,且利用激光跟踪仪调装每个定位器,以保证在各个框位处地板横梁滑轨定位的精确性。在两个整体框架与左、右侧下壁板的定位框架上设置 V 形块快速定位拆装结构,以便于产品的上下架。地板横梁滑轨组件的定位如图 1.38 所示。

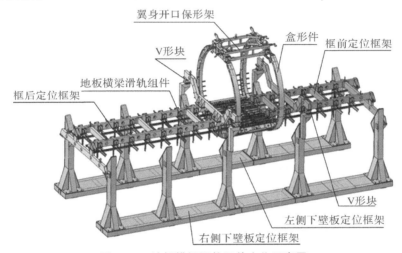

图 1.38　地板横梁滑轨组件定位示意图

1.5　机翼翼盒总装型架设计

1.5.1　产品结构分析

翼盒是机翼的主要承重结构,由前缘组件、后缘组件、梁间肋、上壁板、下壁板、发动机吊挂、襟翼支臂、主起接头等关键重要部件组成。所有部件的气动外形精度、互换协调性等要求都很高。机翼在飞机飞行过程中产生升力,这是飞机能够飞行的根本保障。机翼盒段是机翼的主要承力部件,承受机翼上产生的所有载荷。因此盒段的结构设计对机翼甚至整个飞机都起着至关重要的作用。

翼盒作为外翼结构中最主要的承力部件,对整个机翼有着重要的影响。翼盒前端连接固定前缘和前缘缝翼,后端连接副翼、襟翼和扰流板,下端连接发动机吊挂和起落架。飞机飞行过程中的所有工作载荷都会传递到翼盒上。

1.5.2　总体设计

1.装配顺序及出架方式

根据产品结构装配要素分析装配过程,一般由产品装配工艺设计人员提出较为详细的装配流程及各环节关注要素,由工艺装备设计人员根据工艺流程提取与工艺装备定位、夹持、运动关联的要素。由于涉及具体飞机产品装配工艺环节,本案例中对此不做详细分析。

2.协调要求

机翼翼盒需互换协调的零部件众多,除了常规的发动机吊挂接头需互换协调外,有互换要求的地方还包括:前缘与前梁的孔位互换协调,4个副翼悬挂接头与后梁的孔位互换协调以及同轴度要求,端肋与翼尖及副翼悬挂4号支架组件的面及孔位互换协调,4个襟翼支臂下接头的同轴度要求,0肋上、下缘条在0肋装配型架和左机翼总装型架上的协调。可见,协调关系众多且相对复杂。

3.框架形式

如图1.39所示,其框架形式采用的是大跨度上单梁框架形式。

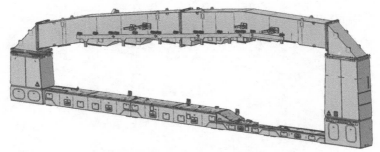

图1.39　翼盒总装框架形式

4.定位组件设计方案

(1)后梁定位器向下退,前梁定位器向上退,为翼盒下架留足空间。

(2)定位组件优先采用滑轨组件定位形式,如图1.40所示。

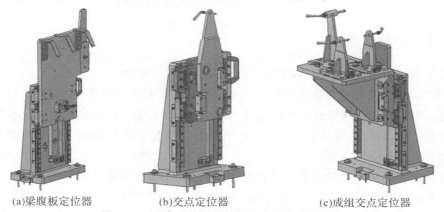

(a)梁腹板定位器　　　　　(b)交点定位器　　　　　(c)成组交点定位器

图1.40　翼盒总装型架框架滑轨组件定位形式

（3）在孔位和位置不满足设置滑轨组件滑动定位要求之处,使用旋转组件定位形式,如图 1.41 所示。

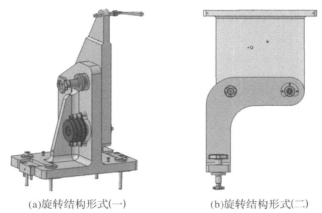

(a)旋转结构形式(一)　　　　　(b)旋转结构形式(二)

图 1.41　翼盒总装型架框架旋转组件定位形式

（4）在既不满足设置滑轨组件滑动定位,又不满足旋转组件定位要求的地方,才采用可卸定位形式,如图 1.42 所示。

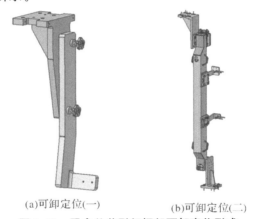

(a)可卸定位(一)　　　　　　(b)可卸定位(二)

图 1.42　翼盒总装型架框架可卸定位形式

为下架时防止干涉考虑,有些定位组件必须采用可卸定位形式。可卸定位形式主要有以下几种。

（1）采用托板螺母固定在角座上,定位销固定在定位器上,结构形式如图 1.43 所示。

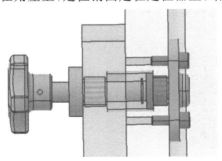

图 1.43　不同于常规工装的可卸形式(一)

立柱组件上部采用挂板、定位销、长圆槽结构,下部采用定位销结构,实现上下左右方向的定位,在立柱侧面设置定位器,如图 1.44 所示。

(2)采用可卸小框架形式,如图 1.45 所示。

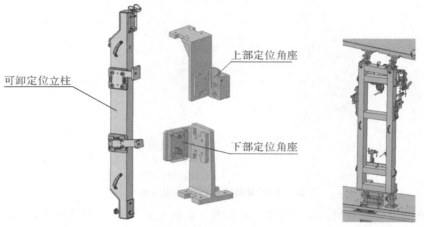

图 1.44 不同于常规工装的可卸形式(二)　　图 1.45 不同于常规工装的可卸形式(三)

(3)在特殊站位设置滑台,如在 0 肋和端肋设置滑台,如图 1.46 和图 1.47 所示。

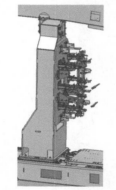
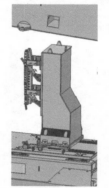

图 1.46 0 肋站位滑台　　　　　　图 1.47 端肋站位滑台

1.5.3 工装结构设计

依据确立的设计标杆、设计风格和设计原则,结合翼盒装配顺序以及自身产品特点,确定图 1.48 所示的机翼翼盒总装型架总体结构。

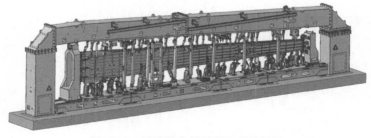

图 1.48 机翼翼盒总装型架总体结构

1. 大跨度、上单梁框架设计

由于尺寸跨度、层高、温度等原因影响,监测点相对整个系统非常不稳定,经常处于超差状态。例如厂房虽是恒温厂房,但因为厂房空调的出风口位置在高度上接近型架上梁,而型架下梁放置在地面上,所以厂房在高度上不可避免地存在一定的温差。现场温度测量结果也验证了这一猜想。而温度是大型装配型架设计时必须考虑的重要因素。鉴于以上因素,翼盒总装型架框架设计如图 1.49 所示。

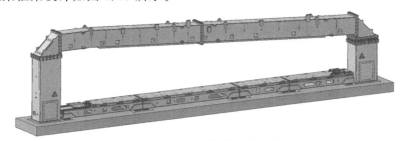

图 1.49　翼盒总装型架框架设计

考虑到制孔机床实际加工长度、运输的需要,以及框架自身强度、承重的需要,把框架上梁分为 2 段,把框架下梁分为 4 段。型架上梁采用结构简单、成熟的 U 形槽和铝制膨胀板结构。由于整个翼盒的重量要加到型架下梁之上,故型架下梁采用能承重的滑轨和铝制膨胀板结构。由于翼盒前梁的主定位孔位于定位肋附近,所以型架上梁的膨胀板紧固位置也选择在 4 肋附近。同理,翼盒后梁展向的主定位位置也应位于定位肋附近,才能使翼盒前、后梁在受温度影响时,同步往一个方向变形。基于以上分析,选择肋位置的襟翼作动器接头作为翼盒后梁主定位基准(不论是从位置还是从强度上看,襟翼作动器接头都比外襟翼支臂更适合作为翼盒后梁的主定位基准)。外襟翼支臂和襟翼作动器接头分别如图 1.50 和图 1.51所示。

型架上梁和翼盒前梁设置为平行关系,型架下梁和翼盒后梁也设置为平行关系。翼根一端的立柱与型架上梁紧固件连接,而在翼尖一端的立柱之上设置承重滑轨,一方面承受型架上梁自身重量,另一方面使得型架上梁受温度影响而变形时,依靠滑轨朝翼尖方向传递变形量,这与翼盒前梁和后梁受温度影响时变形量的传递方向是一致的。

图 1.50　外襟翼支臂

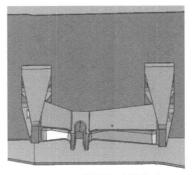

图 1.51　襟翼作动器接头

翼盒总装框架自重工况下的应力和位移云图如图 1.52 和图 1.53 所示。

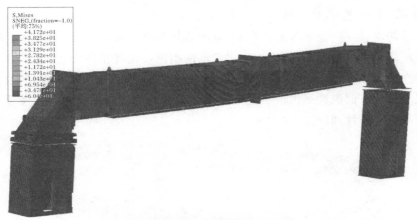

图 1.52　框架自重工况下的应力云图

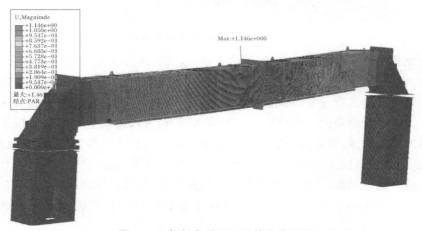

图 1.53　框架自重工况下的位移云图

在框架上梁施加 200 kgf(1 kgf≈9.8 N)外载工况下,其应力分布和位移分布分别如图 1.54 和图 1.55 所示。

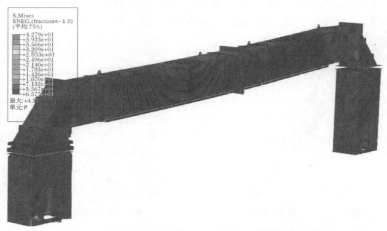

图 1.54　框架自重加 200 kgf 外载工况下的应力云图

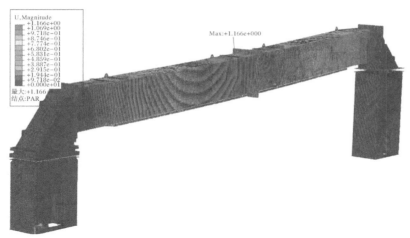

图 1.55　框架自重加 200 kgf 外载工况下的位移云图

框架上梁施加 500 kgf 外载工况下,其应力分布和位移分布分别如图 1.56 和图 1.57 所示。

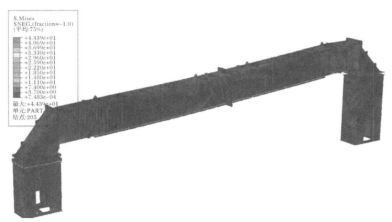

图 1.56　框架自重加 500 kgf 外载工况下的应力云图

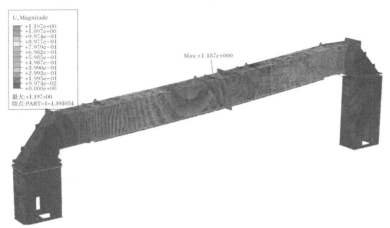

图 1.57　框架自重加 500 kgf 外载工况下的位移云图

2. 后梁组件工装定位结构设计

后梁组件悬挂部件包含固定后缘、扰流板、副翼等，后梁上的悬挂接头众多。除有同轴度要求的副翼接头需要用协调样件安装，悬挂接头大多在后梁装配型架上已经组装完毕，在翼盒总装型架上的安装属于二次定位。

如图 1.58 所示，后梁组件定位基准为后梁平面以及众多的悬挂接头，应使用工艺要求，设置后梁上翼面缘条的等距 5 mm 检测型面。为保证后梁组件的牢固定位，在各托件站位设置夹紧装置。考虑到翼盒下架需求，整个后梁组件定位器采用滑轨滑动式定位设计。另外，将有 3 个接头的扰流板作为托件使用，以减少 2 处托件组件。

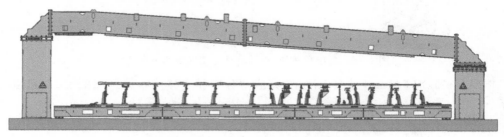

图 1.58　翼盒后梁组件工装定位器

3. 前梁定位器设计

前缘有很多均布的加强肋，加强肋上有定位孔，在设置定位器的时候，直接定位加强肋上的定位孔及肋平面，就可实现前缘组件的定位。在装配上、下壁板的时候，翼盒已经形成了密闭的盒体，工装定位器仍能起到牢固定位前梁组件的作用。图 1.59 所示为翼盒前梁工装定位器。

图 1.59　翼盒前梁工装定位器

4. 左、右翼盒总装型架 0 肋组件定位器设计

如图 1.60 和图 1.61 所示，0 肋组件在左机翼装配，右机翼没有 0 肋组件，导致左、右机翼型架在 0 肋站位的装配方案不同。左机翼翼盒除了要保证 0 肋组件的装配之外，还要考虑与右机翼对接时对接型面的保形。与之相对应，右机翼装配型架上也需对右机翼上、下壁板对接面设置保形组件，以保证左、右机翼的顺利对接，否则左、右机翼对接时容易出现阶差或者干涉的情况。

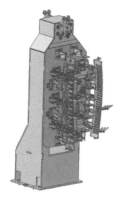 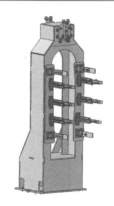

图 1.60　左翼盒总装型架 0 肋装配方案　　图 1.61　右翼盒总装型架 0 肋装配方案

先在 0 肋装配夹具上预装配 0 肋上、下缘条。分别制出 0 肋腹板与 0 肋上、下缘条的定位孔(各 6 个),在左机翼型架上设置 0 肋腹板平板,协调 0 肋上、下缘条上定位孔(共计 12 个)孔位,以方便在左机翼翼盒型架上顺利安装 0 肋上、下缘条。然后,在安装上、下缘条的同时,对 0 肋上、下缘条上右机翼的对接面设计保形组件。与之相对应,在右机翼装配型架上也对右机翼上、下壁板对接面设置保形组件。除此之外,左翼盒总装型架 0 肋站位还包括:前三叉、后三叉的定位,前三叉与前梁连接孔制孔,后三叉与后来连接孔制孔,上、下壁板长桁轴线面的检测,上缘条与上壁板的连接孔制孔,壁板边缘的检测等工序。

5. 端肋定位器设计

端肋协调关系包括:翼尖前梁平面与其上 4 个定位孔的协调、后梁平面与其上 4 个定位孔的协调、翼尖与端肋及副翼悬挂支架上连接孔的协调(见图 1.62)。采用设置端肋样件的协调方案。

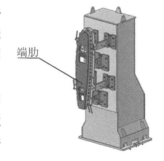

图 1.62　端肋样件与工装的协调关系

先利用端肋样件上设置的 OTP 点在飞机坐标系下把端肋样件调装到位,对端肋工装定位器及上、下翼面协调钻模的位置按端肋样件粗调,之后按样件浇套。端肋零件工装与端肋样件的协调包括以下内容:翼尖前梁平面与其上 4 个定位孔的协调、后梁平面与其上 4 个定位孔的协调。这样在翼盒总装型架上装配端肋零件时,保证翼尖前梁平面与其上的 4 个定位孔,后梁平面与其上的 4 个定位孔,能够和端肋工装定位器顺利协调。然后按照协调钻模钻制翼尖与端肋及副翼悬挂 4 号支架上 43 个连接孔,从而可保证端肋所有协调关系。

6. 上、下壁板定位

在关键肋站位设计有上、下壁板零件的工艺耳片,利用工艺耳片即可实现上、下壁板的主定位。但考虑到上、下壁板是喷丸成型的,零件的边缘公差较大,为保证在翼盒总装型架上孔位的边距,就有调整的可能。因此,工装除了要能实现上、下壁板的定位需求外,还要有调整机构,以应对可能出现的壁板调整需求。另外,在关键位置还需满足上、下壁板长桁轴线面和壁板边缘的检测要求以及壁板上架时设置架内吊车的要求(见图1.63和图1.64)。

为满足以上要求,滑轨安装肋站位工艺耳片采用滑轨滑动式定位设计,关键肋站位工艺耳片采用可卸定位器。对于壁板调整组件,应在完成后梁工装定位组件的基础上寻找合适的位置。为方便使用调整组件调整,设计数显百分表检测装置,实时显示调整量,即壁板调整装置可以实现双向调节,对应的数显百分表实现正负值显示。

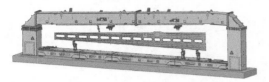 

图1.63　上壁板主定位、调整机构、壁板架内吊车　　图1.64　下壁板主定位、调整机构、壁板架内吊车

7.发动机吊挂接头定位

发动机吊挂接头定位组件的所有接头要设置在一个框架上,以方便与发动机吊挂标准工装(简称标工)协调,导致整个组件笨重。可卸小框架定位形式是较为合适的选择。其定位形式如下:

(1)襟翼支臂定位。襟翼支臂共有4个,其中3个结构形式一样,分别位于3个肋站位,需要定位的交点包含上接头和下接头;第4个襟翼支臂结构形式不同,位于后梁上,且只有1个交点。

襟翼支臂结构形式一的装配顺序为:先装配上接头,依靠定位好的上接头和下接头工装定位器定位襟翼支臂,然后制襟翼支臂与翼肋、蒙皮的连接孔。

由于襟翼支臂上接头位于翼肋中间位置,离型架上、下梁均较远,无法直接通过型架上、下梁设置定位器,因此考虑在型架上、下梁之间设置一根方管,在型架上、下梁分别设置定位角座,然后在方管上设置襟翼支臂上接头。

襟翼支臂已在后梁型架中装配,在此为二次定位。其工装结构形式采用旋转结构形式(一)[见图1.41(a)]设置。

(2)水平测量点定位。水平测量点共6处,分别在肋站位以及下翼面一侧的翼盒前、后梁位置。水平测量点为左、右机翼对合时,左、右机翼调水平的参考基准点精度要求相对较高。水平测量点离型架上、下梁距离均较远,亦无法直接通过型架上、下梁设置定位器。因此,考虑在型架上、下梁之间设置一根方管,在型架上、下梁分别设置定位角座,然后在方管上设置水平测量点钻模。其工装结构采用不同于常规工装的可卸结构形式。

(3)外前、外后翼身交点定位。外前、外后翼身交点结构紧凑,分别位于其中一个肋站位和下翼面一侧的前、后梁。由于承重原因,其内孔较大,连接孔有4个,设置的工装定位器挡住了单侧的2个孔位。一般来说,对于4个孔,先制对角的2个孔,定位效果较好。但这不符合常规情况,只能采用特殊方法处理。

定位方案如下:先设计一个单侧定位器,并预留单侧2个连接孔制孔空间;完成预留单侧2个连接孔制孔工作后,再设计一个定位器,从另一侧定位翼身接头,预留另一侧2个连接孔制孔空间,完成这一侧的2个连接孔制孔。两个定位器的分离面必须一致。按照上述

设计思想设计的工装设计方案如图 1.65 所示。

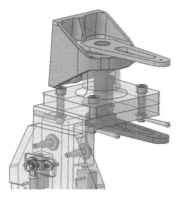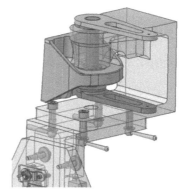

(a)翼身交点前置定位器(一)　　　　　　(b)翼身交点前置定位器(二)

图 1.65　翼身交点定位器形式

（4）机身剪切板定位。机身剪切板位于一个肋站位下壁板一侧，从前梁延伸至后梁，为斜 T 形材。定位基准为斜面和下边缘，外形贴合下壁板外形。工装定位形式采用一般可拆卸形式，分别从型架前、后梁设置 2 个斜面定位器，并设置压紧器，再在型架后梁定位器上设置边缘挡销，实现机身剪切板的定位。

1.6　中机身下部气密地板组件装配型架设计

1.6.1　产品结构分析

中机身下部气密地板组件是壁板与传统地板相结合的复合结构。气密地板组件的组成主要为地板横梁框、座椅滑轨、支撑立柱、地板蒙皮、地板长桁、地板横梁加强角材、横梁框支撑件及角盒。

1.6.2　总体设计

1.装配顺序

根据产品结构装配要素分析装配过程。一般由产品装配工艺设计人员提出较为细节的装配流程及各环节关注要素，由工艺装备设计人员根据工艺流程提取与工艺装备定位、夹持、运动关联的要素。由于涉及具体飞机产品装配工艺环节，本案例中对此不做详细分析。

2.结构形式

参考壁板组件的型架结构形式，气密地板组件的型架结构形式也可采用平面框架式。

3.产品放置状态

通常情况下，产品在型架中是按飞行状态放置的，但由于整个气密地板组件产品从机身段框就与壁板组件类似，并考虑到现场工人操作的开敞性和舒适性，因此采用立式放置形式。同时组件中左蒙皮较大，右蒙皮较小，因此将左蒙皮放于下侧，将右蒙皮放于上侧。

3.产品出架形式

由于中机身下部气密地板组件处于立式放置状态,所以在各定位零件完成铆接后,采用侧向出架方式。出架时,需要先将影响产品出架的可卸件定位器拆掉,然后起吊,此时需要将气密地板组件沿产品高低方向移动一段距离,使得产品组件与非可卸件结构之间有足够的安全距离(在结构允许的情况下,取 200 mm 左右),再向上起吊出架。

4.定位基准要求

装配型架以框的骨架为定位基准,即各个地板横梁框上的框平面、框上地板平面与框上定位孔,座椅导轨上的导槽与圆孔作为定位基准。

1.6.3 工装结构设计

根据产品装配顺序以及型架基本要求,型架的主要定位结构包括框架结构、地板横梁框定位结构、座椅导轨定位结构、支撑立柱定位结构、地板蒙皮定位结构、地板长桁定位结构。

1.框架结构设计

框架是安装型架定位组件、压紧组件和其他构件的基体,也是其他定位件与压紧件生根的基础,它使整个工艺装备形成整体,保证定位件之间具有稳定的相对位置。为了保证产品定位与装配的准确性,框架结构必须具备一定的刚度与强度,即保证尺寸稳定,并且环境开敞性好,易于施工操作,同时也要保证有较好的制造工艺性。

框架可分为整体式、组合式、分散式等。考虑到制造工艺性,本型架采用组合式框架结构。如图 1.66 所示,其主要由上梁组件、中梁组件、下梁组件、左立柱组件、右立柱组件、支撑组件和具有调节作用的可调支撑组成。与一般组合式框架相比,本框架在上梁组件与下梁组件之间增加了中梁组件。为保证框架具有一定的刚度与强度,还在框架的中间部位增加了支撑组件。框架的各组件之间采用螺钉与定位销连接。形成整体骨架后,在此基础上布置定位组件与压紧组件等结构。

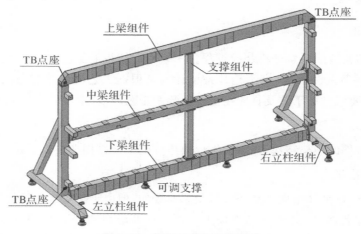

图 1.66 框架的整体结构形式

2.地板横梁框定位结构设计

地板横梁框的定位基准为框平面、框上的地板平面,以及框上的定位孔。定位时,框平面确定航向,地板平面确定产品高低方向,定位孔确定产品左右方向。由于框的展向结构较大,因此整框需要 10 个定位孔,半框需要 6 个或 4 个定位孔,每个框上定位孔中的 2 个为主定位孔,其余为辅助定位孔,如图 1.67 所示。

根据选择的定位基准,如图 1.67 所示,在框架上中梁之间与中下梁之间设置卡板,作为主承力结构,并在其上分布可拆卸的定位器。由于框上地板平面已经确定了产品高低,因此主定位孔在定位时需要沿产品高低方向移动,即采用长圆孔定位,只定位产品左右方向,如图 1.68 所示。为便于安装定位,在辅助定位孔的定位器上设置直径为 $\phi6.5$ mm 的孔,如图1.69所示。

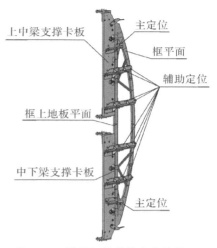

图 1.67　横梁框的整体定位结构

图 1.68　横梁框的主定位结构

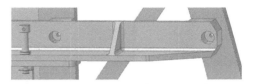

图 1.69　横梁框的辅助定位结构

3.座椅导轨定位结构设计

座椅导轨的定位基准:导轨定位框站位附近的圆孔以及导轨与横梁连接处的导槽,由其可确定导轨的航向位置与左右位置;由横梁框上的地板平面可确定导轨的高低方向。根据选择的定位基准,如图 1.70 所示,在导轨定位框位置卡板上设置定位圆孔的定位器,在其余位置卡板上设置定位导槽的定位器,并且保证导轨定位框的卡板端面与导轨端面相平,用以检测导轨端头位置。定位圆孔与定位导槽的详细结构如图 1.71 和图 1.72 所示。

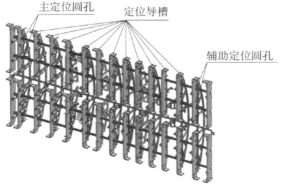

图 1.70　座椅导轨整体定位结构

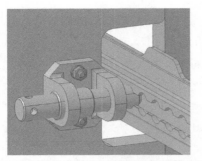
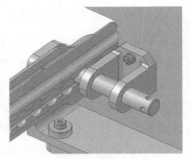

图 1.71　座椅导轨主定位圆孔及导轨导槽定位结构　　　图 1.72　座椅导轨辅助定位圆孔结构

4.支撑立柱定位结构设计

在气密地板组件中,支撑立柱按结构可分为两种类型,如图 1.73 所示:支撑立柱 1 的定位基准采用已定位的横梁框(半框)的框平面、框上地板平面,以及支撑立柱 1 上加强肋的下表面。支撑立柱 2 的定位基准采用已定位的横梁框(半框)的框平面、协调安装的加强角材内端面,以及支撑立柱 2 上加强肋的下表面。根据选择的定位基准,支撑立柱 1 与支撑立柱 2 只需设置定位加强肋下表面的可拆卸定位器,并配备弓形夹用以夹紧,详细结构如图 1.74 所示。

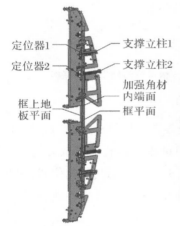

定位器1　　支撑立柱1
定位器2　　支撑立柱2
　　　　　加强角材内端面
框上地板平面　框平面

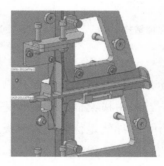
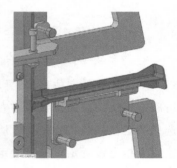

(a)定位器1结构　　　　　　(b)定位器2结构

图 1.73　支撑立柱整体定位结构　　　　图 1.74　定位器结构

5.地板蒙皮定位结构设计

地板蒙皮的定位基准为蒙皮内形与蒙皮边缘,以及为便于蒙皮上架仅作为辅助定位的耳片孔。右蒙皮的基准为右侧边缘(型架上侧)以及其上分布的 4 处耳片孔、导轨定位框处的蒙皮端面,左蒙皮的基准为左侧边缘(型架下侧)、两处框处蒙皮边缘上的各 1 处耳片孔。

根据选择的定位基准,蒙皮内形采用内形卡板定位,蒙皮边缘采用边缘挡件定位。由于地板横梁框(整框)已具有用于支撑的结构,无须设置内形卡板,因此只需在横梁框(半框)处以及蒙皮端头(即 5 处框)设置内型卡板,用于定位蒙皮内形。由于 3 处框座椅导轨的存在,需要将卡板进行分块,而 2 处框则无须分块。在 1 处框卡板上设置蒙皮端头挡件,用以定位蒙皮的航向。在 9 处框卡板上设置右蒙皮右侧边缘挡件和左蒙皮左侧边缘挡件,用以定位蒙皮的左右方向。蒙皮边缘与挡件之间保留 2 mm 的等距间隙,并配备垫片,用以补偿左/右蒙皮边缘的零件加工误差。而作为辅助定位的耳片孔仅设置定位孔。在蒙皮外侧的 7 处框站位设置蒙皮拉紧带装置,用以固定左/右蒙皮。详细结构如图 1.75～图1.77所示。

图 1.75　分块卡板定位结构

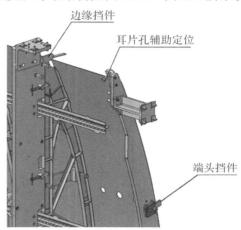

1.76　端头挡件、边缘挡件与耳片孔定位结构

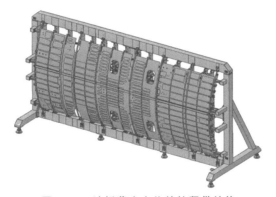

图 1.77　地板蒙皮定位的拉紧带结构

6.地板长桁定位结构设计

中机身下部气密地板组件的长桁零件沿航向分为多段,沿周向数量较多,且不同段长桁的轴向排列形式不一致,多采用传统的外卡板与长桁定位器进行定位的方法,但该方法的定位结构非常复杂,不易实现。因此,本地板长桁的定位基准采用长桁端头与蒙皮连接的两个孔,此时只需在蒙皮上制出与长桁对应的连接孔,安装时用孔对接即可完成定位。但由于对接框处长桁端头起到对接作用,定位精度要求较高,因此只在对接框处的长桁端头设置长桁定位器。

根据选择的定位基准,如图 1.78 和图 1.79 所示,利用蒙皮内形卡板,在对接框处共设置 13 处可拆卸的长桁端头定位器。在其余位置则需要设置用于在蒙皮上制孔的钻模,而钻模的生根结构为铝管焊接成的主体梁结构,限于框架的高度尺寸,主体梁结构尺寸较大,若选择可拆卸的吊装结构,则不利于现场的操作。考虑到地板蒙皮为等截面形状,同时为了提高操作性,主体梁可设置为滑动的滑轨结构,即在框架的上梁与下梁增加导轨,并在导轨的不同位置设置限位结构,以确保主体梁结构在导轨上滑动时的工作位置,同时在不同的工作位置设置不同的可拆卸钻模,用于在蒙皮上制取不同的连接孔。为提高现场的操作效率,共设置 2 件主体梁,以便于现场同时施工。主体梁在不同的位置,安装该位置的钻模,即可进行制孔。制孔工作完成后,左、右主体梁即可滑动到框架两端,从而便于产品下架。详细结构如图 1.80 和图 1.81 所示。

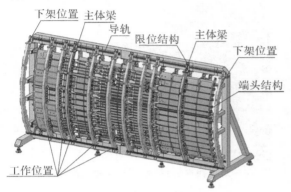

图 1.78　长桁定位的滑动主体梁结构

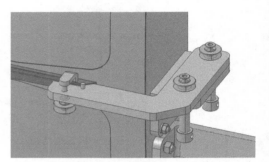

图 1.79　长桁的端头定位结构

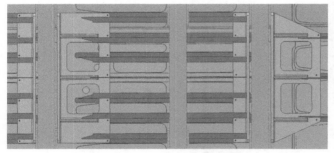

图 1.80　长桁定位的钻模结构

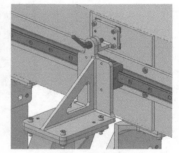

图 1.81　长桁定位的限位结构

最终,中机身下部气密地板组件装配型架的特点如下:

(1)框架采用可分离的组合式框架,与传统的整体焊接框架相比,降低了加工难度,加快了型架的制造进度。

(2)横梁框的定位采用主定位(定位)与辅助定位(固定)结合的方案,避免了定位时入位困难的问题。

(3)座椅导轨的定位器采用螺旋进给结构,可同时满足定位与压紧的要求,避免了制孔时的晃动问题。

(4)地板蒙皮的定位直接利用横梁框的外形,减小了传统卡板定位时的误差。

(5)地板长桁的定位采用主体梁滑动的滑轨结构,简化了操作过程,只需 1 人即可完成,提高了效率,加快了生产进度。

(6)产品零组件的定位形式及定位器的结构实现了标准化与统一化,有利于工装零件的批量生产,缩短了制造周期,降低了成本。

总之,本次气密地板组件装配型架的设计完全满足了物理样机的装配要求。

1.7　内襟翼前缘装配型架设计

1.7.1　产品结构分析

内襟翼前缘一般由前缘蒙皮、波纹板、前缘隔板、连接角材和悬挂交点组成,外形为飞机理论外形。前缘隔板为机加件或钣金件,通常都有隔板轴线位置要求,连接角材多为 T 形、L 形等截面的铝型材。前缘组件的共同特点:外形曲率大,结构开敞性较差,零件多为钣金件,刚性差。内襟翼前缘结构如图 1.82 所示。

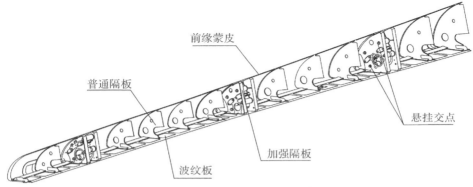

图 1.82　内襟翼前缘结构示意图

1.7.2　总体设计

1. 工装整体设计

(1)定位方式:骨架定位;

(2)梁腹板定位:对梁平面以及每段梁上的两处工艺孔设置定位器进行定位;

(3)梁缘条定位:对缘条外形设置定位块,并与梁腹板端面保持齐平;

(4)前段肋定位:对肋端面工艺孔定位,设置内形卡板;

(5)中段肋部分:对机加肋以及连接角材均设置定位挡件;

(6)蒙皮部分:对两段蒙皮设置压紧钻模卡板;

(7)子翼部分:设置可拆卸定位器;

(8)产品下架方式:产品下架时,卸下横梁,翻转卡板,从框架上方下架;

(9)产品放置状态:放置状态为内侧开口向下,前缘向上,使需制孔的产品孔位位于型架的上方,以便于工人操作及产品的上下架。

2. 装配顺序

(1)定位前梁腹板,定位上、下缘条,并铆接;

(2)定位支臂垫板;

（3）定位前段肋，定位连接角材，制连接孔，铆接；

（4）定位蒙皮，制前段肋与蒙皮连接定位孔，修边；

（5）制前段肋与子翼连接组件连接孔；

（6）下架，去毛刺，清除多余物；

（7）二次上架，连接紧固件。

1.7.3 型架设计基准

型架的设计基准涉及产品的放置状态和型架的制造与安装，直接关系到产品的制造准确度和协调性。它包括型架的安装坐标系和重要构件的尺寸标注基准。就型架的总体设计来说，设计基准主要是坐标系的选择问题；对于涉及准确度或协调性问题的型架构件，则是指尺寸的标准基准，是应在总体设计阶段给予考虑的问题。

原则上型架设计基准应尽量同产品的设计基准一致，以减少尺寸的换算工作和计算误差；型架的设计基准应尽量同制造基准一致，以减少工艺基准的转换计算工作，并有利于对制造准确度的控制；应简化型架的制造测量或减少测量环节的累积误差。

为了和产品的设计基准一致，选取梁腹板平面和弦平面作为型架的设计基准。这两个平面互相垂直，这样选取可以避免基准转换时繁杂的计算，消除制造时由基准转换引起的误差积累。

1.7.4 工装结构设计

1. 框架设计

框架是型架、夹具的基础构件，是根据元件的布局、功能需要和制造工艺要求等进行设计的，确定其结构布局时必须合理考虑力的传递。

根据产品放置状态及外形特征，框架采用组合框架式结构，用 1 个整体框架配合 6 个大立柱与 12 个小立柱的装配体来实现。框架中的所有孔位通过数控加工的方法提前制造完成，同时配备 6 个可调千斤顶及 4 个工具球调装，监测，并调整地基沉降带来的误差，如图 1.83 所示。在产品在型架中的放置状态和框架的结构形式确定的基础上，根据产品的结构和定位的要求，在型架上方设计 6 根定位器生根的梁，并让它们分别按支撑位置安装。由于梁自重较大，在每根横梁上设置 2 个吊环以便于上下架，如图 1.84 所示。

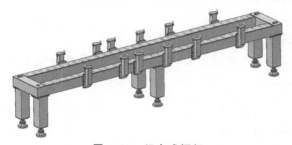

图 1.83 组合式框架

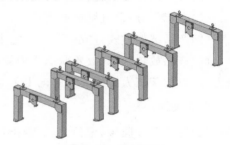

图 1.84 吊环设计

2.定位件设计

装配的定位部位选择要合理,定位方法须可靠,定位应稳定,定位件结构宜简单;对定位件的操作要简单、迅速、轻便,工作开敞,不影响产品上下架。

(1)腹板以及缘条定位器的设计。根据使用要求,本套工装采用骨架定位的方式,腹板以及梁缘条的定位关系到整套部件的装配精度。每块腹板使用梁平面与两处工艺孔进行定位,设置外形挡件定位中段肋连接角材(见图1.85),缘条端面与梁腹板端面齐平;设置压紧器,利用外形块以及腹板平面对缘条定位(见图1.86)。

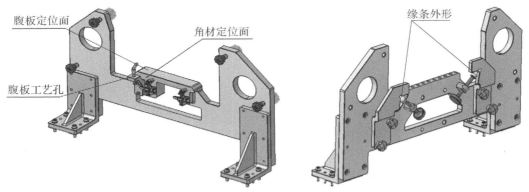

图 1.85　连接角材设计　　　　　　　　　　　图 1.86　缘条定位

(2)前段肋定位器设计。虽然前段肋数量较多,但零件本身的装配方法并不复杂,利用梁平面作支撑,取肋平面与两处工艺孔作为定位基准即可完全定位(见图1.87)。定位完成后,制前段肋与前梁和中段肋角材连接孔位,清洗,去毛刺;铆接完毕后,确定内襟翼前缘骨架。

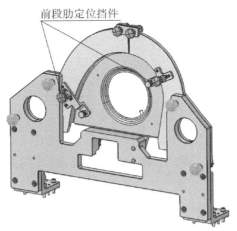

图 1.87　前段肋定位

(3)蒙皮定位。本工装整体定位方案为骨架定位。对于两段前缘蒙皮,只定位端面,蒙皮外形由前段肋确定。蒙皮带有余量,净边定位完成后,利用另一侧定位器即可确定余量修边位置。定位器作为保形件保证内襟翼前缘两端头的气动外形(见图1.88)。

（4）制前段肋与蒙皮连接孔。框架下部为腹板定位器区域,数量较多,拆卸工作量较大。将带钻模卡板设计为分段展开式,下架时松开卡板连接器,即可取出产品。其既满足钻制连接孔功能,又方便产品下架,如图 1.89 所示。

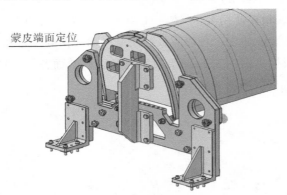

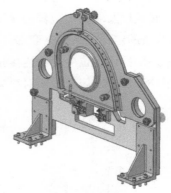

图 1.88　蒙皮定位　　　　　　　　　图 1.89　腹板定位

（5）中段肋前段、支臂垫板定位。中段肋航向方向贴合在梁腹板上,依靠梁平面定位;采用外形挡件的定位形式,在上下方向和展向设置外形挡件,压紧后即可定位完成（见图1.90）;支臂垫板为钣金件,该处结构形式为"蒙皮-垫板-前段肋",前段肋定位完成后,钻模板压紧前缘蒙皮,在厚度方向即可完成定位,在端面方向设置挡件定位。图 1.91 为本工装整体结构图。

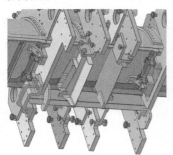

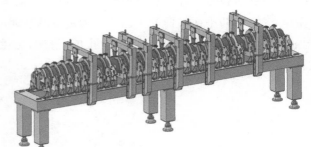

图 1.90　垫板定位　　　　　　　　　图 1.91　工装整体结构

1.8　机翼后缘装配型架设计

1.8.1　产品结构分析

机翼后缘组件一般由后缘蒙皮、波纹板、后缘隔板（包括加强隔板和普通隔板）、连接角材和悬挂交点组成,外形为飞机理论外形。后缘隔板为机加件或钣金件,通常都有隔板轴线位置要求,连接角材多为 T 形、L 形等截面的铝型材。后缘的结构特点与前缘相似,此处不多做介绍。

1.8.2　机翼后缘装配工艺流程

机翼后缘的装配顺序:定位后梁组件→定位后缘内段两块上壁板→定位后缘斜撑杆及角片→进行后缘斜撑杆及角片的制孔→进行上壁板与支架的制孔→定位后缘其余上壁板→进行后缘上壁板的制孔→定位后缘下壁板→进行后缘下壁板的制孔→下架。

1.8.3　工装结构设计

机翼后缘装配型架用于机翼后缘的装配,在完成后梁组件与后缘上壁板、下壁板、支架、角片、接头、撑杆等零件的装配后,形成后缘组合件。装配型架结构为固定平台式结构,定位形式为外形定位,出架方式为上方垂直出架。机翼后缘装配型架由平台式框架、后梁定位组件、上翼面卡板组件、下翼面卡板组件、肋定位组件构成,整体结构如图 1.92 所示。

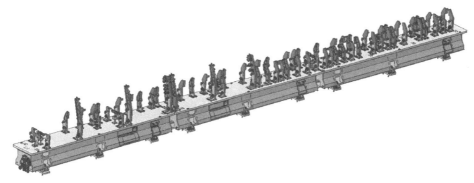

图 1.92　机翼后缘装配型架整体结构

1. 框架设计

机翼后缘装配型架采用平台式框架,平台表面平行于后梁平面。为了便于加工、运输以及满足框架自身强度、承重的需要,框架整体分为 3 段。由于框架过长,考虑到热膨胀引起的变形与框架长度、温差成正比,故采用焊接框架主体加膨胀铝板的结构形式。框架整体结构如图 1.93 所示。

图 1.93　平台式框架

焊接框架采用板式焊接结构,框架内部均匀分布加强隔板,并设有线槽。隔板上开通过孔,便于布线与安装风力管路。隔板之间有足够的空间,用于电控操作系统的安装。焊接框架两侧沿展向均匀设置开放孔,用于风、电接头的安装与后期维护。

膨胀铝板内端通过叉耳式结构与焊接框架连接并固定,由内向外沿长度方向均匀设置滑轨以与焊接框架相连,使温度变化引起的热膨胀变形依靠滑轨整体向外端传递变形量。膨胀铝板与焊接框架的连接形式如图1.94所示。

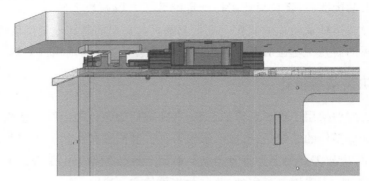

图1.94 膨胀铝板与焊接框架的连接形式

如图1.95所示,为保证框架的稳定性,同时考虑到工装与地基之间的膨胀系数不同,框架与地面连接所用的可调支撑分为两种。

(1)固定式。内端头处的可调支撑与地面通过地脚螺栓相连,与框架固定,保证型架的稳定性。

(2)随动式。框架其余可调支撑通过地用地脚螺栓相连,与框架之间设有滑轨,保证框架因受力和膨胀系数不同,整体沿展向向外端随动调整。

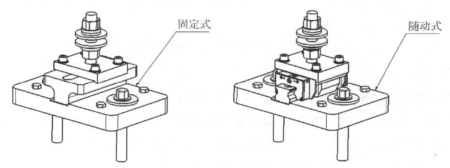

图1.95 框架与地面连接的两种可调支撑

对静止状态时的框架自重变形量进行有限元分析,同时有限元计算的前后处理均使用有限元分析软件。有限元几何模型是直接由几何模型导入到有限元计算软件之中的,有限元计算模型的坐标系就是几何模型的坐标系。材料属性如表1.1所示,应力云图如图1.96所示,位移云图如图1.97所示。

表1.1 材料属性

材料牌号	抗拉强度/MPa	屈服强度/MPa	弹性模量/MPa	密度/(kg·mm^{-3})	泊松比 μ
6061	205	110	7×10^4	2×10^{-6}	0.33
Q235	450	235	2.10×10^5	7.85×10^{-6}	0.25

图 1.96　应力云图

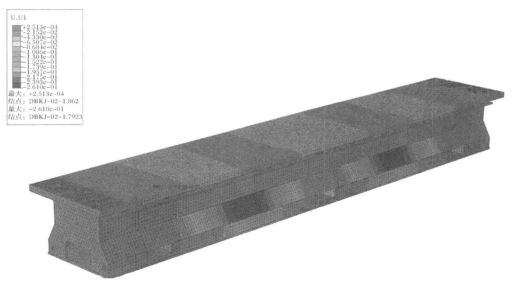

图 1.97　位移云图

2. 后梁定位组件设计

机翼后梁平放在型架上,悬挂交点向上。后梁组件以后梁平面、机翼 4 肋轴线面、上翼面为基准定位。后梁定位组件包括后梁上翼面定位器组件、后梁下翼面定位器组件、可调支撑组件和辅助支撑组件。因后梁翻边朝下,所以在后梁上、下翼面分别设置定位器,用于后梁平面定位。在后梁下方设置可调支撑组件,将后梁顶起,使其与后梁定位器的定位面相贴合。共设置 6 组后梁定位组件,沿展向均匀分布。因后梁长度过长,而可调支撑又是活动的,若后梁组件上架时直接将其放置在可调支撑组件上,会发生产品倾斜,或者出现个别站位可调支撑组件与产品有间隙的现象,使后梁悬空,所以在可调支撑组件附近设置辅助支撑组件。后梁组件上架时,先将其放置在辅助支撑组件上,产品与框架平台保持平行,并且与6组辅助支撑组件贴合,受力均匀。然后将后梁定位器设置到位,同时调整6组可调支撑组件,将后梁缓慢匀速地顶起,使后梁平面与后梁定位器贴合。后梁上翼面定位器除带有后梁平面外形外,还带有后梁上翼面外形。后梁下翼面定位器上安装有好手,将后梁组件向上翼面方向顶紧,使产品与后梁上翼面定位器贴合。后梁定位组件如图1.98所示。

产品在工装上的放置姿态是后梁平面与平台框架平行,翻边朝下,在后梁上、下翼面分别设置定位器用于定位梁平面。所以在产品上架时,先打开定位器,待产品放置于辅助支撑组件上后,再将后梁定位器复位。产品下架时,要先打开定位器,再起吊后梁组件。对于这种情况,传统工装定位器会设计成可拆卸式结构。由于产品上下架时,后梁定位器需要反复打开,而且同类型的定位器数量多,结构相似,所以反复拆卸工作量大,且有在复位时用错的风险。为此,采用旋转阻尼式翻转结构。后梁上、下翼面定位器组件结构相似,都包含后梁定位器、角座组件、旋转阻尼组件和定位销组件,只是下翼面定位器组件安装有铰链压紧器。产品上下架时,拧开定位销,后梁定位器通过旋转阻尼组件缓慢向后打开,悬停至角座上的限位块上。相对于传统的拆卸式结构,本结构既轻便好用,又能快速复位。后梁上翼面定位器组件如图1.99所示。

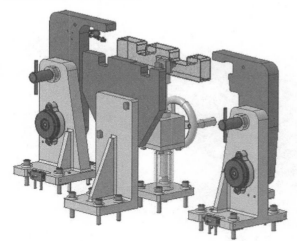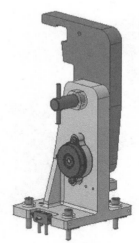

图1.98　后梁定位组件　　　　　　　　　图1.99　后梁上翼面定位器组件

旋转阻尼组件由阻尼器、旋转销轴、基座、限位挡片、调节螺母组成。旋转销轴穿过定位器和角座精加工孔,限位挡片插入转动销轴头部卡槽内,并由螺钉与定位器固定。调节螺母置于轴销穿过角座后的螺纹端。调整调节螺母,使定位器与角座贴合,但又不完全锁死,定位器能随旋转销轴灵活转动。调节螺母侧面有用于顶紧的内六角头小螺钉,在调节螺母调整到位后,将小螺钉拧紧,将调节螺母与旋转销轴固定在一起,保证调整螺母不会随着旋转销轴的反复旋转而松动。基座中心与旋转销轴同心,两端两孔与阻尼器的定位孔同心,中间有一大孔避开调节螺母。旋转销轴穿过基座,与阻尼器相连接。用长螺栓穿过阻尼器定位孔与基座两端的通过孔,将它们固定在角座上。阻尼器与旋转销轴为过盈配合,当定位器随着旋转销轴转动时,为定位器提供阻力。阻尼器分为双旋阻尼和单旋阻尼两种,单旋阻尼又分为左旋阻尼和右旋阻尼两种。正向阻尼器,顺时针方向需要阻力即为右旋阻尼,逆时针方向需要阻力即为左旋阻尼。根据定位器使用情况,选用单旋阻尼,上翼面定位器组件选用右旋阻尼,下翼面定位器组件选用左旋阻尼。旋转阻尼组件如图 1.100 所示。

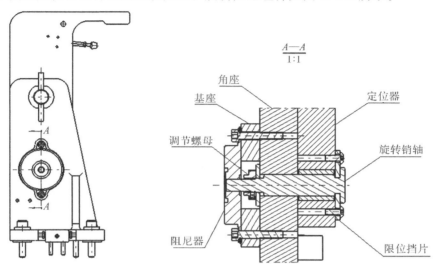

图 1.100　旋转阻尼组件

　　定位销组件采用不可卸式,定位销设置限位结构,保证拧开时不脱离角座,螺母镶嵌在定位器中,既满足了定位要求,又能保持操作现场整洁。定位销组件包含定位销、限位块、卡簧、螺母、挡板、螺钉等。定位销组件如图 1.101 所示。

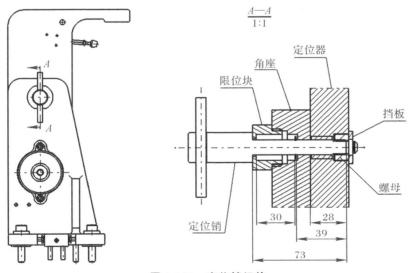

图 1.101　定位销组件

可调支撑组件包含支撑件、升降机和支座。根据后梁筋板在支撑件开出后梁筋板的退让槽，使定位面与后梁内表面贴合，可以将后梁稳定托起。支座用于升降机的安装固定，采用两板加圆管焊接结构，与升降机连接的板以丝杠为圆心开孔，保证升降机下行时丝杠可以伸进圆管中。可调支撑组件如图1.102所示。

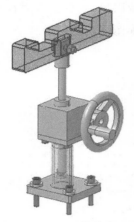

图 1.102　可调支撑组件

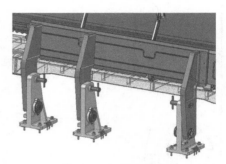

图 1.103　卡板组件

3.卡板组件设计

下翼面卡板组件中各站位卡板结构相似，大小相近，与蒙皮的定位方式均为机械定位。同后梁定位组件一样，卡板组件也采用旋转阻尼式翻转结构，包含卡板、角座组件、旋转阻尼组件和定位销组件。卡板外形以蒙皮外形为基准，带翻边，并在翻边上设置钻模，用于钻制蒙皮与隔板的连接初孔。卡板上数控划线，标记蒙皮边缘线。下翼面蒙皮共分13块，其中大部分蒙皮设置3个卡板组件。蒙皮两端的卡板，其翻边端面为蒙皮边缘。卡板组件如图1.103所示。其中，一块蒙皮较小，且与左右相邻的蒙皮间隙只有2 mm，已经没有空间在蒙皮两端同时设置卡板了。所以蒙皮其中一端借用相邻蒙皮的端面卡板定位，不再单独设置卡板组件。又有一块蒙皮很小，与左右相邻蒙皮间隙又比较大，所以只设置一块卡板，卡板两面都带翻边，蒙皮两端边缘与翻边端面齐平。非常规卡板组件如图1.104所示。

上翼面内段两块壁板很大。针对目前的产品状态和整个工装结构，无法设置压紧卡板。卡板组件包含卡板、角座组件、旋转阻尼组件、定位销组件和吸盘系统。每块壁板设置3块卡板。卡板外形以壁板外形为基准，上边缘处伸出翻边，内型面为壁板上边缘。卡板较长，为此把角座尽量做高，以减少悬臂长度。经过扭力计算，此处的旋转阻尼组件中阻尼器增加为2个。工作状态时，吸盘将壁板吸住，使壁板外形与卡板型面相贴合。吸盘系统包含保护装置，若突然断气，保护装置会锁住壁板，以防产品掉落。上翼面其他蒙皮的卡板组件与下翼面卡板组件结构相似，与蒙皮的定位方式均为机械定位。相对于传统定位形式，吸盘式定位既不用单独设置压紧卡板，也能使产品受力均匀，与外形卡板紧密贴合。上翼面内段卡板组件如图1.105所示。

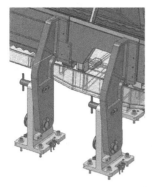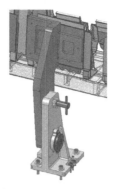

图 1.104　非常规卡板组件　　　　　　图 1.105　上翼面内段卡板组件

1.9　垂尾可移动式装配工装设计

1.9.1　产品结构分析

垂尾飞机尾翼包括水平尾翼和垂直尾翼,主要功能是操纵飞机升降和偏转,并保证飞机平稳飞行。垂直尾翼由垂尾后缘、梁间肋和左右翼面壁板组成,用于保证飞机的平衡与稳定性,以及对飞机航向进行操纵,在飞机结构中具有重要作用。

(1)垂尾后缘:方向舵交点不但定位精度要求高,同时为了不影响产品出架,要求将该交点定位器设计成不可拆卸垂直升降机构,并要求其具有重复定位精度高及工人操作便利等特点。

(2)梁间肋:以肋平面及肋腹板面上工艺孔为定位基准,设置肋定位器。对该处定位结构的要求是,既不需拆卸又可以通过运动避让产品出架路线,且定位精度要求较高。

(3)左右翼面壁板:以壁板端头工艺耳片孔为定位基准设置定位器,并在对应梁间肋位置设置壁板压紧器。要求该压紧器拆装轻便,并可以对压紧力进行可控调节,能根据复合材料产品承压能力设置压力阈值。垂尾产品由侧方出架,要求工装可以移动到制孔区以进行机器人自动制孔,制孔范围涵盖整个垂尾壁板区域,末端执行器要求制孔空间 200 mm 圆周范围内没有定位结构,以防止碰撞。

1.9.2　工装可移动要求

除要满足产品部件装配要求外,由于垂尾左右壁板需要在机器人制孔区域完成制孔作业,因此,还要求装配工装能移动至制孔站位。型架由位置 1 移动到位置 3,位置 2 为周转位置。从位置 1 到位置 2,型架沿纵向自导引移动;从位置 2 到位置 3,型架沿横向自导引移动。型架进入位置 3 后,轮组升起,同时型架下落,型架的落地靠底部的四个支脚支撑;轮组继续升起,离开地面。型架在位置 3 完成工作后,横向移动到位置 2;型架在位置 2 原地旋转 180°,再移动到位置 3 进行工作;完成工作后,型架从位置 3 按原路径返回到位置 1。型架运动轨迹如图 1.106 所示。工装移动速度:0～30 m/min;悬挂升降行程:120 mm;悬挂升降速度:0～10 mm/s 可调。

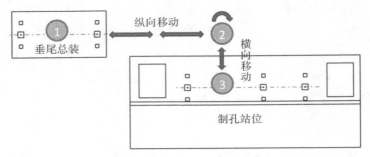

图 1.106　型架运动轨迹

　　鉴于工装的二次定位要求,型架与地面之间采用杯锥导引的定位方式,实现型架精确定位。两个定位杯安装在型架底部的中心轴线上,相对应的定位锥安装在两个制孔站位的地面上。定位杯有两种形式,一种为圆杯(定位杯 A),另一种为长圆杯(定位杯 B)。杯通过锥的导向精确入位,形成配合关系。杯锥位置及结构如图 1.107 所示。

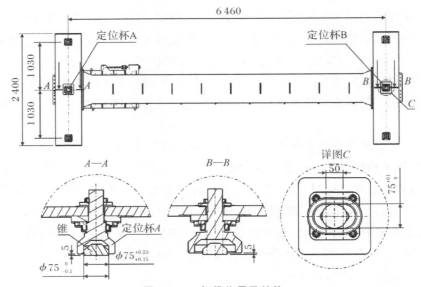

图 1.107　杯锥位置及结构

　　为了解决工装移动问题,本工装设计 4 个轮组系统(见图 1.108),4 个轮组具有同步升降和单独升降功能,同轴线的两个轮组同步精度为 5 mm,并且能够在任意位置锁止。轮组安装位置如图 1.108 所示。由于自动制孔区域面积受限,轮组系统可用空间:横向不超过 2 000 mm,纵向左右两侧不超过 1 000 mm。4 个轮组总承载 15 t。轮组设有前进、后退、左平移、右平移、左转弯、右转弯、摆动(以车体前、后轴线中心为轴心)、斜向进退、自转(以车体几何中心为轴心)等运动模式。由于在制孔站位区有工装升降要求,因此轮组系统还设置了悬挂升降机构。对于工装行迹移动的解决方案则是利用视觉导航设备进行反馈控制。

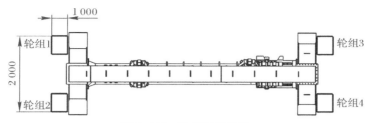

图 1.108　轮组安装位置

1.9.3　总体设计

总装型架由主体框架、全向升降可移动轮组、杯锥定位组件、前缘定位组件、后缘定位组件、梁间肋定位组件、机身垂尾对接框定位组件、平尾垂尾对接框定位组件以及壁板压紧组件构成。

(1)垂尾工装框架主要是为垂尾产品定位器、杯锥系统及轮组系统提供生根的平台,并将整套工装所有的子系统连接成一个刚性体。它由 1$^{\#}$立柱、2$^{\#}$立柱、上梁、下梁四部分构成。框架采用全板焊结构,框架内部均布加强隔板,并留有风电集成过孔。由于机器人制孔找正需要,框架两侧立柱上按照制孔区域包容原则设置 4 处基准点。

(2)全向升降移动轮组设置于 1$^{\#}$和 2$^{\#}$立柱端面上,并且在立柱中轴线下方设置定位杯组件。在装配站位完成垂尾骨架装配后,左、右壁板上架,并通过壁板端头工艺耳片孔定位。由移动轮组按照行迹路线将工装移动至机器人制孔区域,利用工装所带定位杯组件与地坪所带定位锥组件进行对接,完成工装的二次定位。左侧壁板制孔时,右侧需要挂上壁板压紧组件,以平衡制孔冲击力;右侧壁板制孔时也是如此。垂尾前缘的定位是依靠对前梁平面及梁平面上所带工艺定位孔进行的:在框架上梁下方生根连接 5 处定位器,两端头定位器上设置有与工艺孔相匹配的定位孔,其他 3 处定位器则设置过孔,用来对前缘辅助夹紧。

(3)垂尾与机身对接是依靠 8 个金属接头来实现的。它们左、右各 4 个分布在垂尾壁板的大端头上。现设置 8 个接头的对接平板,对接平板上 16 个对接孔孔位及对接面按垂尾与机身对接反标准平板协调制造,每个对接接头均以 2 个 $\phi10$ mm 的孔和对接面为定位基准。对接平板生根框架下方设置双滑轨导向机构,驱动则由丝杠、丝母及减速箱构成;对接平板上方则设有一根随动滑轨,用来导向。

(4)垂尾与平尾对接是依靠 4 个金属接头来实现的。它们左、右各 2 个分布在垂尾壁板的小端头上。由于该处协调性要求高,4 个接头之间的位置关系由标工保证。利用标工做出 4 个接头定位组件,该组件由框架立柱上生出。

(5)垂尾后缘以 5 个悬挂支臂前后方向舵交点及后梁平面为定位基准。设置 5 处交点定位器及 4 处后梁托件,悬挂支臂交点定位器使用插耳定位形式,接头定位器与接头 2 侧留 2 mm 间隙并设置垫片,定位销端头带锥度,后梁托件均分 4 处与后梁平面留 2 mm 等距间隙,并设置垫片。

(6)梁间肋通过工装上梁生根连接可旋转式定位器,再利用肋上的工艺定位孔及肋平面进行定位。

(7)垂尾左右壁板以壁板端头工艺耳片孔为定位基准,设置定位器,并在对应梁间肋位置设置壁板压紧器实现定位。

1.9.4 定位器设计

1. 垂尾后缘定位组件设计

垂尾后缘组件由后梁及后梁方向舵交点组成,这些交点已经在上架前和后梁进行了组装,因此定位后梁方向舵交点即可完成对整个后缘的定位。该处定位器结构由角座、滑轨副、定位器生根平板、交点定位器、楔形压紧块、滑轨滑块压紧块、调姿机构及气弹簧等部件组成。交点定位器零点位置为定位器初始站位(也就是产品定位站位),角座与生根平板之间用肘夹定位销连接,在这个位置用激光跟踪仪 OTS(工装样件)进行定位器调装。当产品需要下架的时候,松开肘夹定位销,定位器即在气弹簧的辅助下沿着精密滑轨向下运动至出架站位;再次推上肘夹定位销即可完成整个运动过程。垂尾方向舵交点定位组件如图1.109所示。

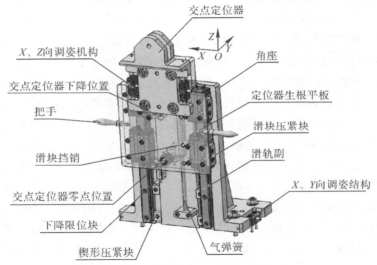

图 1.109　垂尾方向舵交点定位组件

(1)后梁方向舵交点定位器升降结构设计。方向舵交点定位精度要求高,由于产品垂直起吊的侧方出架形式,要求该处定位具有升降功能及重复定位精度高特点,因此该处导向机构选用两根宽度为 20 mm 的四方向等载荷窄型滚动直线导轨副,滑轨长度为 320 mm,滑块移动相对滑轨基准面的平行度为 0.02 mm。该导轨采用 45°接触角的等分设计,使其具有垂直向上、向下和水平向左、向右四方向的额定载荷,具有额定载荷大、刚性好、刚度高、3 个方向抗颠覆力矩能力强等特点。每根滑轨带有两处滑块,利用一块钢板将两根滑轨的 4 处滑块连接,构成定位器生根平台。由于滑块与生根平板连接孔为螺栓通过孔,因此在生根平板上设置其中一根导轨滑块的压紧模块和精制孔挡销,进而对该生根平板与滑轨进行精确定位。因为两根滑轨共同导向,所以对它们的协调性要求很高。在角座上设置两处楔形块压槽,利用楔形块将滑轨压向对应两处精加工面,同时该精加工面有严格的平行度要求。升降机构设计如图 1.110 所示。

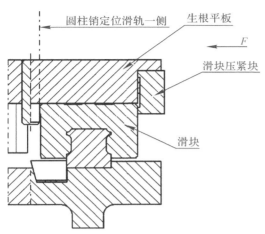
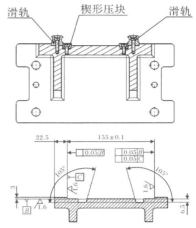

图 1.110　升降机构设计

滑轨当量载荷及等价系数的计算如下：

$$P_{1T} = P_{2T} = P_{3T} = P_{4T} = \frac{mgL_3}{2L_0} \tag{1.1}$$

通过设计确定，$L_0 = 105$ mm，$L_1 = 135$ mm，$L_2 = 50$ mm，$L_3 = 20$ mm，mg 取定位模块重力极值 150 N，则计算结果远远小于滑轨的额定载荷。图 1.111 所示为滑轨载荷图。

（2）后梁方向舵交点定位器气弹簧机构设计。由于交点定位器和生根平板累计重力过大，因此在生根平板下方增加一处气弹簧装置，以平衡重力，这样也可以使装配工人轻便地进行定位器升降操作。气弹簧结构由气弹簧本体及两端头支撑块构成，气弹簧两端接头与支撑块为螺纹连接形式。通过对产品出架需求进行分析可知，该定位器只需要向下移动80 mm即可规避产品出架路线。因此升降行程设定为 100 mm，平衡重力 $F = 150$ N。气

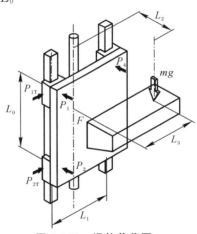

图 1.111　滑轨载荷图

弹簧气缸直径/推杆直径为 $\phi 22$ mm/$\phi 10$ mm，结构总长 EL1＝2×行程＋47 mm，两端头连接螺纹长度：气缸端为 8 mm，推杆端为 9 mm。推算出气弹簧的伸缩杆长度为 120 mm，气缸缸体长为 167 mm，伸展力为 50～500 N。气弹簧机构如图 1.112 所示。

图 1.112　气弹簧机构

（3）后梁方向舵交点定位器调姿机构设计。传统工装定位器的调装采用模拟量或激光跟踪仪 OTP 点进行，垂尾工装定位器则采用激光跟踪仪 OTS 调装。OTP 与 OTS 的调装区别在于，前者通过对 3 点拟合的一个面进行基准装配，而后者是对所需装配零件最后一级，也就是和产品配合面进行直接调装。后者由于摒弃了中间制造误差累计，其装配精度更

高。后梁交点定位器在角座底部设置有 2 处调整模块,通过控制模块中螺钉的伸缩调整角座 X、Y 的方向;在生根平板与交点定位器对合面上设置 2 处调整模块,对定位器的 X、Z 方向进行调整。从而实现整个定位结构 X、Y、Z 的全向调节。定位器调姿如图 1.113 所示。

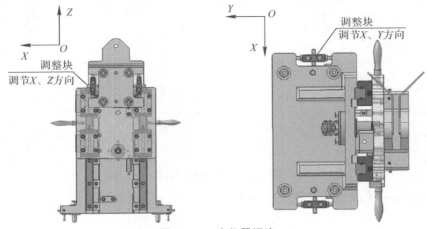

图 1.113　定位器调姿

2.垂尾梁间肋定位组件设计

由于定位结构所限,梁间肋定位器定位组件的最大长度超过了 1 m,由于该定位器组件处于工装上梁,因此拆卸极其不便。同时垂尾产品从侧方出架,而梁间肋的定位也是从侧方进行的,如果做成固定式则会导致产品出架碰撞。综上所述可知,定位结构宜采用旋转式悬臂结构,整个定位组件由角座、连接板、定位板及旋转阻尼系统构成。连接板与角座之间的精确定位依靠 A、B 孔。在初始站位对定位器 C 孔及产品对合面进行 OTS 调装,使得初始站位即为定位站位。当产品下架要将定位器旋上时,则松开快速夹紧销及 A 孔定位销。借助旋转阻尼器将连接板与定位板构成的刚性体旋转至出架站位,之后将 A 孔定位销插入 D 孔。连接板上制有以 B 孔为旋转中心的长圆槽,用于为快速夹紧销提供旋转避让,从而实现轻便旋转、快速定位功能。垂尾梁间肋定位组件如图 1.114 所示。

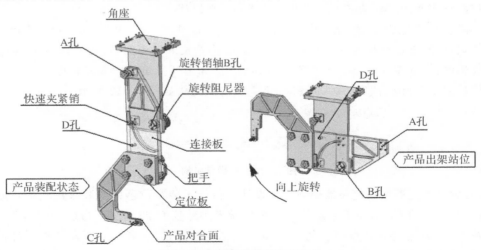

图 1.114　垂尾梁间肋定位组件

旋转阻尼系统由阻尼器、转动销轴、基座、带肩衬套、转动销轴限位垫片和调节螺母组成。旋转阻尼结构如图 1.115 所示。为了减轻重量,将定位板设计成角减轻槽结构。定位产品端面贴有尼龙板,以防剐蹭产品。定位板与连接板依靠 4 个孔位精度为 ±0.05 mm 的孔相连接。角座底面上设计有 2 处调整块,供激光调装时使用。

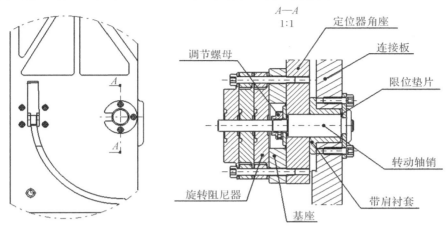

图 1.115　旋转阻尼结构

3.垂尾壁板压紧组件设计

由于垂尾装配工装以骨架为基准定位,因此工装不设置外形卡板,只需要将壁板通过两端工艺孔连接,之后在梁间肋外形上压紧。将壁板压紧组件设计为挂钩式快拆结构,整体由定力压紧器、铝制骨架、上梁挂钩支座及下梁快速复位钩紧器组成。上梁挂钩支座设置于框架上梁侧面,下梁快速复位钩紧器设置于框架下梁侧面,定力压紧器随壁板外形均布在铝制骨架上。使用时直接将该压紧组件挂在上梁挂钩支座上,再由下梁快速钩紧肘夹进行复位。由于铝质框架重量轻,可以人工快速挂上进行装配工作。垂尾壁板压紧组件如图 1.116 所示。

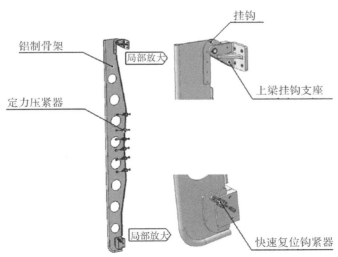

图 1.116　垂尾壁板压紧组件

1.10 垂尾精加工台设计

垂尾精加工台用于定位和调整垂尾盒段姿态。将产品调整到预设位置后,由精加工设备加工垂尾与机身对接端面,并制出垂尾与机身连接的对接孔。由于使用要求,需要将垂尾精加工台与精加工设备设计集成,使设备加工坐标系与工装坐标系一致,并需要通过验证手段检验精加工设备的制孔位置。工装放置的厂房无专用地基,且现场还有为了放置精加工设备挖掘的地沟,需要现场调装工装位置。工装框架还需要满足精加工时产品和工装受力要求,以及考虑地基变形情况。

1.10.1 总体设计

产品装配流程及装配要求如下:

(1)盒段产品整体吊装到型架上方后,可快速调整入位,并可做三个方向的调整;

(2)要求对接交点同时定位,并与平垂尾对接交点反量规协调;

(3)后缘支臂交点需定位;

(4)前缘部位要求一处定位孔检测;

(5)对接端面要求定位,设对接平板,协调连接孔位置;

(6)在端面、肋处设置产品外形卡板,上下压紧,以实现产品型面的固定及微调;

(7)工装调装前,型架与精加工设备设计集成,以实现产品定位后端面及连接孔的精加工;

(8)每次钻孔前精加工设备都需做试刀,即检测精加工设备制孔孔径及精度,因此需在型架上增加试刀台。

1.10.2 工装结构设计

垂尾精加工台采用端头框架＋整体底盘的形式。产品在型架上为水平放置,垂尾对称面与水平面平行,对称面距离底面 1.6 m,左壁板向上。产品的上架方式为:垂尾垂直起吊后从精加工设备的相反边上方出入架。垂尾精加工台如图 1.117 所示。

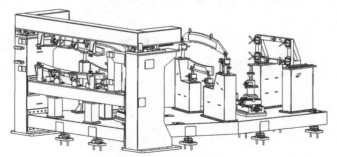

图 1.117 垂尾精加工台

1.框架设计

工装放置的厂房无整体及专用地基,因而地基沉降容易引起工装框架变形。型架放置边缘处还有一条为了放置精加工设备而挖掘的沟渠。精加工设备工作时铣切力大,需要工装具有相当好的稳定性和较高的强度。

结合工装功能,考虑到工装定位基准与端头加工面距离较远,为了保证产品加工时的稳定性,设计精加工台框架时将其分为整体底盘和端头框架两部分,二者之间用螺栓连接,并留有距离调整间隙。垂尾盒段精加工台框架如图 1.118 所示。

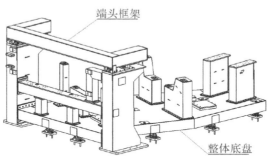

图 1.118　垂尾盒段精加工台框架

(1)整体底盘。底盘主框架采用方钢焊接,保证工装整体底盘的刚性及强度,其余定位器底座平台和立柱连接到底盘上。为了加强受力均匀设计,定位器底座平台及立柱为板焊式结构。

为了稳固底盘,也为了更好地传递加工设备的铣切力,并考虑到工装与地基的膨胀系数不同,底盘与地面连接所用的可调支撑分为以下两种形式:

1)固定式:最端头处的可调支撑与地用地脚螺栓相连,保证型架的稳定性。

2)随动式:框架其余可调支撑与地用地脚螺栓相连,中间有小滑轨,保证框架因受力和膨胀系数不同,框架后端可随动调整。

底盘与地连接的两种可调支撑如图 1.119 所示。

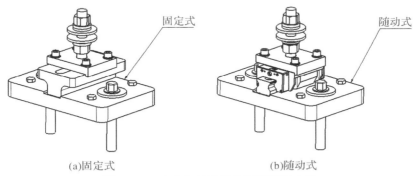

(a)固定式　　　　　　　　　　　(b)随动式

图 1.119　底盘与地连接的两种可调支撑

(2)端头框架。精加工台的主要加工量都在端头对接端面处,所以端头处受力最大,结构也最需要稳定。此处如选用一般的地脚螺栓或者千斤顶显然不能满足受力要求,而化学锚栓专用于无地基基础的稳定连接。所以这里选用化学锚栓连接框架与地,用来保证端头框架(见图 1.120)的稳定性。化学锚栓选用了树脂砂浆灌胶,与地的黏合力更好,更能稳定端头框架。

垂尾盒段上下架时为垂直起吊,产品下降或上升时,端头上梁需移开,上梁最内侧距离产品安全距离为 350 mm。为了方便现场人员操作,将上梁设计为电动滑轨移动式。上梁处设置了定位板,保证工作状态时上梁与端头框架定位牢固,稳定可受力。上梁移动滑出时,下方框架上设置了限位块,防止上梁移动过多滑出掉落。

端头框架另一侧为精加工设备,为了避免精加工刀头在不工作状态时与框架碰撞,需保证框架上没有任何结构凸出精加工平面。

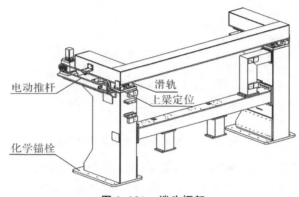

图 1.120　端头框架

2. 产品快速入位及调姿设计

垂尾盒段产品吊装到精加工台上方后,需要快速入位并且三向可调。因此,在垂尾精加工台的框架上放置了四套调姿机构:三坐标调姿机构一套,两坐标调姿机构两套,一坐标调姿机构一套。为了满足调姿需要,采用产品吊挂。设计了 4 个工艺接头,在产品上架前提前将 4 个工艺接头连接在产品上。当垂尾盒段吊装到精加工台上方时,先将 4 个工艺球头落入调姿机构中并锁紧,再转动调姿机构中的三向手轮,就可以实现调姿了。最终要保证垂平尾交点位置。调姿机构如图 1.121 所示。

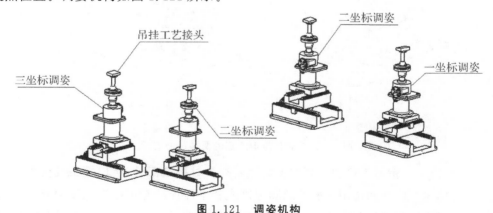

图 1.121　调姿机构

3. 垂平尾对接交点定位器设计

垂平尾对接交点是整个垂尾盒段产品的定位基准。垂平尾对接交点一共有 4 个,它们需要与平垂尾对接交点反量规协调,所以将这 4 个交点定位器安装在同一框架上。先将这 4 个交点定位器按照反量规协调安装好,再将整个定位器框架在工装上统一调装。同时考虑到产品上下架时的通路开敞问题,确定工装定位器距产品的最小安全距离为 200 mm。将交点定位器框架做成带滑轨可移动式。因为这个框架小且轻,所以没有改为电动式。整个框架后移时,也设置了定位销,防止框架随意窜动,避免划伤产品。

为使结构稳定,交点定位器框架落在框架的小平台上。交点定位器与产品的交点属于叉耳配合,中间留有间隙垫片,以便产品上下架。产品上架后,将定位器框架整体平推向前,调节调姿结构,直至定位器到位后插定位销固定;产品下架时,将定位器框架后推定位,防止工装碰伤产品,方便现场人员操作。垂平尾对接交点定位器如图1.122所示。

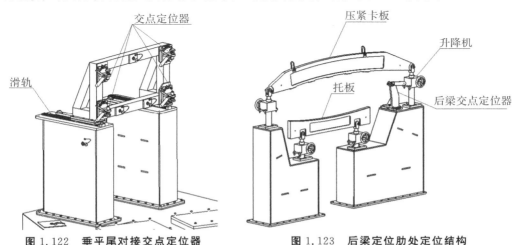

图 1.122　垂平尾对接交点定位器　　　　图 1.123　后梁定位肋处定位结构

4.后梁定位肋处定位结构

垂尾盒段后梁在两处肋位置需二次定位两个交点,整个盒段也需要有上下卡板来托型面和压紧,所以这两处结构相似,如图 1.123 所示。

上下卡板仅起托壁板及压紧作用,不能作为定位基准,所以上下卡板型面上均需贴胶皮。卡板上下位置需要调整,而以往常用的点压式螺旋压紧器在现场并不好用,点压式受力更容易使产品变形,所以上下卡板通过升降机调整位置。为了避免出现型面整体贴胶皮压不紧的状况,上卡板采用五点均布式胶皮压紧,下卡板整个型面贴胶皮托型面。

上下卡板调节依靠升降机,转动升降机手轮可以调节卡板上下距离,精度达到0.1 mm。上下卡板调节到位后,可通过 4 个升降机带的自锁机构防止卡板移动。

因为两处定位器距离产品较近,为了保证产品上下架通路,定位器需让开安全距离(约200 mm)。因为距离升降机较近,无法增加滑轨做成移动式结构而获得安全距离,所以将定位器做成可拆卸式结构。两处后梁定位器结构相似,为了防止拆卸后现场用错,需要增加防差错结构。两定位器定位孔的孔间距不同,可方便现场人员拆卸及再次定位。两处后梁交点定位器如图 1.124 所示。

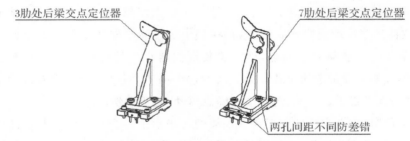

图 1.124　两处后梁交点定位器

5.端头结构

垂尾与机身对接端面及连接孔都在端头处,受到的精加工设备铣切力最大,要求产品定位稳定。在端头处设置了上下卡板及 8 处筒形螺母孔定位器,整体结构如图 1.125 所示。

首先,在端头下梁上设置了一个前缘孔定位器,用来二次检测前缘的位置。定位器不用于定前缘面的位置,只用于检测孔的位置,所以定位器面不与前缘面贴合,此处定位孔配置定位销。

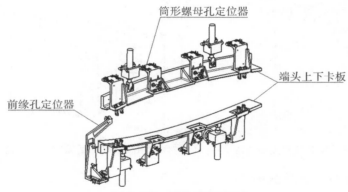

图 1.125　端头整体结构

其次,设置上下卡板。下卡板生根在框架下梁上并固定,上卡板生根在上梁上。上卡板在产品上下架时需随着上梁移动。升降机生根在上下梁内,要将自锁轴和手轮设计在同一面,以防止自锁轴与上下梁干涉。框架端头处直接受到精加工设备铣切力作用,且受力大,所以将上下卡板设计成翻边式,增大产品压紧、受力区域。上下卡板上还增加了筒形螺母孔定位器躲开口。端头上下卡板如图 1.126 所示。

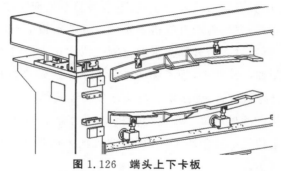

图 1.126　端头上下卡板

最后,垂尾与机身对接端面处上下共有的筒形螺母孔,需作为辅助定位,以固定产品。两个邻近的筒形螺母孔由一个定位器定位,定位器与蒙皮之间用垫片塞实,防止晃动。定位器生根在上下梁上。上梁需移动,所以上梁上的定位器与蒙皮的安全距离为 7 mm,定位时用垫片塞实,移动时将垫片取下。

由于对接接头结构复杂,中间夹有很多加强筋,且角度都为闭斜角,一般的螺纹定位销在这里无法使用,因此在这里设计了一个特殊的定位销:先将拨片竖立,从下往上插入孔后,再将拨片转平,卡住孔位,再在销子底部拧紧螺母垫片,起到定位作用,如图 1.127 和图1.128所示。定位销上还需开躲开孔,躲开精加工设备钻制垂尾、机身连接的 16 个孔,以防精加工设备刀头碰到定位销。

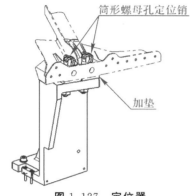

图 1.127　定位器　　　　　　　　图 1.128　特制定位销

精加工设备制孔时,筒形螺母孔定位器受力最大。为保证定位器强度,需进行端面加载铣切径向力和端面制孔轴向力的受力分析。图 1.129 为定位角座在端面制孔轴向力作用下的应变云图,最大应变为 0.103 8 mm,制孔位置最大应变为 0.084 0 mm。图 1.130 为定位角座在端面铣切径向力作用下的应变云图,最大应变为 0.030 5 mm。

图 1.129　定位角座在端面制孔轴向力作用下的应变云图

图 1.130　定位角座在端面铣切径向力作用下的应变云图

6. 精加工台与精加工设备设计集成

精加工设备加工端面和连接孔的时候,需要以端头平板作为制孔依据,而端头平板是依据工装调装的,工装调装的基准必须和精加工设备有相对关系。因此,垂尾精加工台须与精加工设备集成设计,由精加工设备确定垂尾精加工台的工装基础坐标位置,从而使设备加工坐标系与工装坐标系一致。

按照与精加工设备的行程关系,首先安装好端头框架及整体底盘;然后由精加工设备来加工工装的基础坐标,加工平面及激光球座安装孔,记录精加工行程数据,保证精加工设备与工装基准间的相对关系;最后再根据坐标系调装工装上的定位器及卡板。

端头框架上设有试刀台,用来固定试刀用钛板,每次精加工设备起刀前都要在试刀台上钻孔,检测制孔孔径及精度,以保证制孔的准确性,如图 1.131 所示。

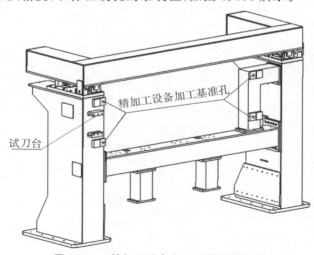

图 1.131　精加工设备加工工装调装基准

第 2 章　夹具工装设计

2.1　概　　述

在机械制造的各个加工工艺过程中,必须使工件在工艺系统中处于正确的位置,以保证加工质量,并提高生产效率。夹具是使工件处于正确位置所使用的各种工艺装备。夹具工装广泛应用于机械制造过程的切削加工、热处理、装配、焊接和检测等工艺过程中。在现代生产中,夹具是一种不可缺少的工艺装备,它直接影响着加工的精度、劳动生产率和产品的制造成本等。因此,夹具设计在企业的产品设计和制造以及生产技术准备中有着极其重要的地位。夹具工装设计也是一项重要的技术工作。本章主要介绍复合材料长桁零件铣切夹具设计、复合材料机翼壁板铣切夹具设计、筒型零件激光焊接夹具设计、薄壁长缘条金属件热处理变形控制夹具设计等 4 个典型案例,并详细论述不同夹具工装的设计方法及设计过程。

2.2　复合材料长桁零件铣切夹具设计

随着航空制造业的发展,复合材料已经成为飞机上使用的主流材料之一。当利用数控铣床加工复合材料长桁零件时,需要设计铣切夹具工装。本案例通过分析复合材料长桁类零件的加工特点,设计复合材料长桁零件铣切夹具。

2.2.1　产品结构分析

蒙皮和长桁组成的壁板结构是机翼结构中的典型构件。飞机机翼长桁紧贴机翼蒙皮内侧沿展向平行分布,主要用于提高机翼蒙皮刚度。长桁属于细长型零件,通常采用数控铣等方法进行加工。为了适应机翼气动外形,每根长桁的外形都不相同,这就要求用于加工长桁的工艺装备必须严格按一对一模式配备。而且机型越多,长桁铣切工装就越多,需要的厂房面积就越大,这些都极大地降低了铣切工装的使用效率,增加了长桁的制造成本。

外翼上下壁板长桁均为 T 形长桁。T 形长桁结构作为提高蒙皮抗弯曲性能的构件之一,广泛应用于航空、宇航、船舶的翼面及壳体结构中。T 形长桁的制造工艺流程为:自动剪裁机下料→手工平板→铺叠→热压成型机预成型其直角型面→组装成 T 形长桁。需要对成型后的 T 形长桁进行铣边,但是每一根长桁的外形轮廓都不尽相同,因此必须对长桁一对一地进行铣切夹具设计。根据长度可将外翼上下壁板的长桁零件划分成四类进行加工。此处以其中最长的一类零件为例,产品要求加工四周轮廓以及立筋上表面。根据上述加工需求设计数控铣切夹具工装。

2.2.2　定位方法

以理论外形面为加工基准,基于基准重合的原则,对于长桁类零件在工装上的定位,可初步选择零件的理论外形面和两个与长桁成型模一致的工艺孔,即一面两孔的定位方式。零件的待加工部位、定位及压紧方式如图 2.1 所示。零件以一个主定位孔、一个辅助定位孔及一个定位型面进行定位,并在压紧点处留有工艺孔以压紧零件。这两个定位孔对应的工装零件的定位衬套分别采用圆形孔衬套和腰形孔衬套形式,其中圆形孔衬套为主定位孔,腰形孔衬套为辅助定位孔。

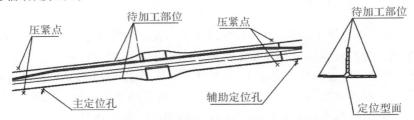

图 2.1　零件待加工部位、定位及压紧方式

下缘条零件定位精度如下所述。

1. 定基误差 $\delta_{定基}$

设计中,零件的定位基准与工艺基准或尺寸基准重合,故 $\delta_{定基}=0$。

2. 定位误差 $\delta_{定位}$

设两圆柱销的直径为 $D_{定1}\left(^{\ 0}_{-b_1}\right)$ 及 $D_{定2}\left(^{\ 0}_{-b_2}\right)$,两圆柱销间的直线距离为 $L\pm l_{定}$,产品两定位孔的直径分别为 $D_1\left(^{+a_1}_{\ 0}\right)$ 及 $D_2\left(^{+a_2}_{\ 0}\right)$,两孔间的距离为 $L\pm l_{定}$,并设 D_1 为第一基准孔,D_2 为第二基准孔,Δ_1、Δ_2 为便于零件装卸的最小间隙。

已知:圆柱销孔直径为 $\phi 8H7\left(^{+0.015}_{0}\right)$;圆柱销直径为 $\phi 8f7\left(^{-0.013}_{-0.049}\right)$,即 $\phi 7.987\left(^{\ 0}_{-0.036}\right)$;腰形衬套底孔直径为 $\phi 8H7\left(^{+0.015}_{0}\right)$;$L=4\ 788.99$ mm,$l=0.15$ mm。则:$D_1=8$ mm,$a_1=0.015$ mm,$D_{定1}=7.987$ mm,$b_1=0.036$ mm,$\Delta_1=D_1-D_{定1}=8$ mm-7.987 mm$=0.013$ mm;$D_2=8$ mm,$a_2=0.015$ mm,$D_{定2}=7.987$ mm,$b_2=0.036$ mm,$\Delta_2=D_2-D_{定2}=8$ mm-7.987 mm$=0.013$ mm。

(1)在两孔中心线连线方向(X 方向)上的定位误差为

$$\left.\begin{array}{l}\delta_{定位1x}=a_1+\Delta_1+b_1=0.015\text{ mm}+0.013\text{ mm}+0.036\text{ mm}=0.064\text{ mm}\\ \delta_{定位2x}=\delta_{定位1x}+2l=0.064\text{ mm}+2\times0.15\text{ mm}=0.364\text{ mm}\end{array}\right\}\quad(2.1)$$

(2)在与两孔连线垂直方向(Y 方向)上的定位误差为

$$\left.\begin{array}{l}\delta_{定位1y}=a_1+\Delta_1+b_1=0.015\text{ mm}+0.013\text{ mm}+0.036\text{ mm}=0.064\text{ mm}\\ \delta_{定位2y}=a_2+\Delta_2+b_2=0.015\text{ mm}+0.013\text{ mm}+0.036\text{ mm}=0.064\text{ mm}\end{array}\right\}\quad(2.2)$$

产品两定位孔中心连线与夹具两定位销中心连线间夹角误差为 α，最大倾斜角误差（正切值）为

$$
\begin{aligned}
\tan\alpha &= \frac{a_1 + D_1 + b_1 + a_2 + D_2 + b_2}{2L} \\
&= \frac{0.015 + 0.013 + 0.036 + 0.015 + 0.013 + 0.036}{2 \times 4\ 788.99} \\
&= 1.336 \times 10^{-5}
\end{aligned}
\tag{2.3}
$$

经计算得 $\alpha = 0.765 \times 10^{-5}$°。

综上所述，零件采用一面两孔的定位方式得到的最大倾斜角较小，满足零件定位精度要求。夹具上对应零件定位孔处的定位元件采用一个圆柱销下配合圆形孔衬套，一个圆柱销下配合腰形孔衬套的组合定位方式，避免了第二定位销在 X 方向的重复定位，也极大地减小了角向误差。距离公差对倾斜角不产生影响，提高了定位精度。

2.2.3　压紧装置设计

工艺模型中带有一些均布的压紧点，在压紧点处开有工艺孔用来安装压紧螺钉。但是长桁类零件属于细长型零件，且壁薄、刚性差，单纯依靠几处压紧点不足以压紧零件。而且需要铣切零件四周轮廓。如果按照传统压紧方式，即一周均布压板机构，不仅会影响铣切轮廓的连续性，而且后期的补铣工作量巨大。此外，安装大量压板时会降低产品的装夹效率。因此，长桁类零件选用真空吸附方式压紧。

真空吸附的原理是，利用真空系统将零件与夹具之间密封腔内的空气抽出，大气压力和真空腔内残留空气的压力之差产生足够的夹紧力，将零件压紧在夹具上。真空吸附的优势包括：① 保证零件被加工面和定位基准、切削刀具的位置关系，以及与数控铣床工作台的位置关系正确；② 确保加工好的工件不产生夹痕、弯曲和变形，并且能够快速夹紧工件，提高工件的装夹效率并减少机器的待机时间；③ 由于真空吸附力是均匀分布在被加工工件上的，在加工时，工件不会产生振动，因此加工噪声小。

1. 真空吸附夹具夹紧力计算

图 2.2 所示为真空吸附夹具结构，夹具夹紧力计算公式为

$$
Q = kpS - ql \tag{2.4}
$$

式中：Q 为夹紧力（mN）；k 为密封系数，通常取 $0.8 \sim 0.85$；p 为压强差（MPa），可从真空表读出，且 $p = p_a - p_0$，其中 p_a 为大气压强，p_0 为真空腔内残余压强，S 为夹具定位面上密封条内面积（m^2）；q 为密封条变形量从 d 减小到 H 时，每米长度上的反弹力，当 $d = 6$ mm 时，$q = 8.9 \times 10^{-4}$ mN/m，当 $d = 10$ mm 时，$q = 1.6 \times 10^{-3}$ mN/m；l 为密封条总长（m）。

经计算，得

$$
Q = kpS - ql = 0.8 \times 0.093 \times 2.62 \times 0.337 - 8.9 \times 0.000\ 1 \times 12.4 = 0.055 \text{ mN} \tag{2.5}
$$

使用时，零件与夹具定位面之间应均匀贴合，以避免因零件弹性变形而漏气失压。工作状态下，零件受到向下的大气压力 kpS，零件压缩密封条。当密封条变形量从 d 变为 H 时，零件与夹具定位面均匀贴合，真空压力 kpS 应大于密封条反弹力 ql。在真空面积 S 区域

内,零件受到 $Q=kpS-ql$ 的夹紧力。铣切时,零件受到水平切削分力 F_q 的作用。总的摩擦力 F 表示零件与夹具间由夹紧力 Q 产生的水平摩擦力,以及零件与密封条间由反弹力 ql 产生的水平摩擦力。F 平衡切削分力 F_q 并阻止零件移动。

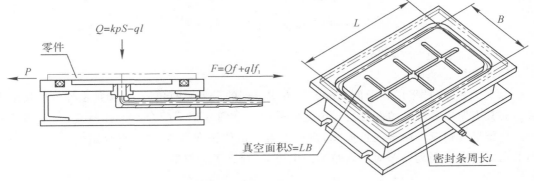

图 2.2 真空吸附夹具结构

2.摩擦力计算

摩擦力 F 的计算公式为

$$F=Qf+qlf_1=(kpS-ql)f+qlf_1 \tag{2.6}$$

式中:f 为零件与夹具间的摩擦因数;f_1 为零件与密封条间的摩擦因数。

经计算,得

$$F=0.055\times0.3+5.8\times10^{-4}\times12.4=0.023 \text{ mN} \tag{2.7}$$

3.切削力计算

切削力 F_q 的计算公式为

$$F_q=C_P t^{0.86} s_z^{0.72} D^{-0.86} BzK_P \tag{2.8}$$

式中:C_P 为最大切削系数;t 为铣切深度(mm);s_z 为每齿进给量(mm);D 为铣刀直径(mm);B 为铣刀宽度(mm);z 为铣刀齿数;K_P 为刀具切削修正系数,其值为(工件材料的抗拉强度$/75$)$^{0.8}$。

经计算,得

$$F_q=68.2\times3^{0.86}\times6.04^{0.72}\times8^{-0.86}\times6\times14\times(280/75)^{0.8}=0.026 \text{ mN} \tag{2.9}$$

4.吸附气孔大小的选择

吸附气孔的孔径大小与分布密度(个数)需满足以下公式:

$$nd\leqslant4\left(A-\frac{\mu F_q}{p_a-p_0}\right) \tag{2.10}$$

式中:n 为吸附气孔的分布密度;d 为吸附气孔的孔径大小;A 为吸附面积;μ 为工件与定位元件之间的摩擦因数。

经计算,得

$$\frac{15}{5}\times d\leqslant4\times\left(5-\frac{0.03\times0.05}{0.093}\right) \tag{2.11}$$

即 $d\leqslant6.64$ mm,因此设计吸附气孔大小为 $\phi6$ mm。

5.夹具可靠性分析

若 $F \geqslant F_q$,则夹具夹紧力满足使用要求;若 $F < F_q$,则需在合适的位置安装辅助压紧装置。经比较,夹具的摩擦力小于刀具的铣削力,所以在零件缺口的工艺凸台处增加压紧装置,以确保产品定位夹紧的可靠性。

2.2.4　定位板快换装置设计

根据长桁类零件的加工要求,4 根长桁零件为一类,加上对称件,即共有 8 根长桁需要加工。机床为五坐标复合材料加工机床,机床加工台面为钢平台上面覆盖铝制真空平台。根据机床的行程,一次可以加工两个零件,一块定位板上可同时放置两个对称件。因此,需要做 4 个定位板。为了满足 8 个零件的快速定位装夹加工,使 4 个定位板共用一个夹具体,同时在夹具体上安装对刀销与找正边,使 8 个零件的加工只需要一次找正和调零。为了保证 4 个定位板的重复定位精度,缩短工装夹具更换造成的停机时间,提升设备利用率及加工效率,采用基于球锁快换系统的模块化装夹方案。

1.球锁快换装夹系统结构

球锁快换装夹系统将接收套安装到基础板上,将定位套安装到夹具板上,通过定位球锁轴将夹具板快速锁紧到基础板。在夹具板上可以在离线状态下安装各种所需要加工的零部件。图 2.3 所示为球锁系统,其主要包括球锁轴、接受套、定位衬套 3 个部件。

图 2.3　球锁系统组成部件

图 2.4 所示为球锁快速装夹系统的工作过程:首先将定位衬套安装到定位板上,将接受套安装到夹具上;其次将球锁轴同时插入定位板和夹具体,完成定位;最后利用工具旋转球锁轴中间的螺钉对中心球施加压力,接着该力被引导到 3 个小球上,使之位于接受套的锥形面上,从而完成压紧作用。

(a)步骤一　　　　　　　　(b)步骤二　　　　　　　　(c)步骤三

图 2.4　球锁快速装夹系统工作过程

2.定位板结构设计

由于长桁零件长度太长,定位板刚性不够,容易变形。因此,将定位板分为两块设计制造。每块定位板上有 6 个连接孔,最远端对角线有一个圆形衬套和一个腰形衬套,定位板与球锁轴配合同时起定位和夹紧作用。其余 4 个通孔与球锁轴间隙配合,仅起夹紧作用。同时在夹具体上安装接受套,用来与球锁轴配合使用。

2.2.5 夹具体结构设计

夹具体设计需考虑使用车间要求的夹具总高度、产品零件的外形特点、制造加工上的难度及工装的重量等因素。为此,夹具主体采用槽钢以及加强筋配合焊接结构。夹具体四周均布 4 个吊环,便于起吊,同时焊接四根开口槽钢,当吊床不方便起吊时,利用叉车进行吊装和搬运。图 2.5 所示为夹具体结构图。

图 2.5　夹具体结构图

1.夹具体对刀找正

当被加工零件需要定距切削时,应设计对刀元件来保证刀具相对零件被加工面的位置。一般情况下对刀块位于数控加工程序的起刀位置,对刀块与定位件之间的间隙需与使用车间协商确定。通过对刀块上的基准孔找正机床主轴位置,而对刀块上表面用来调整刀具的高度。对刀块的材料采用 45 钢。

2.夹具体与机床的连接方式

机床加工台面为钢平台上面覆盖铝制真空平台。沿铝平台 X 方向中心线等距分布 $\phi22$ mm 的长圆孔,用于快速装夹。在夹具体 X 向两端头制 $\phi22H7$ 工装快速装夹定位孔,内压钢衬套。利用两个 $\phi22h7$ 定位插销定位,两定位孔连线与铁床夹具侧面基准边平行。定位孔中心设在工装 Y 向中部,两孔间距与机床协调。

3.零点定位系统

长桁零件批量生产中,产量能达到几百根,仅通过快换定位板不能满足长桁零件的快速加工要求。为了实现夹具体的快速换装,需设计零点定位系统。

零点定位的工装系统包括以下部分:通用零点工装基板、装夹零件托盘、托盘与基板之间的连接插销、气泵或液压泵。通用零点工装基板提供 2 个或 2 个以上高精度的定位孔,每一个定位孔对应的连接插销可以提供一定的锁紧力,可以根据实际加工工艺的切削力要求选择定位孔数。托盘底部加工有同样间距的高精度定位连接插销,以便用来连接托盘和零点工装基板。工装基板与托盘通过插销实现机械锁紧。

如图 2.6 所示,在夹具体的下方安装有 5 组拉钉,每组拉钉包括 1 个零点锁紧销(径向全定位)、1 个调整锁紧销(径向单向定位)、2 个锁紧销(间隙配合,仅起锁紧作用)。与拉钉配合的有 5 组零点基础板,两端头的零点基础板上有两个引导销。为方便夹具体安装,需要引导销进行初定位。图 2.7 所示的零点锁紧板下方安装了定位键,用来与机床连接。

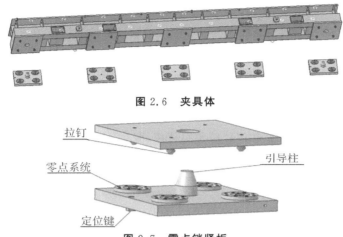

图 2.6　夹具体

拉钉

零点系统

引导柱

定位键

图 2.7　零点锁紧板

综上所述,所设计的复合材料长桁零件铣切夹具结构如图 2.8 所示。

图 2.8　复合材料长桁零件铣切夹具

2.3　复合材料机翼壁板铣切夹具设计

随着航空技术的飞速发展,复合材料在飞机上的应用已逐渐从次承力结构向主承力结构发展,例如超大机翼复合材料加筋壁板的应用,可以有效减轻飞机重量,提升载重量,提高飞机续航能力和机动性。当复合材料制件采用固化成型技术成型时,由于成型过程中产生的内部缺陷、形位尺寸、质量稳定等问题,固化后容易出现变形回弹,导致装配超差问题突出。为了提高复合材料结构的装配精度,在本体结构之外铺敷"牺牲层"。装配中根据实际情况对牺牲层采用铣削方式加工以保证零件的精度,从而实现无垫片装配。

2.3.1　产品结构分析

基于提高部件装配精度的需求,在"下壁板-前梁连接装配区""下壁板-后梁连接装配区"和"下壁板-特征肋连接装配区"分别设置了用于厚度补偿的牺牲层结构。需通过数控铣切的方式完成壁板外形轮廓、局部开口以及牺牲层的加工,以保证零件的加工精度和加工质量。

1.加工技术要求

(1)加工部位:零件外轮廓、局部开口、翼梁连接装配区牺牲层以及特征肋连接装配区牺牲层。

(2)零件定位:壁板与铣切夹具之间采用全形面贴合,并通过1个主定位孔和5个辅助定位孔插定位销,与铣切夹具定位。零件上的数控铣切定位孔采用手工钻铰成形,其位置和方向由成形模具上的钻模板保证。

(3)零件装夹:采用真空吸附方式装夹,并在零件四周布置压板组件辅助固定。

(4)精度要求:允许工装对零件牺牲层支撑的型面公差为±0.08 mm。

(5)测量要求:设置检验卡板对加工完后的零件牺牲层进行测量,测量时保证零件、检验卡板装夹稳定。

(6)加工设备:大型五坐标复合材料龙门铣床,附带铸铁工作台,工作台上两边及中间区域布置T形槽。

2.工件主要精度指标

工件外形轮廓偏差为±0.2 mm,牺牲层加工区域型面偏差为±0.15 mm。在装配现场,上述贴合内形不允许手工锉修,机械加工范围不得超过牺牲层。翼梁连接装配区由碳纤维结构区和玻璃布牺牲层区组成,假定碳纤维的厚度为T_1,玻璃布的厚度为T_2,厚度公差可忽略不计,按设计要求,牺牲层厚度公差分布如图2.9所示。牺牲层的理论厚度为$T_2=(0.4\pm\delta_1\times5\%)$ mm。当壁板成形完出现开口现象,即当内型面变形偏差大于$(0.2+T_1\times5\%)$ mm时,铣切加工会铣伤碳纤维;当壁板成形完出现收口现象,即当内型面偏差小于$-(0.2+T_1\times5\%)$ mm时,会出现"缺肉"现象,无法进行铣切加工。此外,需要在工装上设置辅助检测型面,检测型面极限偏差为±0.1 mm。因此,加工牺牲层前需要对内型面进行预测量,确保内型面偏差在$\pm(0.2+T_1\times5\%)$ mm范围内。

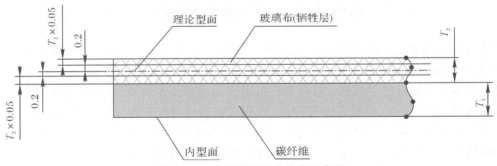

图2.9 牺牲层厚度公差分布示意图

2.3.2 总体设计

如图2.10所示,铣切工装总体主要包含机床工作台、方箱和铣切工装等3个部分。根据现有的设备资源和加工精度,采用分块拼接工装方案。工装主体分为6块(见图2.11),采用铸铝结构。分块后每个单元采用铸铝材料整体浇铸,结构刚性好,稳定性较高,制造精度易保证。铸件侧壁大面积开孔,重量减轻。在夹具体四周设置吊环,以便于拆卸、安装及周转运输。铣切夹具单块组件如图2.12所示。

考虑工装在吊装、转运过程中自身刚度、强度对工装精度的影响,对单块最大尺寸工装主体在吊装、运输过程中受自身重力影响产生的力学强度和刚度进行分析,如图 2.13 所示。在自重状态下,6 块分体式真空铣切夹具屈服强度远小于铝合金的屈服强度,属于弹性变形,其最大变形量较小,满足使用要求。

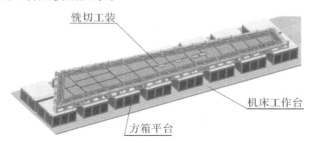

2.10　超大型复合材料壁板组件数控铣切工装总体方案

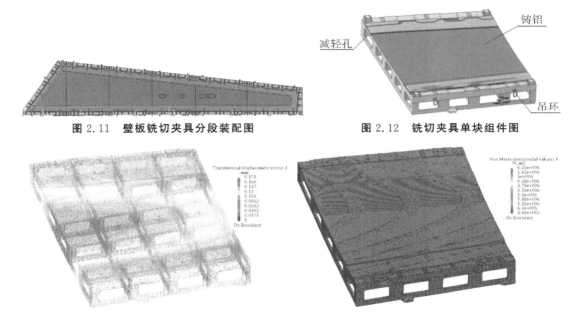

图 2.11　壁板铣切夹具分段装配图　　　　图 2.12　铣切夹具单块组件图

图 2.13　单块最大尺寸工装自重仿真

如图 2.14 所示,当工装的 6 个分块分段拼接时,对缝处应避免采用硬连接,即留有对接间隙,可避免各单元因热膨胀影响而相互挤压,引起工装局部鼓起,造成定位型面偏差。

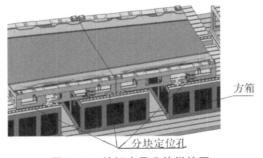

图 2.14　铣切夹具分块拼接图

由于此复合材料壁板尺寸较大,壁板与工装之间采用 6 孔插销的定位方式。定位孔设置在蒙皮余量区,其中 1 个为主定位孔,其余 5 个孔为辅助定位孔,如图 2.15 所示。

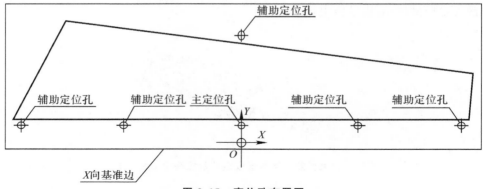

图 2.15　定位孔布置图

图 2.16 为壁板定位图,其中主定位孔为圆孔,辅助定位孔为长圆孔。4 个辅助定位孔的长圆方向为蒙皮的长度方向,1 个辅助定位孔长圆方向为主定位孔与此辅助定位孔的连线方向。该定位方式可以减小由复合材料壁板和工装热膨胀系数不匹配引起的定位偏差,提高壁板的定位精度。此外,对刀孔设置在主定位孔附近,可以消除尺寸效应对主定位孔精度的影响,提高复合材料壁板的加工精度。

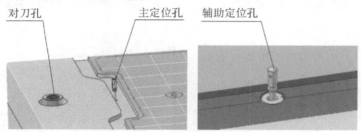

图 2.16　壁板定位图

2.3.3　真空吸附装置设计

由于复合材料壁板固化成型后的外形可能与理论外形存在偏差,所以将真空吸附区划分为若干封闭的独立吸附区,如图 2.17 所示。对工装每个分块采用一套单独的外接真空气路,以降低真空吸附过程中整体失效的风险。

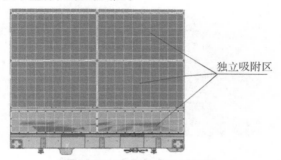

图 2.17　真空吸附区分割图

为提升真空吸附区的密封性能,该工装采用 NX 密封圈。传统密封胶圈截面为圆柱形(见图 2.18),材质偏硬,弹性较差,吸附力不足时会将产品局部抬高,影响复合材料壁板牺牲层的加工精度。NX 密封胶圈截面微张(见图 2.19),材质软硬适中,弹性较好,真空吸附时较薄一侧将紧贴在工装上,密封性能较好,同时也不会将壁板顶起,可以保证加工精度。

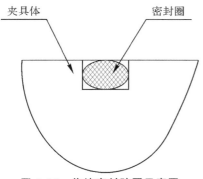
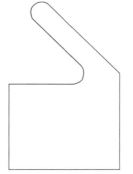

图 2.18　传统密封胶圈示意图　　　　图 2.19　NX 密封圈示意图

2.3.4　壁板快速装夹设计

由于复合材料壁板尺寸与质量都较大,且采用 6 孔定位销定位,为提高装夹效率,在该铣具上增加通入压缩空气的管路,如图 2.20 所示,管路一端与真空吸附区接通,另一端连接外部压缩空气气源。壁板装夹时,压缩空气充入壁板与铣切夹具型面通气槽形成的密闭区,使得壁板产生浮力,该浮力可以平衡壁板自身重力,从而方便移动壁板位置,并能快速使用插销定位。

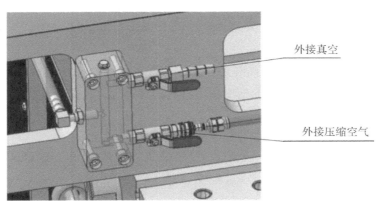

外接真空

外接压缩空气

图 2.20　铣切夹具外部管路示意图

2.3.5　误差分析

1. 壁板零件铣切加工的主要系统误差来源

(1)机床加工精度误差 δ_1。

(2)工装制造安装误差 δ_2。

工装制造安装误差主要包含 3 部分:方箱的安装误差、铣切夹具的加工误差和铣切夹具安装误差。方箱 X/Y 向由激光跟踪仪保证,激光跟踪仪的测量精度为 $(0.015\ \text{mm}+0.006\ \text{mm})/\text{m}$,在 20 m 范围内激光跟踪仪的测量精度为 0.1 mm。方箱 Z 向精度由方箱机械加工等高来保证。铣切夹具 X 向的定位误差由方箱上的精度孔孔距保证,Y 向安装误差由机床拉直找正安装保证,Z 向与机床工作台贴合,理想状态下不存在安装误差。铣切夹具型面和侧边辅助定位凸台误差均由高精度数控机床保证。

(3)零件定位误差 δ_3。

假设两圆柱销的直径分别为 $D_{定1}$ 及 $D_{定2}$,两圆柱销间的直线距离为 $L\pm l_{定}$,产品两定位孔直径分别为 D_1 及 D_2,两孔间的距离为 $L\pm l$。设 D_1 为第一基准孔,D_2 为第二基准孔,Δ_1、Δ_2 为便于零件装卸的最小间隙。

已知:圆柱销孔直径为 $\phi8\text{H}7$;圆柱销直径为 $\phi8\text{f}7$,即 $\phi7.987$;长圆孔底孔直径为 $\phi8\text{H}7$;$L=18\ 000$ mm,$l=0.1$ mm。则:$D_1=8$ mm,$a_1=0.013$ mm,$D_{定1}=7.9$ mm,$b_1=0.012$ mm,$\Delta_1=D_1-D_{定1}=8\ \text{mm}-7.9\ \text{mm}=0.1$ mm,$D_2=8$ mm,$a_2=0.013$ mm,$D_{定2}=7.9$ mm,$b_2=0.012$ mm,$\Delta_2=D_2-D_{定2}=8\ \text{mm}-7.9\ \text{mm}=0.1$ mm。

在两孔中心线连线方向(X 方向)上的定位误差为
$$\left.\begin{array}{l}\delta_{定位1x}=a_1+\Delta_1+b_1=0.013\ \text{mm}+0.012\ \text{mm}+0.01\ \text{mm}=0.035\ \text{mm}\\\delta_{定位2x}=\delta_{定位1x}+2l=0.035\ 2\ \text{mm}+0.2\ \text{mm}=0.235\ 2\text{mm}\end{array}\right\}\quad(2.12)$$

在与两孔连线垂直方向(Y 方向)上的定位误差为
$$\left.\begin{array}{l}\delta_{定位1y}=a_1+\Delta_1+b_1=0.013\ \text{mm}+0.012\ \text{mm}+0.01\ \text{mm}=0.035\ \text{mm}\\\delta_{定位2y}=a_2+\Delta_2+b_2=0.013\ \text{mm}+0.012\ \text{mm}+0.01\ \text{mm}=0.035\ \text{mm}\end{array}\right\}\quad(2.13)$$

(4)定位基准和加工基准不重合引起的定基误差 δ_4。

由于工装制造检测坐标系为工装底面和底面上的一组安装孔,零件的铣切坐标系位于对刀块上表面,所以不存在基准不重合误差,即定基误差 $\delta_4=\pm0.1$ mm。

2. 误差影响分析

(1)误差对零件轮廓精度影响的分析。零件轮廓精度主要涉及长度方向(X 向)和接面的悬伸方向(Z 向)。影响轮廓 X 向精度的因素有 δ_{1x}、δ_{3x}、δ_4,根据误差合成原理,X 向轮廓总累积误差为
$$\delta_{轮廓x}=\sqrt{\delta_{1x}^2+\delta_{3x}^2+\delta_4^2}=0.262\ \text{mm}\quad(2.14)$$
影响轮廓 Z 向精度的因素有 δ_{1z}、δ_{2z}、δ_4,根据误差合成原理,Z 向轮廓累积误差为
$$\delta_{轮廓z}=\sqrt{\delta_{1z}^2+\delta_{2z}^2+\delta_4^2}=0.257\ \text{mm}\quad(2.15)$$
综上可知,零件轮廓公差能满足技术指标要求。

(2)误差对牺牲层型面精度影响的分析。由于工装定位面与牺牲层内型面通过真空吸附,保证贴合,所以定位块 Y 向精度对牺牲层区型面精度影响较小,贴合间隙 δ_5 最大按 0.05 mm 计算。影响牺牲层 Y 向精度误差的因素有 δ_{1y}、δ_{2y}、δ_{3y}、δ_4、δ_5,根据误差合成原理,Y 向型面累积误差为
$$\delta_{型面y}=\sqrt{\delta_{1y}^2+\delta_{2y}^2+\delta_{3y}^2+\delta_4^2+\delta_5^2}=0.270\ \text{mm}\quad(2.16)$$
综上可知,在不考虑梁零件自身扭曲变形的前提下,该误差能满足牺牲层型面精度要求。

3.误差对零件内型面测量精度影响的分析及补偿措施

由于测量内型面对工装辅助定位台型面精度要求极高,分段拼接误差积累,无法保证检测要求,所以在辅助定位台预留 0.5 mm 余量,安装完成后采用机床整体加工,保证型面偏差 δ_{1y} 在 ±0.04 mm 以内。

2.4　筒型零件激光焊接工装设计

钛合金具有比强度和比刚度高、耐腐蚀性好等优良性能,广泛应用于航空航天领域。相对于传统焊接方法,钛合金激光焊接具有能量集中、焊缝成形好、生产效率高等优势,正在成为金属焊接的主要手段。在实际应用中,金属激光焊接对焊接环境的要求非常高,在所有的影响因素中,工装夹具尤为重要。夹具结构设计不合理会影响激光焊接调整的空间,给工艺的调整带来很大限制。同时夹具的不合理也会影响夹具压紧力的传递,压紧力分布不均则会导致蒙皮对缝不均,甚至无法完成激光焊接,严重影响焊接质量。

2.4.1　产品结构分析

飞机排气筒组件主要由外筒蒙皮、内筒蒙皮、连接件、卡带、吊钩等 8 项二级组件、6 项协作件、14 项标准件通过激光焊、电阻焊、铆接等方式装配而成。图 2.21 所示为装配后的飞机排气筒组件,其中内、外筒蒙皮分别由若干块蒙皮通过激光焊接而成。该零件尺寸大、壁厚薄、焊缝长,焊接完后对内外筒几何尺寸要求极高。

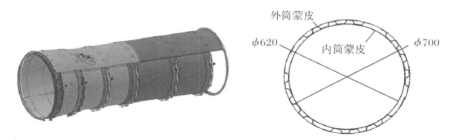

图 2.21　飞机排气筒组件

1.焊接质量要求

排气筒组件长期在超高温、高压的复杂条件下工作,对焊缝质量和内外形面轮廓度要求较高。激光焊接焊缝需满足Ⅱ级焊缝焊接要求,焊缝表面不得有明显的目视可见缺陷。焊缝内部不得有带尖角的气孔,焊缝允许修补缺陷长度不得超过焊缝总长的 20%。TC4 薄壁蒙皮的激光焊接要求见表 2.1。

表 2.1　TC4 激光焊接间隙要求

间隙/mm	<0.2	0.2~0.4	>0.4
焊缝质量	良好	一般	无法焊接
是否填丝	不填丝	填丝	—

2. 焊接工装技术要求

激光焊接工装设计需综合考虑焊接工艺流程、定位压紧需求、设备能力等因素。其需满足以下技术需求：

(1)精确定位。要求蒙皮零件在工装上的定位精度为±0.1 mm，可重复定位精度为±0.05 mm，同时要求其能满足蒙皮零件外形在工装上的检测和修配等功能。

(2)压紧力连续可调。要求焊缝双侧压紧力连续可调，工装需要具备调节对缝间隙的功能，同时要保证焊接过程中间隙的稳定性。

(3)有效气体保护。工装能在焊缝热影响区设置有效的气体保护装置，将焊缝中的氢气含量控制在0.015%以下，使焊缝周围冷却速率是自然冷却速率的5倍以上。

(4)低应力焊接。焊接变形产生的主要原因是焊接残余应力的存在，对工装采取低应力焊接的有益措施实现了焊接变形不超过±1 mm。

(5)通用性。工装应尽可能实现多条焊缝的焊接，避免多次定位和装夹带来的定位误差，从而提高装夹效率，降低工装研制成本。同一类型的焊缝在一套工装上完成，每套工装至少完成2条以上焊缝的焊接。

(6)便捷性。工装应制造简单、操作方便，能有效解决因零件焊后变形和焊后余高导致拆卸困难的问题；相关操作机构符合人体工程学，同时进行防差错设计，便于应用。

2.4.2　焊接工艺

1. 内筒蒙皮焊接工艺方案

内筒蒙皮是排气筒组件的核心部件，内筒蒙皮主要由4块蒙皮组件和1个端头圆形法兰组成，共计4条对缝，其中2条环缝需要采用激光焊接。焊缝分布如图2.22所示，焊接完成后为封闭筒状结构。

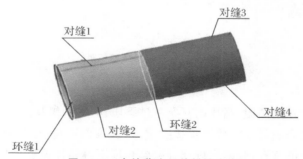

图2.22　内筒蒙皮组件拼接方案

考虑到焊缝质量、制造工艺性和经济性等要求，先将蒙皮焊接成两小圆柱面，然后将其对接为整圆柱面，最后焊接法兰。具体实施方式为：先完成2块变直径段蒙皮的2条纵向对缝激光焊接和2块等直段蒙皮的2条纵向对缝激光焊接，然后进行2个直筒段蒙皮和端头法兰之间的3条环向焊缝的激光焊接，如图2.23所示。该方案可以有效规避应力集中，使焊接变形小，所需焊接工装数量少。

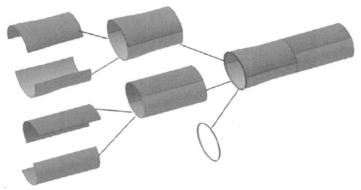

图 2.23   内筒蒙皮组件焊接流程

2. 外筒蒙皮焊接工艺方案

外筒蒙皮和内筒蒙皮用几字形加强筋通过电阻滚焊和点焊连接,外筒蒙皮和后机身通过安装交点连接,如图 2.24 所示。外筒蒙皮激光焊接涉及 1 条对缝、2 条环缝。外筒蒙皮焊接时的焊缝为直缝和半环缝 2 种形式。由于外筒蒙皮为半筒焊接,焊接完成后不涉及封闭结构,与内筒蒙皮焊接方案相比难度较低。

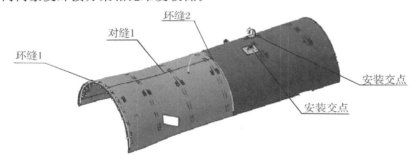

图 2.24   外筒蒙皮拼接方案

外筒蒙皮组件由上、下两个半筒组件通过激光焊接拼焊而成。其中,上半筒由 2 块蒙皮和端头法兰通过激光焊接成变直径段蒙皮组件,然后与等直端蒙皮通过激光焊对接,如图 2.25 所示。下半筒焊接流程与上半筒基本相同,只是缺少 1 条纵向焊缝,如图 2.26 所示。

图 2.25   外筒蒙皮上半筒焊接流程   图 2.26   外筒蒙皮下半筒焊接流程

2.4.3   总体设计

结合工艺方案和技术要求,制定工装总体设计方案:

(1)高精度定位。在蒙皮上增加定位工艺耳片,定位孔、面和蒙皮与成形工装协调时设置外形刻线。

（2）可调压紧力。采用多点均布式压紧方式实现间隙连续可调。

（3）有效气体保护。在焊缝正面和背部进行高纯度惰性气体填充,防止空气中杂质气体与钛合金发生反应。

（4）低应力焊接。通过研究合理压紧点分布和焊后快速导热等措施实现低应力焊接。

（5）满足通用性。在满足工装功能前提下,提高效率,降低成本。

（6）操作便捷性。采用可调式定位装夹机构,避免焊后变形引起装夹困难等问题,操作简单快捷。

蒙皮零件自身为半圆柱面或 1/4 圆柱面,由于轮廓四周留有修配余量,不能作为定位基准,所以在蒙皮边缘预留工艺耳片。在蒙皮成形工装上通过钻模加工 2 个工艺耳片孔,采用内圆柱面和工艺耳片孔对工艺耳片进行定位,即一面两孔式定位,定位基准与成形工装完全重合,有效保证了焊缝对接位置和耳片孔之间的位置关系。由于焊接工装上需要完成 2 个半圆柱面的焊接,所以在每个半圆柱面上至少设置 2 个定位耳片孔。热成形模具上设置钻模加工的工艺耳片孔如图 2.27 所示。

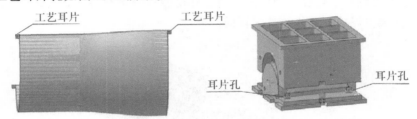

图 2.27　工艺耳片及耳片孔

为了便于控制蒙皮长度,应在工装上刻蒙皮外形线,用于检测蒙皮实际外形与理论外形的偏差,不满足要求时应进行修配。

对于弱刚性蒙皮零件,压紧装置不仅起着固定工件的作用,还可用于调整蒙皮间的错边间隙。压紧力的分布和大小直接影响焊缝成形质量和焊接残余应力的大小。目前比较成熟的压紧方式是在焊缝两侧采用均布压紧点,依据焊缝间隙的大小调节压紧力,满足焊接间隙要求即停止调节。本工装涉及的焊缝主要包含直焊缝和环形焊缝 2 种形式,压紧方式如图 2.28 所示。

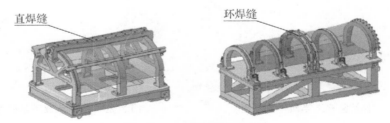

图 2.28　工装压紧方案设计

对焊缝正面和背部采取有效气体保护,从而避免空气中杂质气体在高温下与钛合金发生有害反应,减少焊接缺陷。同时在焊缝周围采取紫铜垫板或者液氮等快速导热措施,提高焊缝质量,降低焊接残余应力。

分析工艺方案可知,该工件有 5 条对缝。其中 4 条环缝需要采用激光焊接,当焊缝的切线方向与激光束方向垂直时焊缝质量最佳。综合考虑设备行程范围和焊接范围的可达性,对缝焊接和环缝焊接时产品均以卧式姿态摆放。如果每条焊缝都采用 1 套专用工装,必然会降低焊接效率,并使研制成本急剧增加,所以结构形式相似的焊缝尽量使用 1 套工装进行焊接。考虑到操作过程中人体工程学和焊后拆卸的便捷性,工装还需装卸和使用方便、快捷。

2.4.4　定位方法

按照六点定位原理限制工件各个方向的平动和转动,使得工件在系统和夹具中的位置唯一。排气筒蒙皮零件在工装上的定位,初步选零件的理论外形面和 2 个工艺孔为定位基准,蒙皮内型面与工装基体完全贴合,工装上设计两定位孔,与蒙皮零件工艺耳片孔通过插销定位。根据六点定位原理和一面两孔定位方式,工装定位误差分析如下。

1. 定基误差 $\delta_{定基}$

为了消除基准误差,工装坐标基准和蒙皮组件加工基准均为内型面和 2 个工艺耳片孔,不存在基准不重合误差,所以 $\delta_{定基}=0$。

2. 定位误差 $\delta_{定位}$

设两圆柱销的直径为 $D_{定1}\binom{0}{-b_1}$ 及 $D_{定2}\binom{0}{-b_2}$,两圆柱销间的直线距离为 $L\pm l$,产品两定位孔直径为 $D_1\binom{+a_1}{0}$ 及 $D_2\binom{+a_2}{0}$,两孔间的距离为 $L\pm l$,并设 D_1 为第一基准孔,D_2 为第二基准孔,Δ_1、Δ_2 为便于零件装卸的最小间隙。

已知圆柱销孔直径为 $\phi8\mathrm{H7}\binom{+0.013}{0}$,圆柱销直径为 $\phi8\mathrm{f7}\binom{-0.013}{-0.035}$,即腰形衬套底孔直径为 $\phi8\mathrm{H7}\binom{+0.013}{0}$,$L=850$ mm,$l=0.2$ mm。

$$\left.\begin{array}{l}\Delta_1=D_1-D_{定1}\\ \Delta_2=D_2-D_{定2}\end{array}\right\} \tag{2.17}$$

在 2 个工艺耳片孔连线方向,即 X 向的定位误差为

$$\left.\begin{array}{l}\delta_{定位1x}=a_1+\Delta_1+b_1\\ \delta_{定位2x}=\delta_{定位1x}+2l\end{array}\right\} \tag{2.18}$$

在垂直于工艺耳片孔连线方向,即 Y 向的定位误差为

$$\left.\begin{array}{l}\delta_{定位1y}=a_1+\Delta_1+b_1\\ \delta_{定位2y}=a_2+\Delta_2+b_2\end{array}\right\} \tag{2.19}$$

在定位孔连线与定位插销连线之间的倾斜角误差为 α,最大倾斜角误差计算式如下:

$$\tan\alpha=\frac{a_1+\Delta_1+b_1+a_2+\Delta_2+b_2}{2L} \tag{2.20}$$

由于 $D_1=8$ mm,$a_1=0.013$ mm,$D_{定1}=7.987$ mm,$b_1=0.022$ mm,$D_2=8$ mm,$a_2=0.021$ mm,$D_{定2}=7.987$ mm。由式(2.20)计算得 $\alpha=2.11\times10^{-3}\,°$,$\delta_{定位1x}=0.048$ mm,$\delta_{定位2y}=0.056$ mm,则最大定位误差为

$$\delta_{定位}=\left[(\delta_{定位1x})^2+(\delta_{定位2y})^2\right]^{-1/2} \tag{2.21}$$

由式(2.21)计算得最大定位误差为 0.073 mm,满足定位精度不大于±0.1 mm 的技术要求。零件采用一面两孔定位方式,得到的最大倾斜角误差 α 较小,夹具上对应零件定位孔处的定位元件采用一个圆柱销配合圆形孔衬套、一个圆柱销配合腰形孔衬套的组合定位方式,避免了第二定位销在 X 方向的重复定位,也极大减小了角向误差,提高了定位精度。

2.4.5　工装定位装置设计

对不同焊缝需要进行不同的定位装置设计,在所有定位装置的设计中,内筒环缝焊接装置的设计最具代表性也最为典型。内筒排气筒蒙皮尺寸大、壁厚薄,对接精度要求高,激光焊期间焊缝周围会被加热至较高的温度,而高密度的瞬间热会使焊接期间以及后期存在较高的应力,热输入的累积导致大规格薄板组件焊接形变变大,同时薄壁组件使用热熔焊形式,导致焊后余高,余高高度一般为 0.2~0.5 mm 不等。排气筒内筒蒙皮焊接完后为筒状封闭结构,焊接前的手工修配过程中需要将蒙皮零件在工装上反复装卸。焊接应变和焊后余高使得零件焊接完后在工装上的拆卸困难。

图 2.29(a)所示为一种可变直径内筒定位轴机构,由于内筒蒙皮跨距长,因此采用 3 处定位圆盘在内部支撑定位的方式,其中,定位盘 1、定位盘 2 用于两处环形焊缝定位支撑,定位盘 3 用于端头定位支撑,防止蒙皮变形。安装时,先分别转动 3 个手轮驱动对应定位盘缩小,以装入蒙皮零件,然后调节定位盘大小至理论尺寸,实现蒙皮的内形支撑定位。当定位盘直径增大为理论直径时,用锁紧装置锁紧转轴,转轴上设有刻线。焊接完成后,通过缩小定位盘直径实现产品快速拆卸。

定位盘直径可变原理如图 2.29(b)所示。将定位圆盘沿圆周方向均分为 3 个 1/3 定位盘,手轮驱动转轴带动小齿轮转动,小齿轮驱动大齿轮绕工装主轴转动;在大齿轮上设计了端面螺纹槽,大齿轮转动时可提供 1/3 定位盘径向分力,驱动 1/3 定位盘沿基座径向移动;1/3 定位盘和基座之间通过微型滑轨连接在一起,基座固定在工装主轴上。3 个扇形定位盘同时沿径向移动,实现整个定位圆盘直径的缩放。3 个可变直径定位盘由 3 个手轮独立控制,以便操作者在焊前对焊缝结构独立调节。定位盘三维结构如图 2.29(c)所示。

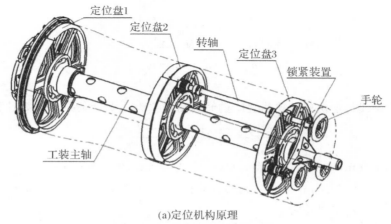

(a)定位机构原理

图 2.29　工装定位装置方案设计

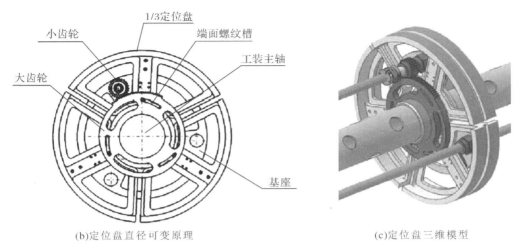

(b)定位盘直径可变原理　　　　　(c)定位盘三维模型

续图 2.29　工装定位装置方案设计

2.4.6　夹紧装置设计

针对环形焊缝和直焊缝分别设计了压紧装置,如图 2.30 所示。在焊缝两侧设置横梁,在横梁上均布压紧螺钉,通过调节压紧螺钉来实现对缝错边间隙的连续可调。在满足对缝间隙不大于 0.2 mm 要求的前提下,压紧力越小焊接完成后产生的内应力越小。

(a)直焊缝压紧装置　　　　　　　(b)环焊缝压紧装置

图 2.30　工装压紧装置方案设计

实际生产应用中,一般在压紧点下设置紫铜垫板。一方面,可利用紫铜垫板的连续性实现快速调节,避免压紧力分布不均而需要反复调节压紧点;另一方面,紫铜具有优良的导热性,有助于焊缝的快速降温,从而可以减少残余应力的产生。在焊接工艺仿真时,可将压紧力作为边界条件,调整边界条件,优化压紧力的分布和大小,从而实现低应力焊接。

2.4.7　气体保护装置设计

焊接夹具的设计应考虑到与气体保护装置结构和功能的结合。焊接工装应能使惰性气体在焊缝热影响区长久留存,因此装置应具备一定密封性和持续性,以有效防止惰性气体与空气中杂质气体混合。由于此次排气筒工装设计中要求焊接过程中结构封闭,并且定位圆盘为组合式结构,因此需要进行合理的管路设计,为焊缝背部提供可靠的惰性气体保护。以内筒环缝焊接工装为例,气路 1 接嘴外接气源,通过二通和三通转换结构将气路 1 分成 3 路,分别在焊缝槽 1 底部进行气体填充,如图 2.31 所示。同理,通过气路 2 接嘴对焊缝槽 2 进行气体保护。由于焊缝槽 1 和焊缝槽 2 非同时焊接,所以设置 2 路独立的气体保护回路。

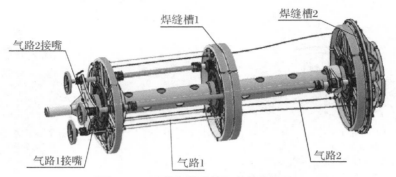

图 2.31 工装气体保护通气管路设计

气体保护装置不仅要可持续地提供惰性气体保护，还应具备良好的导热性。因此设计了一种专用的气体保护装置，如图 2.32 所示。其中，紫铜垫板用来快速导热。在焊接过程中，氩气通过外接气源接入通气铜管中。铜管上均布了 $\phi2$ mm 的小孔。为了避免气体直吹对焊缝造成不利影响，气体全部吹向通气槽底部，同时气流较温和地充满焊缝背面焊缝槽，对焊缝背部均匀填充。气流不宜过大（气流过大会产生紊流现象），在焊接时对熔池形成干扰，所以在通气管路安装限流阀严格控制流量的大小。

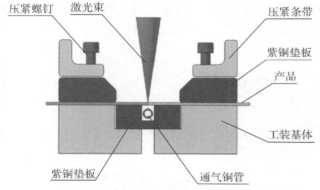

图 2.32 工装气体保护装置典型结构示意图

气体保护装置有效解决了焊缝背部无法进行有效保护的问题。惰性气体通过小孔雾化均匀填充在焊缝背部槽中，将处于热影响区的钛合金与空气中的杂质气体隔离，防止在高温下发生有害反应，有效避免了焊缝缺陷。同时，在焊缝正面和背部增加紫铜垫板能使焊缝热影响区散热速率提高 5 倍以上，使得热影响区的散热速度大幅提高，钛合金和杂质气体有害反应的概率大幅降低，同时实现了快速冷却，有效降低了焊接应力。

2.5 下缘条零件热处理变形控制夹具设计

下缘条零件是机身和机翼对接处的重要连接件，该零件形状复杂、曲率大、长且薄。在机械加工中，需进行三种状态的数控加工（即数控粗铣、半精铣、精铣理论外型面和立筋面）才能满足零件的装配要求。每种状态数控加工完成后，都会产生极大的应力和变形，需进行多次的热处理来消除应力和减小变形。热处理是一个从加热到冷却的过程，在该过程中，零件的变形没有规律,在无约束的状况下几乎无法控制变形量。尤其对于这种形状复杂、曲率大、长且薄的长缘条机加件,热处理变形不可估量,进而无法控制也无法保证零件的精度和表面质量,较大的变形也会使零件机械加工后的校正非常困难,甚至造成零件报废,严重影响生产进度。因此需要找到一种方法来控制此类长且薄的零件热处理时的变形,同时提高机加工的质量,在一定程度上节约能源,提高工作效率。

2.5.1　产品结构分析

图 2.33 为大型客机下缘条零件的剖视图,材料为钛合金 TC4,零件底板的上下面为型面,上型面为一张光滑曲面,为翼板面,下型面由多个有台阶差的型面组合而成,为理论外形面;底板两端不对称分布了多个窄凹槽;筋板的上表面为曲面,有间歇性的圆柱面形凸起,筋板两端面为平行平面。

该零件是机身和机翼对接处的重要连接件,对多个面都有精度要求,以满足下缘条零件与其他结构的装配条件。零件共有 5 个面,其中 4 个面都为装配面,即零件机械加工和热处理后必须控制变形的面,这些也是变形控制的难点。如图 2.33 所示,这 5 个装配面分别为控制面 1、控制面 2、控制面 3 和控制面 4,其中控制面 1 为理论外形面,控制面 4 为筋定位面,控制面 2 和控制面 3 为零件翼板面。

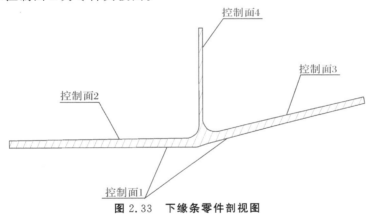

图 2.33　下缘条零件剖视图

2.5.2　定位方法

下缘条零件以理论外形面为加工基准。基于基准重合的原则,可将下缘条零件在工装上的定位初步选为零件的理论外型面和两个工艺孔,即一面两孔的定位方式。这两个定位孔对应的工装零件的定位衬套分别采用圆形孔衬套(主定位孔)和腰形孔衬套(辅助定位孔)。下缘条零件定位误差如下所述。

1. 定基误差 $\delta_{定基}$

设计中,零件的定位基准与零件的工艺基准或尺寸基准重合,故 $\delta_{定基}=0$。

2. 定位误差 $\delta_{定位}$

设两圆柱销的直径为 $D_{定1}\binom{0}{-b_1}$ 及 $D_{定2}\binom{0}{-b_2}$,两圆柱销间的直线距离为 $L\pm l_{定}$,产品两定位孔直径为 $D_1\binom{+a_1}{0}$ 及 $D_2\binom{+a_2}{0}$,两孔间的距离为 $L\pm l_{定}$;设 D_1 为第一基准孔,D_2 为第

二基准孔,Δ_1,Δ_2 为便于零件装卸的最小间隙。

已知:圆柱销孔直径为 $\phi20H9(^{+0.052}_{0})$;圆柱销直径为 $\phi20f9(^{-0.020}_{-0.072})$,即 $\phi19.98(^{0}_{-0.052})$;腰形衬套底孔直径为 $\phi20H7(^{+0.021}_{0})$;$L=2\,940$ mm,$l=0.2$ mm。则:$D_1=20$ mm,$a_1=0.052$ mm,$D_{定1}=19.98$ mm,$b_1=0.052$ mm,$\Delta_1=D_1-D_{定1}=20-19.98=0.02$ mm;$D_2=20$ mm,$a_2=0.021$ mm,$D_{定2}=19.98$ mm,$b_2=0.052$ mm,$\Delta_2=D_2-D_{定2}=20$ mm-19.98 mm$=0.02$ mm。

在两孔中心线连线方向(X 方向)上的定位误差为

$$\left.\begin{array}{l}\delta_{定位1x}=a_1+\Delta_1+b_1=0.052 \text{ mm}+0.02 \text{ mm}+0.052 \text{ mm}=0.124 \text{ mm}\\ \delta_{定位2x}=\delta_{定位1x}+2l=0.124 \text{ mm}+2\times0.2 \text{ mm}=0.524 \text{ mm}\end{array}\right\} \quad (2.22)$$

在与两孔连线垂直方向(Y 方向)上的定位误差为

$$\left.\begin{array}{l}\delta_{定位1y}=a_1+\Delta_1+b_1=0.052 \text{ mm}+0.02 \text{ mm}+0.052 \text{ mm}=0.124 \text{ mm}\\ \delta_{定位2y}=a_2+\Delta_2+b_2=0.021 \text{ mm}+0.02 \text{ mm}+0.052 \text{ mm}=0.093 \text{ mm}\end{array}\right\} \quad (2.23)$$

产品两定位孔中心连线与夹具两定位销中心连线之间的倾斜角误差为 α,最大倾斜角误差计算式如下:

$$\begin{aligned}\tan\alpha &=\frac{a_1+D_1+b_1+a_2+D_2+b_2}{2L}\\ &=\frac{0.052+0.02+0.052+0.021+0.02+0.052}{2\times2\,940}\\ &=3.69\times10^{-5}\end{aligned} \quad (2.24)$$

因此,计算得 $\alpha=0.002\,11°$。

综上所述,零件采用一面两孔的定位方式得到的最大倾斜角误差较小,满足零件定位精度要求。夹具上对应零件定位孔处的定位元件采用一个圆柱销下配合圆形孔衬套、一个圆柱销下配合腰形孔衬套的组合定位方向,避免了第二定位销在 X 方向的重复定位,也极大减小了角向误差。距离公差对倾斜角不产生影响,提高了定位精度。

3. 定位块结构设计

定位块的结构如图 2.34 所示,定位块两端留有凸台,便于定位块与工装夹具体的连接。定位块的上型面(包括上型面两端头凸台)与零件理论外形面贴合,上型面两端头凸台上留有安装定位销的精度孔,其中一个孔为圆孔,另一个为腰形孔;型面上对应定位产品倒角的位置开出下陷,避免干涉;为了减轻重量,在底部开出壁厚均匀的减轻槽,如图 2.35 所示。

定位块结构外形简单,没有复杂的内形和外筋,因此可选用锻件。由于定位块与产品型面全接触,故定位块的材料选为与产品材料一致的 TC4。

图 2.34　定位块三维模型

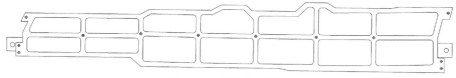

图 2.35　定位块仰视图

4. 辅助定位设计

基于使用要求和产品特点,在定位块上型面刻划零件边缘线,以便于零件在夹具上的安装使用和后续热处理后的校形工艺。

在零件的立筋位置设置有筋定位板,筋定位板的模型如图 2.36 所示。筋定位板的顶端面与产品的形状吻合,在不碰撞零件的控制面 2 的前提下,底面尽量大,以保证与筋定位面有足够的贴合面积,同时还起到保形和校形的作用。由于筋定位板与零件立筋接触,故筋定位板的材料选为与产品材料一致的 TC4。

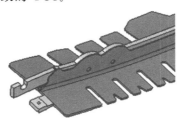

图 2.36　筋定位板

2.5.3　夹紧装置设计

本案例中的热处理变形控制夹具未经切削加工,只是跟随零件一起进行热处理,夹紧力不大。因此,夹紧装置的设计只需保证零件在起吊时不脱离工装,且热处理后便于拆卸即可。

1. 零件翼板的夹紧与连接

如图 2.33 所示,零件的控制面 2 与控制面 3 为装配面,要求有较高的装配精度,也要求去应力退火时保证足够的曲面精度。其上压紧点越多,对应的压应力越大,那么零件表面的压应力幅值越接近(甚至超过)屈服强度,热处理后的零件尺寸也更为稳定,整个翼板的变形也就越小。若设计为整体型面与零件的两面相吻合,虽然能够很好地控制零件翼板控制面 2 和控制面 3 的热处理变形,但是重量太大,会超出热处理炉子的承重范围,也不利于工装的优化设计,同时加大工装的设计成本。热处理时,工装与零件要一起进行热处理,常规压紧装置中多用压板组件,如图 2.37 所示,其中的双头螺柱和压紧螺钉上都有螺纹连接。但是,螺纹在热处理后有可能会被剪断,造成零件不能拆卸。因此,要求热处理夹具中不能出现螺纹连接。

基于热处理夹具的特殊性,设计的夹紧组件如图 2.38 所示。压板压脚与零件翼板的两上表面完全贴合,楔形块的上表面与连接座上焊接销的斜面贴合,楔形块的下表面与连接座底座的上表面贴合,并每隔一定距离设一个压紧点,从而更好地控制零件翼板的两上表面的整体变形。压板和楔形块的材料都选为 1Cr18Ni9Ti。如图 2.39 所示,连接座为焊接件,材料为 1Cr18Ni9Ti。

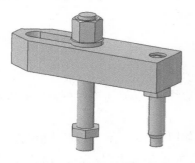

图 2.37　常用压板组件

图 2.38　压紧组件结构

图 2.39　连接座

2.筋定位面的夹紧与连接

为了控制立筋的变形,可通过筋定位板与楔形块的配合进行夹紧,并且每隔一定距离设置一个楔形块。其中,筋定位板的一面与筋定位面完全贴合,另一面设置多个凸台斜面,并与楔形块的斜面贴合,如图 2.40 所示。

将筋定位板纵向定位在连接座上,连接座材料选 1Cr18Ni9Ti。如图 2.41 所示,筋定位板的两端侧面和底部端头部分紧靠在连接座上,限制筋定位板侧面的位移和高度方向的变形,不限制横向方向(在热处理变形中沿此方向可自由变形),在筋定位板和连接座上开出相同的 U 形槽,把插销放进槽内,其与楔形块配合来夹紧筋定位板与连接座。连接座用螺栓固定在夹具体上。

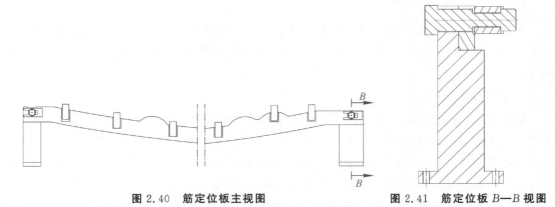

图 2.40　筋定位板主视图　　　　　　　　　　图 2.41　筋定位板 B—B 视图

3.压紧限位结构

筋定位板长且中间部分悬空,使用时很难控制其纵向变形,也很难保证除压紧点以外的贴合关系,因此需在筋定位板的中间位置加限位元件。压紧限位结构整体如图 2.42 所示,局部结构如图 2.43 所示。压板设计有与零件翼板相贴合的压脚,控制零件翼板的变形;压板的前端悬出部分与筋定位板完全贴合,以保证筋定位板与零件的贴合;压板的后端面与连接座的侧面贴合,靠连接座的侧面来定位与限位,从而更好地控制纵向变形。连接座也采用相同的夹紧方式,用螺栓固定在夹具体上。此结构在夹具中布置了两处,以便更好地控制变形。

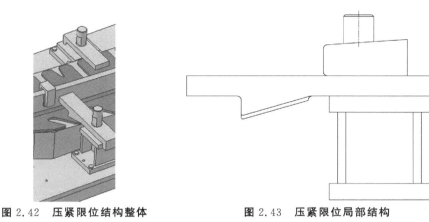

图 2.42　压紧限位结构整体　　　　　图 2.43　压紧限位局部结构

2.5.4　工装材料选择

工装材料的选择应从功能、强度、刚度、工艺性、结构、精度、重量、成本等方面综合考虑。但对于热处理变形控制工装,工装材料的选择除了遵循上述选择原则外,还必须考虑材料热处理时的变形情况,即考虑各材料的热膨胀系数。若工装材料全部选为与产品材料相同的 TC4,则在高温热处理时,工装与产品的变形情况相同,起不到控制零件变形的作用;若选用不同材料,则必须考虑两种材料在高温下热膨胀系数差异对零件和夹具尺寸的影响。工装的压紧结构是控制零件热处理变形的关键结构,压紧结构的材料必须具有高的耐蚀性、较高的高温强度和较高的热膨胀系数。高温时压紧件较大的体积变化使得零件压紧力和压紧面大,能更好地控制零件热处理变形。定位装置的材料变形应尽量与下缘条零件的变形一致,以更好地提高定位精度。夹具体承接所有元件,不与下缘条零件直接接触。在热处理状态耐高温、不严重变形的前提下,考虑材料的重量和成本,其材料对下缘条零件的变形影响不大。综上所述,工装各结构的材料选用原则如下:

(1)工装夹紧结构的材料,必须选择比下缘条零件材料热膨胀系数大的金属材料;

(2)定位装置的材料,尽量选择与下缘条零件相同或相近的金属材料;

(3)夹具体和其他连接元件的材料,选择耐高温、耐腐蚀的金属材料。

1Cr18Ni9Ti 在 600 ℃时的线膨胀系数最大。根据现有的生产条件以及相关缘条类零件热处理变形控制夹具的设计经验和生产实践,首选 1Cr18Ni9Ti 钢作为工装部分结构的材料。TC4 具有良好的工艺性能,包括热变性能、抗蚀性、切削加工性和焊接性能,且 1Cr18Ni9Ti 的热膨胀系数比 TC4 大。

通过对 TC4 与 1Cr18Ni9Ti 不锈钢材料的特性分析,具体结构的材料选择如下:

(1)可将与产品直接接触的工装定位元件选为与下缘条零件材料相同的 TC4,如定位块、筋定位板和定位销等;

(2)工装夹紧装置的材料选为 1Cr18Ni9Ti;

(3)工装连接装置和夹具体的材料选为 1Cr18Ni9Ti。

2.5.5　夹具体结构设计

夹具体仰视图、主视图及剖视图分别如图 2.44~图 2.46 所示。由于工装体积大,要求在减重的同时,又要有很好的刚性与强度,因此将夹具体设计成焊接组合件。为了减轻重量,夹具体的构架由一个大面板和多个立板焊接而成,其中有三个立板沿长度方向拉通,以提高强度,立板沿长度与宽度方向均匀分布,结构如图 2.44 所示。考虑到普通吊环与夹具体为螺纹连接,热处理后很可能被剪断,无法安全起吊,故可在夹具体上焊接 4 个吊环,其结构如图 2.46 所示。吊环与大面板是过盈配合,吊环上下两处都焊接在夹具体上。

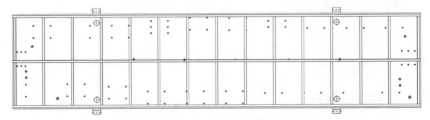

图 2.44　夹具体仰视图

图 2.45　夹具体主视图

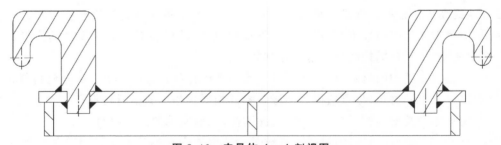

图 2.46　夹具体 A—A 剖视图

最终,该热处理变形控制工装上各元件如图 2.47 所示,工装的整体轴测图如图 2.48 所示,夹具的主视图如图 2.49 所示,夹具的俯视图如图 2.50 所示。夹具体 1 和定位块 7 通过圆柱销定位,通过螺栓连接;夹具体 1 和连接座 2 通过螺栓连接;连接座 2 和压板 3 通过楔形块 4 的楔形面与零件的型面夹紧连接;夹具体 1 和连接座 8 通过螺栓拧紧连接;筋定位板 5 和连接座 8 通过插销和楔形块 4 夹紧;筋定位板 5 的一面紧贴零件立筋面并由楔形块 4 夹紧;定位插销 6 通过零件的工艺孔与工装的定位孔上嵌入的衬套对零件定位;限位压板 9、10 通过连接座 2 连接到夹具体 1 上。

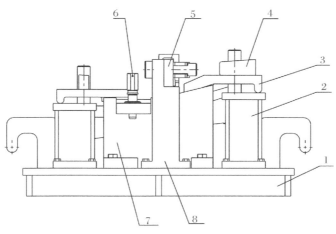

1—夹具体；2—连接座；3—压板；4—楔形块；5—筋定位板；6—定位销；7—定位块；8—连接座

图 2.47　夹具体左视图

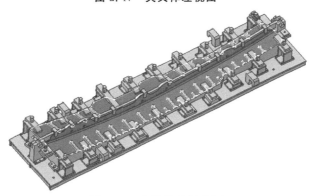

图 2.48　夹具整体示意图

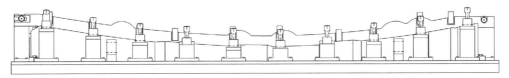

图 2.49　夹具体主视图

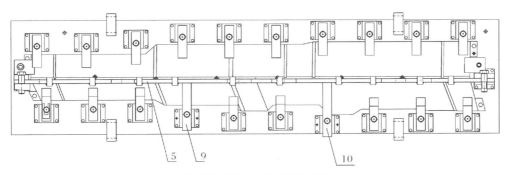

5—筋定位板；9、10—限位压板

图 2.50　夹具体俯视图

第3章　模具工装设计

3.1　概　　述

模具工装广泛应用于金属零件的冲压、锻造、铸造等成形工艺过程,同时其在塑料、橡胶、陶瓷等非金属零件的成形工艺过程中也普遍应用,例如用于金属板材、型材等产生无切屑的分离或成形的冲压模具、用于成形橡胶零件的橡胶模具、用于成形复合材料零件的RTM(树脂传递模塑)模具等。因此,模具设计在企业的产品设计和制造以及生产技术准备中占有极其重要的地位,模具工装设计也是一项重要的技术工作。本章通过无凸缘圆盘复合拉深模设计、大深度变截面门框多维度成形模具设计、升降舵盒段RTM模具设计、异形半管充液成形模具设计、复杂曲面钛合金构件超塑成形模具设计、异形复合材料结构件模具设计等6个典型案例,详细论述了不同类型模具的设计方法及设计过程,本章内容为同类型的模具工装设计及应用提供了重要的技术基础及参考价值。

3.2　无凸缘圆盘复合拉深模设计

无凸缘圆盘零件是一种常见的钣金类零件,也是一种形状规则的旋转体零件,成形工序多。一般采用以拉深成形为主,在同一模具融入落料与冲孔工序的方式制备出合格零件。采用这种方式制备的零件精度容易保证,生产效率高,其难点在于模具结构复杂,制造困难。

3.2.1　零件分析

此零件产品材料为 H62 - M(软态),厚度 $\delta=0.5$ mm。此零件为小型无凸缘规则型旋转体圆盘产品,零件拉深直径小,拉深高度直线部分仅为 0.5 mm,成形工步多,成形难度高,并要求孔与产品外形同轴。该零件尺寸如图 3.1 所示。

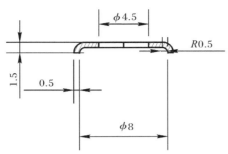

图 3.1　无凸缘浅圆盘零件图

3.2.2　工艺方案

该工件需要经过多道工序成形,工艺方案有以下 3 种选择:

(1)方案 1:需用落料模、拉深模、冲孔模三套单工序模具来完成零件的成形;制造成本高,生产率低,工序繁多,工件尺寸的积累误差大,同轴度达不到要求。因此该方案不可取。

(2)方案 2:先用落料-拉深模成形,再用冲孔模冲孔,即用两套模具来完成零件的成形。该方案较方案 1 有所提高,但因为冲孔是在拉深之后,所以工件的同轴度不能保证。

(3)方案 3:落料、拉深、冲孔三步工序复合在一起。此方案结构紧凑,既保证了落料与冲孔的同轴度,又避免了零件外形尺寸二次定位困难的问题,同时也提高了生产效率。其缺点在于模具制造复杂。

通过以上分析,采用落料-拉深-冲孔复合模来完成该零件的成形。

3.2.3　工艺计算

1.冲裁力确定

模具完成冲压加工所需的冲压力是选择压力机的主要依据,也是设计模具必不可少的数据。本案例工序的冲压力主要包括落料力、落料卸料、拉深力、冲孔力、冲孔推料力、冲孔卸料力。在选择压力机吨位时,除冲压加工的冲压力外,随着不同冲压工序还有其他一些相应的力,如卸料力、顶件力和推件力,对其通常以经验公式计算。本产品材料为 H62 - M 软态,其详细材料参数见表 3.1。

表 3.1　H62 - M 态机械性能参数

抗剪强度 τ/MPa	抗拉强度 σ_b/MPa	卸料力系数 K_x	顶件力系数 K_d	推件力系数 K_t
240	300	0.02~0.06	0.03~0.09	0.03~0.09

冲裁力的大小主要与材料的力学性能、厚度和制件的展开长度等因素有关。冲裁时,将紧箍在凸模上的料卸下来所需的力称为卸料力;将卡在凹模内的料顺冲裁方向推出的力称为推料力;将卡在凹模内的料逆冲裁方向顶出的力称为顶件力。各力计算方法如下。

(1)落料。

落料力为

$$F_{落}=K_1 L t \tau=1.3 \times 13 \times 3.14 \times 0.5 \times 240 \ \text{N}=6\ 367 \ \text{N}$$

卸料力为
$$F_{卸料力}=K_x F_{落}=0.05\times6\ 367\ \mathrm{N}=318\ \mathrm{N}$$
顶件力为
$$F_{顶件力}=K_d F_{落}=0.06\times6\ 367\ \mathrm{N}=382\ \mathrm{N}$$
推件力为
$$F_{推件力}=nK_t F_{落}=8\times0.09\times6\ 367\ \mathrm{N}=458\ \mathrm{N}$$

式中：L 为冲裁件周边长度，mm；τ 为抗剪强度，MPa；t 为材料厚度，mm；K_1 是考虑到模具刃口磨损、间隙不均匀、材料力学性能及厚度的波动等实际因素给出的修正量，取 1.3。

（2）拉深。

拉深系数 $m=\dfrac{d}{n}=\dfrac{9}{13}=0.692$，式中 d 为拉深制件的直径，D 为毛坯或半成品直径。极限拉深系数 $[m]\in(0.6\sim0.63)$，若 $m>[m]$，即表明拉深系数大于极限拉深系数，即可一次拉深成形。

拉深力为
$$F_{拉深}=\pi dt\delta_b K_1=3.14\times9\times0.5\times300\times0.6\ \mathrm{N}=2\ 882\ \mathrm{N}$$
压边力为
$$F_{压边力}=AP=3.14\times(12.82-8.32)\times2\ \mathrm{N}=596\ \mathrm{N}$$

式中：K_1 为修正系数，$K_1=0.6$；A 为毛料与压边圈接触面积（mm²）；P 为单位压边力，MPa，黄铜单位压边力为 1.5～2.0 MPa。

（3）冲孔。

冲裁力为
$$F_{冲}=K_2 Lt\tau=1.3\times4.5\times3.14\times0.5\times240\ \mathrm{N}=2\ 204\ \mathrm{N}$$
其中，K_2 为修正系数，$K_2=1.3$。

综上可知，该零件成形过程中总冲压力为
$$F_{总}=F_{落}+F_{卸}+F_{顶}+F_{推}+F_{拉深}+F_{压边}+F_{冲}=1\ 720\ \mathrm{N} \tag{3.1}$$
考虑到机床的安全性，其吨位 $F=K_安 F_{总}$（其中 $K_安$ 为安全系数，取 $K_安=1.5$）计算可得
$$F=1.5\times F_{总}=1.5\times1\ 720\ \mathrm{N}=2\ 580\ \mathrm{N}$$

2. 冲裁压力中心的确定

模具压力中心为冲裁力合力的作用点或多工序模各工序冲压力合力的作用点，要使模具能平衡地工作，模具压力中心应与压力机滑块中心一致，否则会在冲压时产生偏载，导致模具以及压力机滑块与导轨急剧磨损，模具发生歪斜，产生很大的弯曲应力，以至导向磨损，刃口变钝，模具损坏。所以，定压力中心对复杂冲切模具有很重要的意义。

形状对称件的压力中心，即为零件图形的几何中心。对于形状复杂的冲裁件或多凸模冲裁件，可利用平行力系合力作用点的解析方法确定压力中心。由于本零件本身关于中心轴对称，故压力中心为零件图形的几何中心。

3.2.4　总体设计

本零件的复合拉深模三维剖视图如图 3.2 所示。模具主要由成形元件（如冲孔阳模、拉

深阴模、阴模、拉深阳模等)、导向元件(如导柱、导套)、定位元件(如挡料销)、卸料元件及压紧元件(如卸料板、顶杆、橡皮、压边圈)等组成。导向元件用于确保阳模、阴模成形时位置准确,保证成形零件的尺寸精度及相对位置精度;定位元件用于保证工序件在模具上位置的唯一性和准确性,确保冲出合格的零件;卸料元件及压紧元件用于保证在冲裁、成形瞬间零件被压紧在正确的位置上,在冲裁、成形完成后,零件与废料能有效分离。

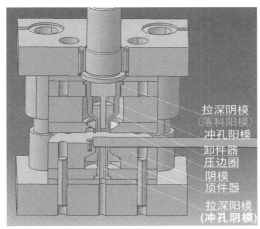

图 3.2　复合拉深模三维剖视图

该模具的工作原理如下:

(1)将模具在 100 t 冲床上固定好,将条带料由安装在阴模上的侧边导料销送至前方挡料销处定位。启动冲床,上模机构沿导柱随冲床滑块一起下行。压边圈将条带料压紧在阴模上。随后拉深阴模刃口与条带料接触,条带料在拉深阴模刃口与阴模刃口的双重作用下受剪而分离,此时完成零件落料工序。

(2)上模机构继续下行,待拉深阴模进入阴模型孔一定深度时拉深工序完成。

(3)上模机构继续下行,冲孔阳模工作型面与拉深阴模工作型面将板料压紧,冲孔阳模进入阴阳模型腔内,在刃口作用下进行坯料冲孔。

(4)冲孔废料留在拉深阴模刃口内,通过后续的冲裁被挤到漏料孔中。冲孔完成后,上模机构随机床滑块上行,顶件器在顶杆作用下将零件从阴模中顶出。最后对冲压出的零件进行修边、去毛刺处理。

3.2.5　模具结构设计

1. 模具尺寸

(1)毛料尺寸设计。由于材料的各向异性以及拉深时金属流动条件的差异,为保证零件尺寸,通常留出一定的修边余量。鉴于此零件材料为黄铜软态,具有良好的塑性变形和延展性,拉深深度足够小。

对于形状简单的旋转体拉深件的毛坯,在不变薄的拉深中,材料厚度虽有变化,但与原始厚度十分接近,可以根据毛坯面积与拉深件面积相等的原则计算得出毛料的展开尺寸 D_1 为 12.9 mm,圆整后可得落料毛坯直径尺寸 d_1 为 13 mm。

(2)冲裁间隙及模具各部分尺寸。冲裁间隙是指冲裁模的凸模和凹模刃口之间的间隙，间隙值的大小对冲裁件质量、模具寿命、冲裁力的影响很大，所以在冲裁时一定要选取合理的冲裁间隙。当毛坯厚度 $\delta=0.5$ mm 时，黄铜的冲裁间隙(双面)Z 为 0.02～0.04 mm。受零件形状限制，采用先落料，再复合拉深成形，最后冲孔制备出合格零件的方案。

1)落料模尺寸。

落料阴模尺寸(d_1)：由毛料的展开尺寸得落料阴模内径为 $d_1=13$ mm。

已知冲裁间隙 $Z_{\min}=0.01$ mm，$Z_{\max}=0.02$ mm，则落料阳模尺寸为

$$d_2=d_1-Z_{\max}=13\text{ mm}-0.02\text{ mm}=12.98\text{ mm}$$

按公差分配原则，一般阳模公差为$\frac{1}{3}Z_{\max}=\frac{1}{3}\times0.02\approx0.01$ mm，阴模公差为 0.01 mm。则落料阴模为 $d_1=13^{+0.01}_{0}$ mm，落料阳模 $d_2=12.98^{0}_{-0.01}$ mm。图 3.3 所示为落料刃口尺寸。

2)拉深模尺寸。

凸凹模间隙为

$$Z=0.5\text{ mm}+0.2\times0.5\text{ mm}=0.6\text{ mm}$$

拉深凸模尺寸为

$$D_{\mathrm{p}}=D+0.4\Delta=8\text{ mm}+0.4\times0.36\text{ mm}=8.14\text{ mm}$$

拉深凹模尺寸为

$$D_{\mathrm{d}}=D+0.4\Delta+2Z=8\text{ mm}+0.4\times0.36\text{ mm}+2\times0.6\text{ mm}=9.34\text{ mm}$$

其公差可按照凸、凹模制造公差得到，因此有：

凸模型面尺寸为

$$D_{\mathrm{p}}=8.14^{0}_{-0.01}\text{ mm}$$

凹模型面尺寸为

$$D_{\mathrm{d}}=9.34^{+0.02}_{0}\text{ mm}$$

图 3.4 所示为拉深模尺寸。

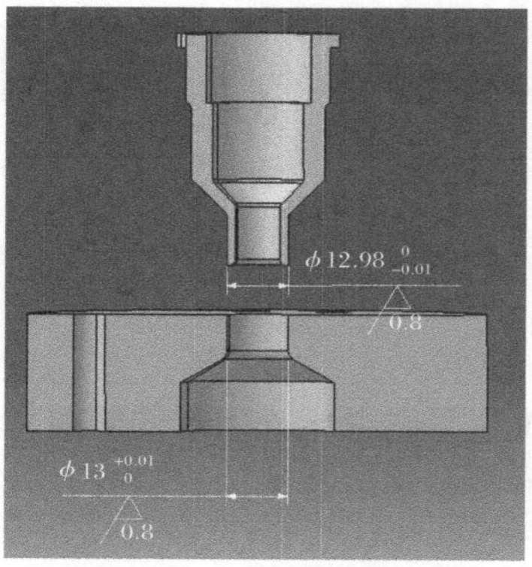

图 3.3　落料刃口尺寸

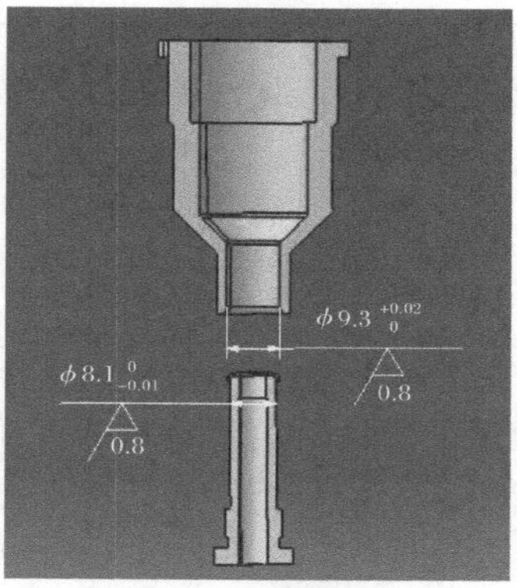

图 3.4　拉深模尺寸

3)冲孔模尺寸。

冲孔模尺寸($4.5^{+0.3}_{0}$)以小端(阳模)尺寸为基准，因此有：

阳模型面尺寸为

$$d_3 = 4.5 \text{ mm} + 0.5\Delta = 4.65 \text{ mm}$$

阴模型面尺寸为

$$D_1 = 4.65 \text{ mm} + 0.02 \text{ mm} = 4.67 \text{ mm} \approx 4.7 \text{ mm}$$

阳模型面尺寸为

$$d_4 = 4.7 \text{ mm} - 0.02 \text{ mm} = 4.68 \text{ mm}$$

按公差分配原则,一般阳模公差为 $\frac{1}{3}\Delta Z = \frac{1}{3} \times 0.02 \approx 0.01 \text{ mm}$,则阴模公差为 0.01 mm。其中,ΔZ 为黄铜最大冲裁间隙(双面)$Z_{\max}$ 与最小冲裁间隙(双面)$Z_{\min}$ 的差值,有 $\Delta Z = Z_{\max} - Z_{\min}$。可得:

阳模型面尺寸为

$$d_3 = 4.65_{-0.01}^{0} \text{ mm}$$

阴模型面尺寸为

$$D_1 = 4.68_{0}^{+0.01} \text{ mm}$$

图 3.5 所示为冲孔刃口尺寸。

4)阴模外形尺寸。

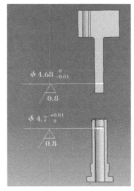

图 3.5　冲孔刃口尺寸

根据零件尺寸得到:阴模外形最小边距为 25 mm,阴模最小高度 $H = 20 \text{ mm}$。考虑到模具结构和制造加工要求,取阴模高度为 $H = 25 \text{ mm}$,阴模外形尺寸为 $\phi 96 \text{ mm}$。

2. 材料选择

冲裁模常用材料及其性能见表 3.2。

表 3.2　常用材料性能表

材料牌号	主要性能
T8A、T10A	机械加工性能好,价格低,但淬透性和红硬性差,用于工作负荷不大、形状简单的阴阳模和耐磨性要求不高的其他模具零件
Cr12、Cr12Mo、Cr12MoV	具有较好的淬透性、淬硬性、耐磨性,回火稳定性好,但碳化物严重偏析,须经反复锻造才有显著的使用效果,多用于制造工作负荷大、耐磨性要求高、形状复杂的模具的阴阳模

根据表 3.2 的材料性能及工厂实际情况,选取拉深阳模、拉深阴模、冲孔阳模及阴模的材料为 Cr12MoV 淬火(58～62HRC)。由于垫板的作用主要是承受和分散拉深阳模、拉深阴模以及冲孔阳模的压力,防止在上下模板上压出凹坑而影响模具的正常工作,所以垫板选取 T8A(52～56HRC)。其余零件材料选取 Q235。

3. 强度校核

(1)凸模强度校核。

1)压应力校核。冲裁时凸模承受较大的压应力,卸料时则承受拉应力。因此应对凸模进行压应力和弯曲应力校核,检查其断面尺寸和自由长度是否满足强度要求。即圆形凸模应满足：
$$d_{\min} \geqslant 4t\tau/[\sigma] \tag{3.2}$$

式中：$[\sigma]$ 为材料的许用压应力，材料许用压应力 $[\sigma]=1.5\times10^3$ MPa；$d_{\min}$ 为凸模最小直径，mm；t 为材料厚度，mm；τ 为材料的抗剪强度，MPa。

因此，$d_{\min} \geqslant 4\times0.5\times240/1\,500$ mm $=0.32$ mm。已知冲孔阳模 $d_4=4.78$ mm，落料阳模 $d_2=12.88$ mm，均满足强度要求。

2)弯曲应力的校核。带导向装置的圆形凸模应满足：
$$L_{\max} \leqslant 270d^2/F^{1/2} \tag{3.3}$$

式中：$L_{\max}$ 为凸模允许的最大自由长度，mm；d 为凸模的最小直径，mm；F 为冲裁力，N。

由式(3.3)计算可得 $L_{\max} \leqslant 56$ mm。已知冲孔阳模 $L=46$ mm $\leqslant 56$ mm，落料阳模 $L=49$ mm $\leqslant 56$ mm，均满足强度要求。

(2)拉深阳模校核。

凸凹模是复合模中特有的结构元件，外形相当于落料凸模，内形相当于冲孔凹模。由于凸凹模具有内外双刃口，刃口相距很近，为保证强度，其内外刃口之间应满足最小壁厚要求，最小壁厚按表3.3选取。

表 3.3　复合模凸凹模内外刃口之间的最小壁厚

(单位：mm)

材料厚度 t	0.4	0.6	0.8	1.0	1.2	1.4
凹凸模最小壁厚 a	1.4	1.8	2.3	2.7	3.2	3.6

此产品材料厚度 $t=0.5$ mm，按表3.3求出凸凹模最小壁厚 $a=1.6$ mm，可知凸凹模最小壁厚 $a=1.72$ mm $\geqslant 1.6$ mm，满足要求。

3.3　大深度变截面门框多维度成形模具设计

随着航空工业的不断发展，飞机交付周期越来越短，各种门框类零件的需求量也越来越大，传统纯手工加工方法已经不能满足当前飞机制造业的发展要求。因此，提高该类零件的生产效率及表面质量，成为摆在工程技术人员面前的重要任务。本案例主要阐述了大深度变截面门框类零件多维度成形工艺的原理、工艺流程、特点以及多维度拉深成形模的设计方法。

3.3.1　零件分析

如图 3.6 所示，飞机大深度变截面铝合金门框零件的截面为 U 形，主要应用于飞机舱门的安装及固定。该类零件由上下半框两两对接成一整体门框，零件上表面为理论外形面，装配时须与蒙皮紧密贴合，底面有互换协调要求，腹板面对接处由一对槽形连接件从内部铆接固定，阶差处公差需控制在 0~0.2 mm 以内。根据工艺要求，设计该零件的成形模具。

图 3.6　大深度变截面门框零件

3.3.2　工艺方案

该类零件的成形过去一直采用纯手工成形过程:将工装分为盖板与型胎两部分,平板料通过销钉孔定位在型胎上,盖板与型胎通过弓形卡固定,门框类零件手工成形工装结构如图3.7所示;工人通过木榔头、胶木块及橡皮打板进行手工成形,零件拐角处收边效果如图3.8所示。其成形难点在于零件拐角处的翻边成形,这对工人的技能水平要求高,同时此处收边高度高、工作量大、效率低。由于不同工人之间技能水平的差异,收边成形后零件表面质量也各不相同,质量难以保证。成形结束后,需要对余留的敲打痕迹进行打磨,延长了零件的生产周期,影响了零件的表面质量。

图 3.7　门框类零件手工成形工装

图 3.8　零件拐角处收边效果

为了提高门框类零件的生产效率及表面质量,将门框类零件的成形方法由现在的纯手工成形改进为使用拉深模具成形。

3.3.3　总体设计

采用 DYNAFORM 软件辅助模具工装设计,具体实施流程如下:

(1)分析产品的特征及其工艺性,根据理论计算及设计经验,设计基础模具结构。

(2)建立有限元模型,使用 DYNAFORM 软件模拟板料拉深成形全过程,预测成型过程可能出现的拉裂、起皱、回弹等缺陷,分析材料参数、模具参数、摩擦和润滑等边界条件对成形性能的影响。

(3)根据仿真结果分析拉深缺陷产生的原因,从而对模具的结构或重要尺寸做出必要的修正,然后再进行模拟仿真,直到模拟仿真结果符合要求为止。

拉深成形时,拉深高度是决定拉深成形质量的一个重要因素,高度越大,越难以成形。门框类零件高度达到 306 mm,传统拉深成形无法实现。门框类零件翻边处的翻边高度约为 25 mm,包括工艺补充面在内的拉深深度约为 35 mm。因此该零件工装采用分瓣凸模形式,即将传统单块凸模设计为两个单独的凸模——凸模 1 和凸模 2,并使两个单独凸模均相对运动轨迹沿 45°方向移动。此结构能够显著地降低拉深深度,有效地降低零件的成形极限。

在拉深成形过程中,毛坯的形状、压边力的大小、凸模和凹模圆角大小以及凸凹模之间的间隙对成形结果都有一定的影响。其中,凹模圆角越小,压边力越大,若材料承受的拉应力超过材料的抗拉强度,可能引起危险断面缩径。一般凹模圆角大小取料厚的 5~8 倍。该零件料厚 1.6 mm,凹模圆角取 R10 mm。依据零件模具建立模具工装三维模型,如图 3.9

所示。

由于凸模 1 和凸模 2 不是沿着竖直的方向移动,而是使两个单独的模沿 45°方向运动,因此在成形结束后,凸模 1 和凸模 2 之间存在一定的间隙,如图 3.10 所示。该间隙处的板料没有模具的刚性限制,在成形结束后,该区域的材料存在局部不贴模现象。

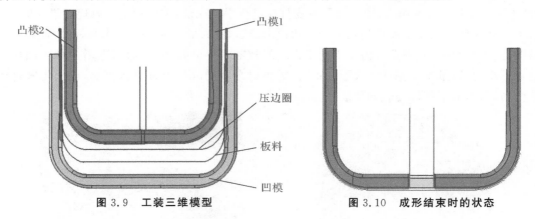

图 3.9　工装三维模型　　　　　　　　　图 3.10　成形结束时的状态

3.3.4　成形过程有限元仿真分析

由于门框类零件形状的特殊性,在压边圈对零件底部法兰处产生压边力之前,零件两侧边法兰会优先与压边圈、凹模接触。在成形时两侧边零件板料会对成形进行补偿,零件板料补偿位移图如图 3.11 所示。因此模具对零件成形过程中压边力的控制,只需要保证压边圈和凹模料厚间隙均匀即可。

图 3.12 所示为零件成形极限图,从图中可以看出变形区都集中在安全区域,没有破裂

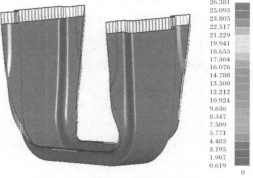

图 3.11　零件板料补偿位移图

的危险。但在图 3.12 中的圆圈内,由于凸模 1 和凸模 2 之间存在间隙,零件有不贴模的现象,需要用模具进行局部整形。

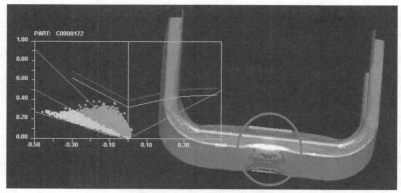

图 3.12　零件成形极限图

图 3.13 所示为零件成形完的零件减薄云图,可以看出零件弯曲法兰处存在局部增厚现象,但满足板料拉深最大变薄率 15% 的要求。

针对图 3.12 圆圈中存在的成形缺陷,在原有的凸模 1 和凸模 2 的基础上增加一个整形块,在凸模 1 和凸模 2 成形结束后,整形块下移,实现对零件的局部整形。整形块如图 3.14 所示。

图 3.15 为增加整形块后的零件成形极限图。通过对比图 3.15 与图 3.12 可发现,在增加整形块后,零件的局部不贴模现象得以避免。

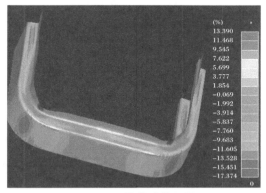

图 3.13 零件减薄云图

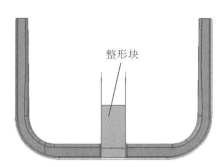

图 3.14 整形块示意图

综上所述,模具的基本结构包括凹模、凸模 1、凸模 2、压边圈、整形块 5 大部分。其中可移动结构包括凸模 1、凸模 2、压边圈、整形块 4 部分。双动薄板拉伸机不加顶出部分只能实现 2 个结构的移动,另外 2 个结构的移动要通过模具本身的结构加以保证,如图 3.16 所示。

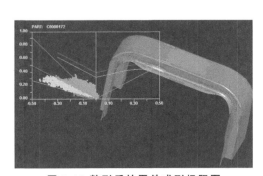

图 3.15 整形后的零件成形极限图

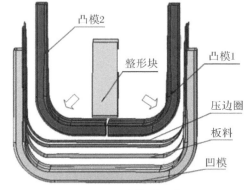

图 3.16 三维模型示意图

3.3.5 模具结构设计

根据仿真结果确定凸模、凹模、压边圈的准确外形尺寸。考虑到零件成形时模具传力的特殊性,在每个凸模下端设主驱动面,将次驱动块设于每个凸模上端。考虑模具制造的简易性,将次驱动块单独加工,与凸模通过螺栓连接后再焊接打磨。次驱动块上设有次驱动面,如图 3.17 所示。压边圈内侧设有次传力板,下端设有主传力板,次传力板中部两侧为次传力面,主传力面和次传力面均与拉深方向成45°夹角,如图3.18所示。使用时主传力板和次传力板同时工作,确保凸模能够顺利向两侧滑动。

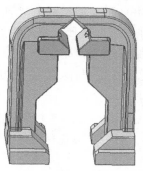

图 3.17　门框多维度拉深
成形模凸模模型

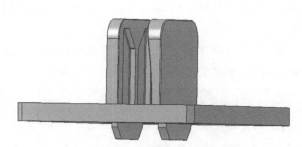

图 3.18　门框多维度拉深成形模压边圈模型

　　由于多维度拉深成形模具结构的特殊性,凸模高度较大,在主驱动面和次驱动面同时受力而形成的两点传力过程中,凸模的强度成为保证零件成形精度的重要因素。因此凸模选用刚度、强度和耐磨性都较好的 Cr12MoV 制造。对凸模受力情况进行有限元仿真,仿真结果如图3.19所示。可以看出,凸模变形量最大出现在次驱动面处,并且凸模强度满足使用要求。

　　多维度拉深成形模三维模型如图3.20所示。成形出的产品使用部分型面光顺,并无起皱、裂纹等不良现象,如图3.21所示。可见,相对于传统的手工成形,采用专用模具制造工件可以大大提高生产效率。

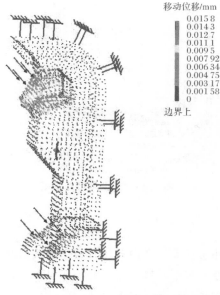

图 3.19　凸模变形输出结果

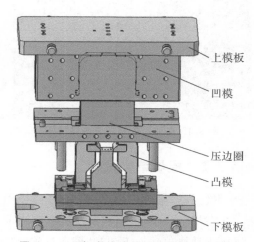

图 3.20　门框多维度拉深成形模三维模型

上模板

凹模

压边圈

凸模

下模板

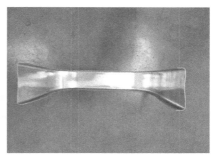

图 3.21　由多维度拉深成形模具生产的门框零件

3.4　升降舵盒段 RTM 模具设计

航空航天领域对结构减重、结构轻量化的要求越来越高,运用复合材料整体成型技术制备满足结构轻量化要求的整体结构件是目前的发展趋势。树脂传递模塑(RTM)工艺是一种复合材料液体成型技术,具有成型效率高、成本低、污染小、能耗低、工艺适应性强等诸多优点,特别适合于大型、加筋、夹芯、预埋、复杂结构件的成型。RTM 技术最早出现在 20 世纪 50 年代,但直到 80 年代才得到快速发展与应用。目前,RTM 工艺已经发展成熟,从体育用品到航空航天零部件都可以采用 RTM 工艺制造。RTM 工艺原理是:先将纤维预成型体放在闭合模腔中,然后将热固性树脂用专用的设备注入模腔;树脂流动充模时浸润其中的增强材料,再经固化脱模而得到光滑制品。

3.4.1　零件分析

图 3.22 所示为尾缘升降舵盒段,该结构主要由三部分组成:上蒙皮、下蒙皮、加强盒。本案例设计该尾缘升降舵盒段 RTM 工艺成型模具。

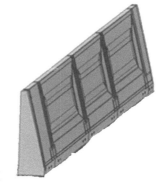

3.4.2　分型面的确定

分型面形状和位置的选择不仅直接关系着模具结构的复杂程度和制造难度,而且直接影响着制件的质量和生产效率,是模具设计的重要环节。确定分型面时应遵循以下原则:

图 3.22　尾缘升降舵盒段

(1)分型面应尽量选择在制件外形的最大轮廓处,以方便脱模。

(2)应使模具结构尽量简单,如避免或减少侧向分型、异型分型,减少上、下模的修配以降低加工难度等。

(3)有利于制件的顺利脱模,如开模后尽量使制件留在下模上以方便取出。

(4)保证制件的尺寸精度,如尽量把有尺寸精度要求的部分设在同一模块上,以减小制造和装配误差等。

(5)不影响制件的外观质量,在分型面处会不可避免地出现飞边,因此应避免在外观光滑面上设计分型面。

(6)保证型腔的顺利排气,如分型面会尽可能与最后充填满的型腔表壁重合,以利于型腔排气。

在确定分型面时还要考虑注胶口、出胶口、密封机构、夹紧机构、定位机构、脱模机构的位置。根据升降舵盒段成型模具技术要求,其制件需有工艺余量。对上、下蒙皮及端肋按照要求进行延伸,得到制件的理论模型。考虑到下蒙皮相对封闭,在成型过程中将其放置在下模比较合理。依据以上原则,本模具的分型面如图3.23所示。

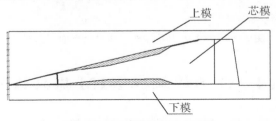

图3.23 模具分型面示意图

3.4.3 保形结构设计

设计模具时,需要考虑升降舵盒段的形状、尺寸,以及RTM工艺中纤维的铺放、脱模、定位以及密封等工艺要求。考虑到方便制件脱模,将模具设计为组合式模具。上、下蒙皮的形状相对简单,可借用上、下模的型面进行预制体的铺放。对于加强盒,则需要单独对每块芯模进行预制体铺放,然后进行装配。保形装置分块如图3.24所示。

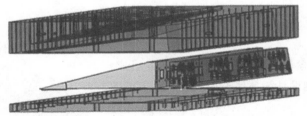

图3.24 保形装置分块图

3.4.4 定位结构设计

定位机构主要是用来限制成型模具各部分之间的相互位置,定位机构的设计要求如下:

(1)保证产品质量。定位机构必须能够准确地限制模具各部分之间的相互位置,如果在使用过程中发生位移将有可能导致产品报废,甚至造成模具的损坏。

(2)易于操作。定位机构必须使用方便,如果定位机构不合理,将会降低生产效率。

(3)模具加工成本低。如果定位机构过于复杂,加工难度大,会增加模具的成本。

该模具工装主要有2种定位方式:利用定位销定位及利用自身形状配合定位板定位。模具的上下模合模高度为230 mm,如果采用定位销定位,则定位孔的总深度达200 mm以上,上模、下模、定位块经拆卸再重新合模则难以保证孔的精度。此外,在使用过程中,树脂会沿各个定位块之间的缝隙进入定位孔,使用过程中模具经受冷热转换导致各定位块之间存在应力,长度达200 mm的定位销无法从定位孔中取出。同时,若采用定位销定位,模具的气密结构设计将极为复杂,影响气密性,使得铺放气密垫圈与合模时操作难度加大。因此,设计定位结构时主要考虑利用外形定位。对于该升降舵盒段 RTM 成型模,在芯模长端以及侧端都带有斜面(见图 3.25),配合定位板可以起到定位作用。

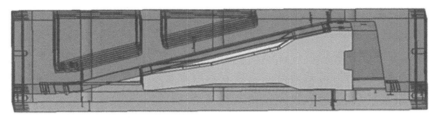

图 3.25　芯模与上模定位导向示意图

在上下模合模之前,为了保证芯模以及下模的相对位置,设置一套斜面定位块用于定位(见图 3.26),通过螺钉、销钉与下模连接。

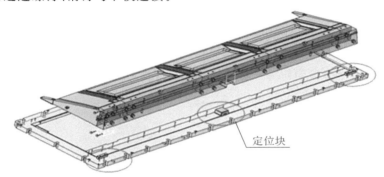

图 3.26　芯模与下模定位示意图

待芯模组件与下模相对位置固定好后,上下模合模,如图 3.27 所示。此时位于上下模两侧端的定位导向板开始初始导向;当上模下行至与模芯组件型面时,在斜面定位块作用下开始二次导正。

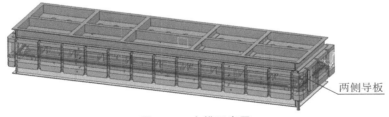

图 3.27　合模示意图

3.4.5　注胶方法的确定

1. 注胶口位置与冒口位置的选择

树脂的注射方式对 RTM 工艺充模过程中树脂的流动前沿形状和冒口位置起决定性作用,同时也对树脂流动速度有很大的影响。升降舵盒段在长度方向的尺寸比较大,设计注胶口应注意尽量缩短注射时间,此时采用常规的单个注胶口无法满足要求,因此采用多个注胶口,同时还需设计一条与产品长度近似等长的流胶槽。此外,为了利于排出空气,减小产品的孔隙率,出胶口也要设置多个。

在点注射方式中,中心注射最快,角点注射时间最长。通过对不同点注射方式流动前沿的分析,发现中心注射时冒口位于制件外一周,这样导致在实际充模成型时冒口过多,不经济且实现比较困难。如果采用顶部两点注射,则会产生两个流动前沿,在其相遇处会发生融合干涉,容易产生气泡等缺陷。

当采用线注射方式时,树脂前沿以线状方式向前流动。这种方式在实际充模成型时易在制件两侧产生边缘效应,使得树脂浸润不充分,影响制件的成型质量。尽管线注射方式存在以上缺点,但是线注射方式充模时间短、效率高。因此,本案例选择线注射的方式来进行注射模拟。

2.升降舵注胶方案

采用图 3.28 所示线性注口位置与注射方式进行恒压注射有限元模拟,模拟结果如图 3.29 所示。以模拟图左侧色柱及其充模时间为参考依据,充模过程中树脂最先填充的区域即注入口位置的颜色最深,最后填充的区域颜色较深。由此得到充模过程中不同时刻的流动前沿位置,从而为确定注射口和冒出口位置提供参考。

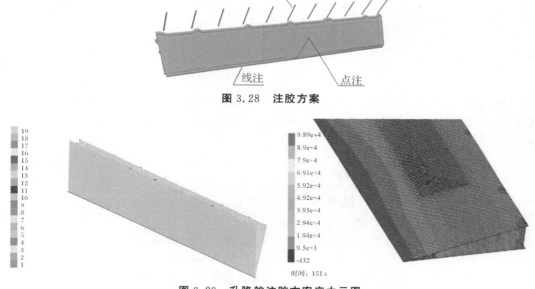

图 3.28　注胶方案

图 3.29　升降舵注胶方案应力云图

3.4.6　气密结构设计

根据产品大小、结构的不同,模具密封方式大致分为以下几种:矩形密封、半圆形密封、蘑菇形密封、半圆形＋V形两道密封、圆形真空密封、圆形充气密封、半圆形两道密封等。圆形真空密封采用的是圆截面橡胶胶条,成本较低且能够满足使用要求,故本案例采用圆形真空密封,如图 3.30 所示。

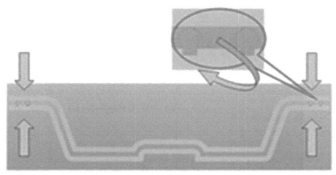

图 3.30　圆形真空密封

设置密封槽时需要注意:密封槽区域内不得有孔、缝隙等与外界连接;密封槽深度合理,保证合模以后橡胶条压缩量合理;便于加工。图 3.31 所示为该模具密封槽分布图。

图 3.31　密封槽分布图

3.4.7　模具材料选择

用作复合材料成型模具的材料主要有:普通钢、INVAR 钢、复合材料(双马和环氧树脂)、铝等。通常根据材料的性能、成本、周期及使用次数来选择。

对于机身、翼面、舵面等大尺寸、大曲率的模具,通常选择 INVAR 钢;对于一些配合要求高的梁、肋、长桁等也通常选择 INVAR 钢;对于需要回转的工装,考虑到重量因素,通常选择复合材料模具;对于形状不是太复杂、曲率很小或是等截面制件结构,通常选择普通钢或铝,以降低成本,但此时膨胀和变形因素需要在设计时得到补偿。不同模具材料的性能特点及使用范围如表 3.4 所示。

表 3.4　不同模具材料特点对比

材料	优点	缺点	适用范围
普通钢	力学性能和加工性能好,成本较低	热膨胀较复合材料大	适用于型面曲率不大的模具
INVAR 钢	力学性能好,热膨胀系数低,且与复合材料相当	加工性能较普通钢差,成本高	适用于结构复杂、曲率大、尺寸大的模具
双马树脂碳纤维复合材料	力学性能好,热膨胀系数和制件一致,重量轻,能重复使用于 180 ℃的环境	需要成型模具的母模,成本高,使用次数低于钢	适用于结构复杂、大型,特别是回转工装

材料	优点	缺点	适用范围
环氧树脂碳纤维复合材料	制造周期短,热膨胀系数和制件一致,重量轻	需要成型模具的母模,只能用于中低温固化,使用次数少	适用于中温固化工艺
铝	成本低,重量轻,加工性能好	力学性能较钢差,硬度低,使用次数少,热膨胀系数较复合材料大	适用于平板类、尺寸精度要求不高的模具

对于模具的热膨胀可采取一定的方法补偿,通常按经验公式及试验获得热膨胀修正系数。以制件质心为中心,将整个制件按修正系数缩小,在设计模具时按照缩小后的制件作为工程输入。热膨胀修正系数经验公式为

$$F = \frac{1}{(T-P) \times \Delta T + 1} \tag{3.4}$$

式中:F 为热膨胀纠正系数;T 为模具的热膨胀系数;P 为复合材料制件的热膨胀系数;ΔT 为固化温度和室温的差值。

另外,模具热膨胀还将影响制件的变形、脱模等问题。模具设计时需要考虑这些因素。如收缩变形是否能通过模具结构的对称性来抵消,或通过后处理来消除;凸模的收缩可能会有助于脱模,特别是对于有微小闭角的零件更是如此,而凹模的收缩会增加脱模的难度。

综上所述,结合升降舵盒段的特点,考虑制造成本和生产周期,以及模具需要耐温200 ℃以上,并且要能长期使用,选用45钢作为模具材料,上下加强框采用矩形钢加强。

3.5 异形半管充液成形模具设计

异形管类零件是飞机上常见的钣金管类零件,成形难度较高。若采用常规拉深模成形,在零件局部区域容易出现起皱、拉裂等情况,而且工序间还要进行大量的手工校形、除皱等工作,质量和效率均较低。充液拉深是指采用液态介质代替凹模,使得板料在液态介质的压力下贴合凸模而成形的一种柔性成形技术。目前,应用充液成形工艺制造的零件多为筒形件、锥形件、抛物线形件、球形件等回转对称件,以及方盒形件等具有规则形状的零件。

3.5.1 零件分析

图3.32为一不锈钢异形半管,这是一种非轴对称异形管,零件管壁由等截面部分与喇叭口部分构成,拉深变形时的应力、应变在变形区内沿周边的分布极不均匀,液室压力的作用也增加了成形的复杂性,成形过程中易出现破裂、起皱等失稳现象。若采用常规冲压方法需要进行拉深、中间退火及扩口工序,废品率高,产品质量差。因此,采用充液成形工艺一次成形,从而降低成本,提高产品质量和尺寸精度。

图 3.32　**不锈钢异形半管**

3.5.2　工艺方案

　　首先构造工艺补偿面。充液成形时,板料受压边圈挤压,与凹模形成封闭型腔,将液体封闭在零件与凹模型腔之间。因此,将半管零件两端封闭,且光滑过渡,便于实现在拉深过程中自然闭合凹模液室。构造工艺补偿面时应该确保半管零件型面主体区域不发生变化,补偿部分型面(见图 3.33)流线光滑,利于拉深成形。

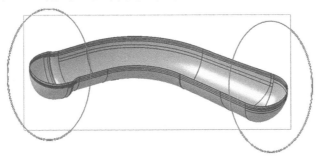

图 3.33　**工艺补偿面构造**

　　采用充液成形工艺,可以一次成形出带工艺补偿面的异形半管。借助型胎完成零件切边,再去除工艺补偿面及法兰区域,即可完成异形半管制造。图 3.34 所示为该零件成形工艺过程。

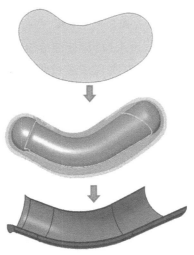

图 3.34　**成形工艺过程**

3.5.3 模具结构设计

1. 总体设计

成形机构主要由凸模、凹模(液室)、压边圈构成,如图 3.35 所示。成形时,由压边圈将板料压紧在凹模上,凹模型腔内充满乳化液。在凸模向下运动的过程中,在液体作用下,板料与凸模形成"摩擦保持"状态,且凸模与液体接触区域的内板料受均匀压力。

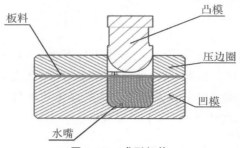

图 3.35 成形机构

通常情况下,凹模型腔内充满液体,凹模与凸模无需保持均匀料厚关系,因此可降低生产成本。异形半管零件端头带喇叭口,局部区域型面变形较为剧烈,为防止喇叭口位置成形不贴模,局部做全形(用于刚性校正)。为保持凸模两端头平稳受力,在非喇叭口一端也设置全形,如图 3.36 所示。

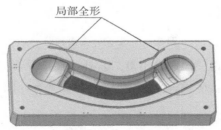

图 3.36 凹模

在凹模上需要同时设置出水口与进水口,因此需在凹模水嘴位置设置高压接头。高压接头用于连接凹模水嘴与设备软管,进而实现成形过程中液体压力的实时控制。高压接头结构如图 3.37 所示。

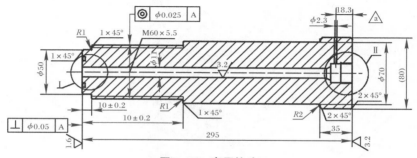

图 3.37 高压接头

　　相比常规拉深,充液成形时压边圈需要提供更大的压边力,那么板料与压边圈、凹模、凸模之间的摩擦力也更大,因此需要模具具有更好的刚度、硬度。常见的模具材料有 45 钢、Cr12MoV、P20、40Cr 等。针对异形半管充液模具,由于其凹模尺寸较大,因此选择进口铸钢 GGG70L 作为模具材料,在模面部分进行表面激光淬火,硬度需达到 55~58HRC。

　　2. 辅助装置设计

　　异形半管充液成形模具采用 5 000 t 双动机床,压边圈连接至上台面。上台面内孔尺寸为 2 040 mm×1 540 mm,内孔滑块连接至凸模。在凸模、压边圈、凹模上分别设置模座,与机床适配的同时,在模座上设置导向、定位装置,以保证模具的实际使用需求。图 3.38 所示为模座与压边圈、凸模、凹模的位置关系。

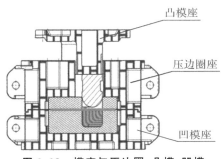

图 3.38　模座与压边圈、凸模、凹模

　　凸模与凸模座的连接方式为螺钉连接＋键槽定位,如图 3.39 所示。这种连接方式可以降低孔的加工精度要求,提高连接可靠性。

　　凹模与凹模座之间采用定位块定位,如图 3.40 所示。凹模座上设置储放槽,将凹模置于槽中,再在凹模座储放槽中缺口位置设置定位块,即可完成凹模与凹模座的定位了。同理,在压边圈与压边圈座之间设置定位块,再配合螺栓即可实现压边圈定位。

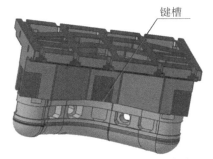

图 3.39　凸模与凸模座连接方式

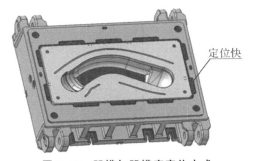

图 3.40　凹模与凹模座定位方式

　　3. 导向装置设计

　　凸模外周为异形曲面,压边圈内周随形,二者尺寸都较大,难以通过修配间隙满足导向需求。因此在凸模外周与压边圈内周设置导向块(见图 3.41),通过调节导向块之间的配合间隙满足导向需求。凹模与压边圈采用导柱定位(见图 3.42),在凹模上设置可调式毛料定位器。

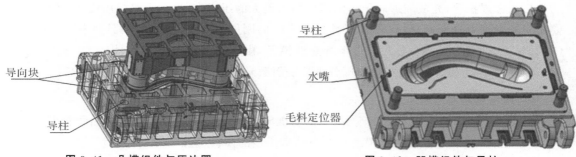

图 3.41 凸模组件与压边圈   图 3.42 凹模组件与导柱

4.挡水设计

充液成形时,凹模内部充满高压液体,因此需要在模具外周设置挡水槽,防止液体加压溢流,产生飞溅。挡水槽结构如图 3.43 所示。

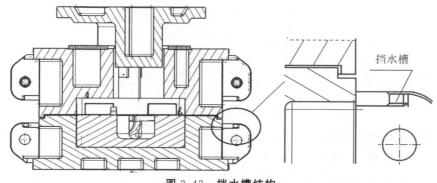

图 3.43 挡水槽结构

3.5.4 成形过程有限元仿真分析

1.建立有限元模型

将模具型面转化为 IGS 格式,并导入 DYNAFORM 软件中,进行改色、重命名、划分网格,得到图 3.44 所示的有限元模型。

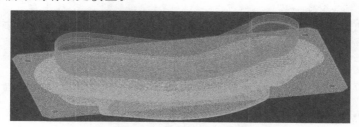

图 3.44 模具有限元模型

2.材料选择及工艺参数设定

选材时选用 DYNAFORM 材料参数库中的 0.8 mm 厚度的 304 不锈钢,选取 36# 材料参数。36# 材料参数不仅考虑了材料的厚向异性对屈服面的影响,而且考虑了板料平面内的各向异性对屈服面的影响。因此,该材料更能反映各向异性对冲压成形的影响,可以获得可靠的分析结果。

影响成形的两个重要参数为压边间隙和液室压力。过小的压边间隙会使板料被压边圈压得太紧,板料与压边圈、凹模之间的摩擦阻力较大,使板料不能顺利流入凹模,造成传力区拉应力增大,从而使得板料变薄严重;过大的压边间隙会使得流料速度过快,进而导致法兰区域失稳,液室压力无法进一步升高,不能实现"摩擦保持"效应。综上,板料间隙取 $1.1t \sim 1.2t$。

3. 仿真结果分析

计算完成后,得到减薄率云图,如图 3.45 所示,成形极限云图如图 3.46 所示。由图 3.45可知,板料减薄率为 19.9%,而要求的不锈钢件减薄率为 30%,因此制件减薄情况可满足质量需求。此外,成形极限图中起皱趋势区域极少分布在法兰区域,因此制件起皱情况亦可以满足质量需求。

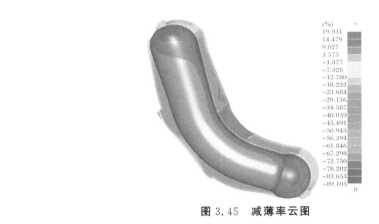

图 3.45　减薄率云图

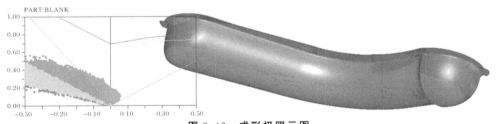

图 3.46　成形极限云图

3.6　复杂曲面钛合金构件超塑成形模具设计

钛合金是一种轻质高性能材料,具有比强度高、耐高/低温、耐蚀性好、热导率低等诸多优点,在航空航天领域及军事工业上应用广泛,成为航空器、航天器构件的首选材料。钛合金在一定的内部条件和外部条件下,呈现异常做的流变抗力、异常高的流变性能的现象,这种现象称为超塑料。利用钛合金板料的超塑性,通入压力为 $0.5 \sim 2$ MPa 的气体,迫使板坯胀形,紧贴凹模而制成工件的成形方法称为超塑成形法。

超塑成形的优点是钛合金材料的变形抗力很小,一般来说,超塑成形中总压力只相当于普通模锻压力的几分之一到几十分之一,因此,可在小吨位的设备上模锻出较大的制件;超塑成形加工精度高,可获得尺寸精密、形状复杂、晶粒组织均匀细小的薄壁制件,其力学性能均匀一致,机械加工余量小,甚至不需切削加工即可使用。因此,超塑性成形是实现少或无切削加工和精密成形的新途径。

超塑成形包括超塑气胀成形、超塑精密模锻、超塑挤压、超塑拉深等,超塑性气胀成形主要用于板料成形。超塑气胀成形只需要一个凸模或一个凹模,因此可将其分为超塑凸模气胀成形和超塑凹模气胀成形。TC4 超塑性成形一般采用气压成形的方式。

3.6.1　零件分析

图 3.47 所示为复杂曲面机身内蒙皮钛合金(TC4)构件,该零件结构复杂,凸凹型面变化大,且材料薄。

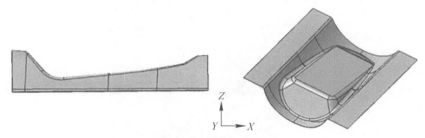

图 3.47　零件三维模型

3.6.2　成形工艺分析

该类零件常采用传统热成形工艺进行制造,但由于该零件结构复杂,凸凹型面变化大,材料薄,易出现起皱、裂纹、贴胎度不好等问题,合格率极低。超塑成形工艺流程如图 3.48 所示。超塑成形模一般由凹模和上盖两个部分构成,在凹模上制出零件型面,上盖与凹模组成密闭空腔,并设置通气、排气结构。在成形过程中,在保证成形温度的条件下,还需通过上盖中的通气孔加压使零件贴紧凹模。型面还需根据零件结构进行适当调整,使零件在高温状态下成形时变化均匀。

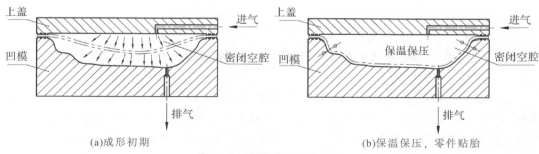

图 3.48　超塑成形工艺流程

3.6.3　模具材料选择

1. 超塑成形模具材料的选择

TC4 的超塑成形过程通常在高温、高压环境下进行,其结构件外形轮廓需要依靠模具的型面来保证。为了保证最终成形零件的质量,以及成形后便于零件取出,模具材料需要满足以下要求:

(1)具有良好的高温抗氧化能力。要求模具表面能够生成致密的氧化膜,以保证内层钛合金不会发生继续氧化,使模具保持原有的形状及尺寸。

(2)具有良好的抗高温生长性能。一般钛合金在高温下具有"生长"特性,会引起相应的体积变化,严重的会使模具的尺寸变化非常大,从而极大地影响成形零件的精度。因此,要求所选用的模具抗高温生长性能良好。

(3)模具在高温下应具有良好的机械性能。模具在高温下应有足够的强度和韧性,能承受一定的工作压力且不致变形和破坏,有足够的持久强度和抗蠕变性能以及较高的热硬度。

(4)具有良好的急冷急热性能。超塑性成形在高温下进行,成形过程中取放零件或毛坯,会使模具表面温度急剧下降,产生较大的温度梯度,引起热应力,从而造成模具变形,甚至开裂。因此,要求模具能抗热冲击,有足够高的热导率,以使热量迅速传递,减少模具内外温差。

(5)具有较高的相变温度。要求模具在使用温度范围内不发生相转变,否则会引起模具体积的变化,影响零件精度。对钛合金的超塑成形,要求模具材料的相变点超过 950 ℃。

(6)模具材料来源广泛、成本适中,且具有较好的机加工性能。

综合上述分析,该零件钛合金超塑成形用模具材料拟选用中硅钼耐热球墨铸铁。

2. 超塑成形模具材料热处理方案

超塑性成形模具在成形过程中需要承受高温和高压。而采用合理的热处理技术,能够有效改善模具的性能和提高其使用寿命。因此,有必要选择合理的热处理工艺,使得模具的强度、硬度和韧性能够满足使用要求,并使模具具有一定的抗氧化性及耐腐蚀能力。

(1)模具预先热处理。

预先热处理一般安排在机加工前或者机加工后。预先热处理主要集中在如下几个方面:改变毛坯或原材料的硬度以及改善切削加工性能,消除毛坯或机械加工中产生的应力,改善内部组织,使组织均匀。可采用退火作为模具钢的预先热处理方式。根据模具选材和使用性能的不同,所采用的退火方式也不一样。因此,预先热处理可采用完全退火、等温退火、去应力退火等方法。

(2)模具最终热处理。

超塑性成形模具为典型的热作模具,一般在半精加工前都要进行淬火及回火处理。淬火是将工件加热到某一温度保持一定时间,然后以适当速度冷却的热处理工艺,其目的是提高模具材料硬度、强度和耐磨性。回火的目的是消除应力,提高韧性、稳定组织和保证模具尺寸。

3.6.4　模具结构设计

1. 产品展开毛料计算及排布设计

利用 CATIA V5 软件对产品右件曲面进行展开。产品左、右件完全对称,产品留 20 mm 余量,两产品间距 100 mm;产品长度方向曲度变化小,宽度方向起伏较大。该尺寸在工作台的尺寸范围内。

2. 进气系统与排气系统设计

管接头用于模具与外部压缩空气设备的连接。结合钛合金工段压缩空气管道直径,经查阅资料,管接头选定为 HB4 – 5FA8,其内径为 $\phi 8$ mm,两端均为 M16×1 mm 的外螺纹。该接头三维模型如图 3.49 所示。

图 3.49　管接头 HB4 – 5FA8 三维模型

先将该管接头与高温合金钢管连接,再由软管将室内压缩空气导入。模具与管接头连接处应设置 M16×1 mm 的内螺纹。考虑到管接头内径为 $\phi 8$ mm,模具通入密闭空腔的位置确定在距模具 200 mm 处,孔径选定为 $\phi 5$ mm,中间通过 $\phi 8$ mm 的孔连接。模具进气系统如图 3.50 所示。

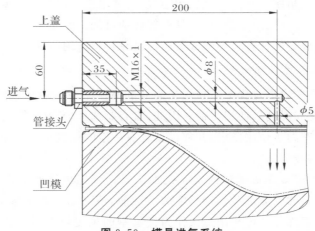

图 3.50　模具进气系统

在 TC4 板料超塑性气胀成形中,排气非常重要,需要在适当的部位设置排气槽或者孔,可以将其设置在板材成形时材料最后到达的部位,开设的排气孔应尽量小,一般孔直径 $d \leqslant t$(板料厚度),以保证成形时不至于把钛合金板料挤到排气孔里。在产品生产中,压缩空气经直径为 $\phi 5$ mm 的孔自上而下进入密闭空腔,迫使产品毛坯紧贴凹模而成形,产品毛坯与凹模之间的气体则经凹模凹形低点处直径分别为 $\phi 2$ mm、$\phi 3$ mm 的排气孔排出。由于模具的排气孔孔径小,考虑加工经济性,将两种规格的排气孔设计成图 3.51 所示的结构形式。

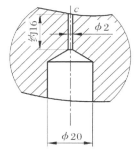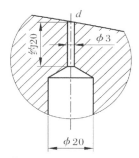

图 3.51　排气孔结构

3.凹模结构设计

当成形零件较为复杂时,一般采用凹模、凸模或者复合成形方法,以获得尺寸精确、几何形状复杂且轮廓清晰的超塑性成形零件。

(1)凹模过渡圆角的设计。

为了使超塑性成形时材料流动性好,确保成形件完全贴模及材料均匀拉薄,材料成形入口处的模具圆角半径及模具其他转弯处的圆角半径要大一些,特别是在转弯处无倾角要求时,更应该适当增加圆角半径。凹模圆角半径 R 取值一般为 5～8 mm。

(2)成形件脱模方式。

为了保证成形后的零件能够从模具中顺利取出,成形模具设计时应考虑拔模斜度。若零件材料的线膨胀系数小于模具材料的线膨胀系数,则成形后的零件尺寸大于模具尺寸,因而对模具工作部分的各内径尺寸应考虑拔模斜度,各外径尺寸则不需要。反之,若零件材料的线膨胀系数大于模具材料的线膨胀系数,成形后零件尺寸小于模具尺寸。对模具工作部分尺寸应考虑拔模斜度,内径尺寸则不必考虑。一般拔模斜度 $\alpha = 1° \sim 2°$。如果零件的几何形状和尺寸精度不允许考虑有效的拔模斜度,就可以采用成形后在高温条件下脱模的方法,此时需要在模具的适当位置设置取件槽,如图 3.52 所示。

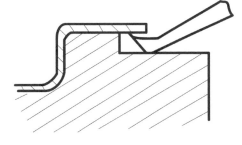

图 3.52　取件槽

4.模具压板装置设计

在超塑气胀成形过程中,为了保证气压的稳定性,必须设计相应的压边装置。压边装置的设计,一方面要保证凹模具有足够的气密性,另一方面则要考虑压边设计方案对成形零件质量的影响。

(1)压边夹持量设计。

为了使成形时不漏气,且在成形过程中工件"不走动",需要在板料四周留足够的压边部分。一般将压边量设计为 $a = (4 \sim 8)t$。

（2）压边筋设计。

压边筋的设计应保证其在气胀成形过程中能够提供足够的强度。必要时压边筋的外延需添加密封圈，以充分保证气胀成形时的密封效果。

5. 模具密封结构设计

钛合金在高温下易氧化，因此超塑成形过程中需形成密闭空腔，那么选定一个合理的模具结构及压边密封装置就尤为重要。钛合金板料在高温状态下会变软，此时的钛板就是不错的密封材料，可以借助这一特点，将本模具密封结构设计成图3.53所示的结构。该结构除了密封外，还起到压紧定位毛坯的作用。

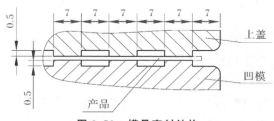

图 3.53　模具密封结构

6. 模具表面粗糙度要求

为了在超塑成形时材料具有较好的塑性流动效果，对模具与材料接触部分的表面粗糙度有一定的要求。由于高温下钛板很软，成形贴模性能很好，模具上的细小缺陷都会很容易地反映到零件上来，因此要求模具的表面质量较高。一般模具工作部分表面粗糙度在 $Ra0.8\ \mu m$ 以上，非工作部分应达 $Ra3.2\sim1.6\ \mu m$。如果工件本身表面粗糙度的要求较低，则相应模具部分的表面粗糙度要求也要低。为保证产品工件粗糙度达到要求，设计模具时把模具零件的表面粗糙度设计为比产品的表面粗糙度低一级。

7. 模具总体结构

结合上述分析，该零件超塑成形模三维模型如图3.54所示，它由凹模和上盖两个部分组成，两者合模后形成密闭空腔。设置在上盖的进气系统通过扩口式直通管接头与外部压缩空气管路连接。凹模结构如图3.55所示，上盖结构如图3.56所示。

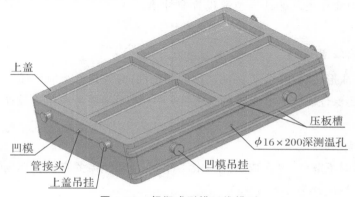

图 3.54　超塑成形模三维模型

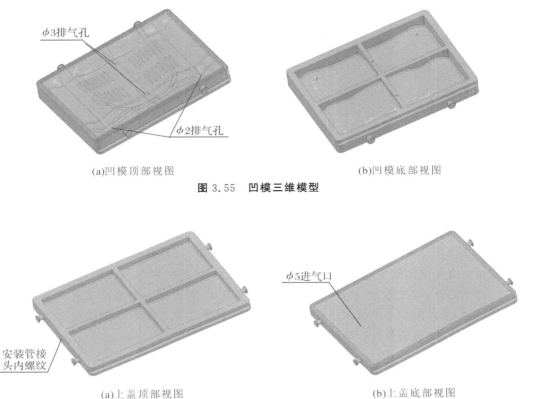

(a)凹模顶部视图　　　　　　　　　　　　(b)凹模底部视图

图 3.55　**凹模三维模型**

(a)上盖顶部视图　　　　　　　　　　　　(b)上盖底部视图

图 3.56　**上盖三维模型**

为安装热成形模具的压板槽,一般都在模具两侧设置一定数量的腰形孔,但这样会导致模具安装固定时位置受限。为改善这一不足,将模具两侧的压板槽设计成截面尺寸为 30 mm×35 mm 的通槽,工人在安装模具时可以随意选择合适的压板安装位置。此外,该模具的吊挂和模具整体制出,吊挂结构如图 3.57 所示。

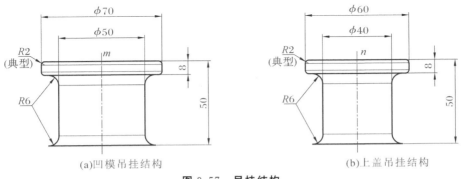

(a)凹模吊挂结构　　　　　　　　　　　　(b)上盖吊挂结构

图 3.57　**吊挂结构**

按照工作平台参数,建立上下平台的数字模型,模具在工作平台中的放置状态如图3.58所示。

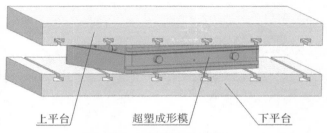

上平台　　超塑成形模　　下平台

图 3.58　模具安装位置图

3.7　异形复合材料结构件成形模具设计

复合材料因轻质高强、可设计性好等优点,在航空领域的应用越来越广泛。复合材料构件从活动翼面逐渐向主承力结构及其他功能结构延伸。例如,在飞机进气道、排气道等结构上逐步采用了复合材料,这类零件就属于典型的异形复合材料结构件,而异形复合材料结构件的成型一直是我国航空航天事业中亟须突破的瓶颈。此类零件具有某些共性,例如结构为封闭的回转体、双曲型面,局部甚至大部闭角等等,特别是当一个零件具有上述部分甚至全部特征时,零件的成型和脱模极为困难。本节针对异形复合材料结构件给出三种不同类型的工装设计,为此类零件的研制提供新思路。

3.7.1　低熔点合金模具

低熔点合金模具是用低熔点合金(通常是具有较低熔点的金属合金)制成的模具。低熔点合金能够完全熔化,可实现顺利脱模;熔化后的低熔点合金可重复利用,性价比高于水溶性材料;脱模后的零件整体表面质量较好。但是由于低熔点合金在零件固化时受热不均匀,局部芯模率先熔化,容易导致部分架次零件的圆角区出现塌陷。因此在实际工程应用中,在设计低熔点合金芯模时应尽量保持厚度均匀,避免出现局部过薄区域。

1. 零件分析

图 3.59 所示为某飞机进气道零件,它是典型的异形复合材料结构件,其特点是尺寸小、内型要求高。该零件长度不足 500 mm,宽度不足 400 mm,开口处尺寸约为 120 mm×40 mm,且开口与底面的距离很小,存在闭角,给零件的脱模带来了极大的困难。由于对内型的精度要求较高,该产品采用凸模成型。

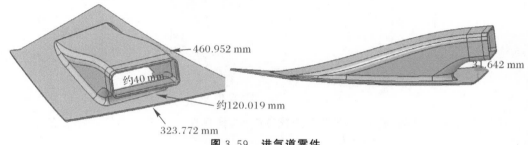

图 3.59　进气道零件

2. 模具结构设计

产品固化温度为 125 ℃,最高温度为 130 ℃。由于低熔点合金的熔点高于复合材料的固化温度,故选择熔点为 154 ℃且工艺性比较好的低熔点合金作为芯模材料。图 3.60 所示为低熔点合金工装,合金芯模通过浇注成型,与 Q235 钢支撑块固连,再通过支撑块与底板连接、定位。

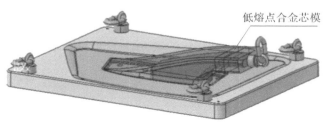

低熔点合金芯模

图 3.60　低熔点合金工装

为了成型低熔点合金芯模,需要配套浇注模,如图 3.61 所示。浇注模需配有浇注口和密封胶条。为了方便浇注完成后的脱模,浇注模需分块,各分块之间通过凸台定位、螺钉连接。

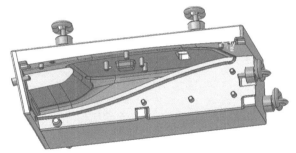

图 3.61　低熔点合金芯模浇注模

3. 脱模方式分析

将成型后的零件连同工装一起放入烘箱中,调整工装姿态,保证熔化后的合金能顺利地从漏出孔中流出。此外,设置烘箱温度、升温时间、保温时间和降温时间。为了防止低熔点合金残留在零件上,在零件铺贴前需在芯模上铺贴脱模布。

3.7.2　分块组合模具

分块组合模具是指将模具分成多个可拆卸的部件或块,并在需要时将这些部件组合在一起,以实现特定工件的生产。分块组合模具不需要过渡模,可节省工装材料,且工艺相对成熟。但由于零件形式的多样性,分块组合模具的设计难度相对较大。当零件较大时,每个分块重量较大,不好搬运;而零件过小时,各分块定位、连接困难。此外,由于各个分块的连接精度要求较高,制造难度加大。

1. 零件分析

该分块组合模具仍以图 3.59 中的零件为成型对象。

2.模具结构设计

首先,确定工装材料为 Q235 钢,为凸模结构。其次,为了满足脱模条件,工装结构分为
5 个部分,各个分块之间通过螺钉连接、销钉定位,如图 3.62 所示。同时为了方便搬运,对
工装底部和各个分块都做了减重,并配置了抠手和吊挂。

(a)上模　　　　　　　　　　　　　　　　(b)下模

图 3.62　分块组合模具

3.脱模方式分析

工装脱模步骤如图 3.63 所示。首先拆掉所有的定位销和螺钉,依次取出端头的三个小
分块,然后将零件连同小分块 5 从分块 4 上脱出,最后将分块 5 和零件分离,即完成了脱模
操作。

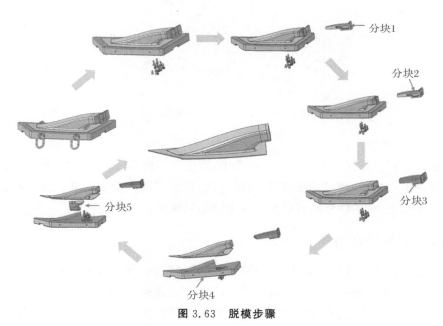

图 3.63　脱模步骤

3.7.3　形状记忆聚合物模具

形状记忆聚合物是一种新型智能材料。其原材料有两类:一类是无树脂预浸的碳纤维
织布,另一类是高分子聚合物,通常简称为树脂。前者为常规材料,起到支撑和保形的作用;

后者在固化时以 90 ℃左右(转变温度)的温度为界,能够发生状态的转变,即低于转变温度时,树脂为固态,高于转变温度时,树脂出现软化,而当温度继续升高到 200 ℃时(复合材料零件的热压罐固化温度通常为 180 ℃),依然能够保持软化状态。以形状记忆聚合物作为复杂曲率进气道模具,利用其特性,可实现固化后零件的顺利脱模。同时,在零件固化的过程中,形状记忆聚合物芯模始终保持软化的状态,其能将热压罐内的气压从内向外传导到正在固化过程中的零件上,由外侧的金属模具提供对零件的几何约束,因此该模具能够保证零件内外型面的精度。在模具使用过程中,形状记忆聚合物模具不必破坏,即可实现重复使用,因此可降低模具设计及制造难度,缩短加工周期并降低生产成本。

1. 零件分析

图 3.64 所示为飞机进气道试验件,结构长 1 245 mm、宽 341 mm、高 302 mm,为封闭式结构,且前端凸起处和长方形开口处有 2°左右的夹角。

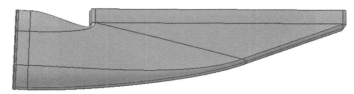

图 3.64　进气道试验件

2. 模具结构设计

模具设计要点主要包括工装型面公差、形状记忆聚合物软化温度、平衡厚度及强度、铺贴操作性、制袋要求等。在模具设计过程中,首先根据实际需要确定工装的性能。考虑到形状记忆聚合物模具的特性,其在使用过程中只能用作铺贴模,为了成型和回型还需要一套过渡模,为了成型零件还需一套成型模。其中,铺贴模为凸模,如图 3.65 所示。过渡模和成型模均为凹模。

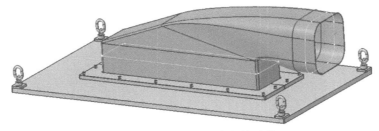

图 3.65　形状记忆聚合物铺贴模

成型模的型面应为零件的外型面,型面公差为±0.1 mm。而过渡模的型面理论上应该为零件的内型面,但考虑到固化前的零件厚度大于理论厚度,为了使完成铺层的铺贴模能顺利放入过渡模中,应该给过渡模的型面一定的负差,约为零件厚度的 8%。由于形状记忆聚合物芯模在加温到 100 ℃左右时会变软,所以负差对零件精度的影响可以忽略。

如图 3.66 所示,为方便脱模,将过渡模分为上下两个半模(上下半模通过凸台定位),并增加了起模缺口设计。为方便制袋,增加了盖板。为方便铺贴操作,给形状记忆聚合物铺贴模增加了翻边结构,使其通过两个压板固定于平板工装上。成型模的设计与过渡模类似,但是由于零件开口处存在 7 mm 的加强层,故成型模多了一个小分块,如图 3.67 所示。

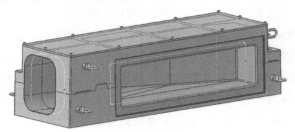

图 3.66　形状记忆聚合物过渡模

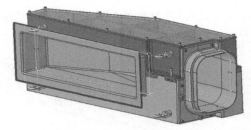

图 3.67　形状记忆聚合物成型模

3.脱模方式分析

出热压罐后,去除模具表面的真空袋等辅助材料,直接将成型模送入烘箱中。设置加热温度与保温时间。保温时间到后,立即将模具推出烘箱,戴上防护手套从方形开口处向外拉扯形状记忆聚合物芯模进行脱模。形状记忆聚合物芯模脱出后,立即将其放到准备好的过渡模上辅助回型。待成型模冷却后,拆除上下模具,取出零件。

第4章 地面工装设计

4.1 概 述

现代飞机制造工艺过程中,地面工装是一种非常重要的工艺装备,主要承担着飞机产品、零件及成品的起重和吊运工作。地面工装包括吊挂、翻转设备、运输车、牵引杆、千斤顶等,另外还包括在对零部件进行安装、调试时因工作高度不可达而设置的工作梯和工作平台。地面工装具有提高产品制造效率、生产安全性、产品质量和降低操作人员劳动强度等诸多优点。因此,地面工装设计在企业的产品制造以及生产技术准备中占有极其重要的地位。地面工装设计也是一项重要的技术工作。本章通过机身工作平台设计、机翼整体吊挂设计与牵引杆设计等3个典型案例,详细论述了不同地面工装的设计方法及设计过程,为同类型的地面工装设计及应用提供了重要的技术基础及参考价值。

4.2 机身工作平台设计

机身工作平台用于机身前段接收站位、机身后段接收站位、机身三段对接站位、机身对接架外一站位、机身对接架外二站位操作人员的施工、辅助工装的放置、部分零件和标准件的放置。

4.2.1 设计要求

(1)机身工作平台为钢结构组合形式,整体俯视呈矩形。

(2)应设置三个缺口用于三段对接站位和两个架外站位。应设置四处楼梯:三个楼梯宽1 m,主要满足人员上下平台和进出飞机需求,也可以满足工作人员搬运部分小型零件、工装、工具或其他办公设施需求;另一个楼梯宽1.5 m,用于一些大型零件的人工搬运。

(3)所有楼梯斜度均为45°,可以较好地满足工作的舒适性及安全性要求。

(4)平台靠近产品区域应设置电动抽板,可为产品进出架提供安全空间,同时保证在产品到位后操作人员的可达性。

4.2.2 工作平台结构设计

(1)横梁立柱连接设计。工作平台横梁、立柱、辅梁选用 H 型钢,三者通过 H 型钢材端头的法兰板连接。该连接方法具有连接牢固、制造简单、组装方便的特点,方便后续进行改进。

(2)台面框架与横梁连接设计。工作平台台面框架采用 H 型钢焊接结构,最大分隔框长、宽均不大于 800 mm,表面防滑钢板与框架采用沉头螺钉进行连接。框架与主梁通过主梁上的支撑接头螺纹连接,框架与辅梁则将框架直接支撑在辅梁之上,借助 H 型钢的翼板通过螺栓连接。

(3)护栏与台面连接设计。护栏与台面的连接:通过护栏座上的螺钉孔与横梁翼板进行配孔螺纹连接,同时将踢脚板固定到二者之间。护栏与横梁的连接如图 4.1 所示。

图 4.1　护栏与横梁连接

(4)平台护栏设计。平台护栏采用弯管焊接而成,具有结实耐用、防护能力强、外形美观、安装方便快捷等特点。平台护栏尺寸规格较多,经过精细设计将其简化为数个规格,以降低制造难度。

(5)工作平台伸缩抽板设计。平台伸缩抽板为类似抽屉的可伸缩盒型结构,单个抽板面积约 1 m²,承载 170 kg,抽板轴测图如图 4.2 所示。伸缩抽板由固定支持部分、伸缩部分、滑块、齿条、齿轮、轴承座、轴、蜗轮蜗杆减速机、直流无刷行星减速电机组成。抽板驱动结构如图 4.3 所示。抽板靠近产品前端装有防撞软保护材料,通过遥控器控制抽板伸缩量,可在任意位置锁死,具有安全可靠、操作方便的特点。

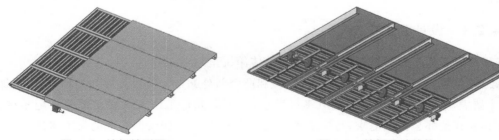

图 4.2　抽板轴测图　　　　　　　　　图 4.3　抽板驱动结构

(6)计算过程。假设一台电机拖动六块伸缩踏板,单块伸缩踏板自重约为 392 N,滑块与边方之间的摩擦因数为 0.2。作用在齿条上的水平力要大于导轨滑块间的摩擦力才能运

动,因此,作用在齿条上的最小水平力 F 为

$$F=392\times6\times0.2=470.4 \text{ N} \tag{4.1}$$

已知齿轮齿数 $z=63$,模数 $m=2.5$ mm,则分度圆直径 d 为

$$d=mz=2.5\times63=157.5 \text{ mm} \tag{4.2}$$

作用在齿轮上的转矩 T 为

$$T=F\frac{d}{2}=470.4\times\frac{157.5}{2}=37\ 044 \text{ N·mm} \tag{4.3}$$

已知蜗轮蜗杆减速机速比 $i_{rv}=60$,则作用在减速电机上的转矩 T_1 为

$$T_1=\frac{T}{i_{rv}}=\frac{37\ 044}{60}=617.4 \text{ N·mm} \tag{4.4}$$

考虑到安装方式及结构形式,选取外形较小的直流无刷行星减速电机,如图 4.4 所示。减速电机参数如下:输出转速为 159 r/min;输出扭矩为 1.95 N·m;减速比为 19。

图 4.4　直流无刷行星减速电机

因电机输出扭矩大于作用在电机上的转矩 T_1,所以电机扭矩符合要求。已知电机输出转速 $n=159$ r/min,经过蜗轮蜗杆减速机后,作用在齿轮轴上的转速为

$$n_1=\frac{n}{i_{rv}}=\frac{159}{60}=2.65 \text{ r/min} \tag{4.5}$$

齿条与齿轮在单位时间内的位移是相等的,所以齿轮转过的圈数位移也就是伸缩踏板行程,即 1 min 走过的行程为 1 310.56 mm。本平台最大行程为 1 500 mm,则所需时间 t 为

$$t=\frac{L}{S}\times60=\frac{1\ 500}{1\ 310.56}\times60=68.67\approx69 \text{ s} \tag{4.6}$$

通过计算,可得出以下结论:①单台电机可以驱动 6 块伸缩抽板;②伸缩行程为 1.5 m 时仅需 69 s。

4.3　机翼整体吊挂设计

现代飞机制造工艺过程中,吊挂是一种非常重要的工艺装备,主要承担着飞机产品、零件及成品的起重和调运工作。吊挂包括通用吊挂、蒙皮吊挂、壁板吊挂、垂直尾翼吊挂、机翼吊挂、机身各段吊挂和对接吊挂。本书以机翼整体吊挂设计为例,介绍其设计过程。

4.3.1　设计要求

飞机起吊状态为:在吊装机翼时外翼弦平面与水平面平行,中央翼盒段、左右外翼盒段、

固定前缘、固定后缘和襟翼处于收起位置,缝翼处于收起位置,副翼处于下偏状态,扰流板处于收起位置,襟翼滑轨整流罩、翼尖整流罩、RAT(冲压空气涡轮)舱、系统设备等安装完成。飞机整体机翼包括左右外翼、中央翼、中央翼前后梁。起吊点位于中央翼前,后梁位于起吊框位置,产品重心位于中央翼后梁后,即重心位于产品结构以外。技术要求如下:

(1)吊挂的高度应与机翼的起吊高度相协调,并协调最新数字化装配、检测高集成工作平台(第一站位)和翼身对接总装配平台的高度,使机翼能够跨过平台吊运。

(2)机翼入位时,机翼定位器极限高度不超过8 m;吊挂钢丝绳的长度应按机翼左、右吊点及重心进行调节,以保证机翼吊装平稳。

(3)吊挂应设计有重心调整功能,并配备吊装载荷监控单元,能实时显示吊装过程中的载荷变化。吊挂不能超过单钩的额定载荷。

(4)机翼吊装过程中应尽量保证机翼接头仅受竖直载荷,不受侧向载荷。

(5)在吊挂与机翼连接接头附近框梁上增加系留环,便于工人在机翼上表面安装吊挂时悬挂安全带。

(6)吊挂自重应尽量控制在额定载荷减去产品重力和附加载荷后的载荷范围以内。

(7)转接吊点宽度应与厂房双梁双钩吊车相协调,同时与机翼整体吊挂相协调;转接吊挂的高度应与机翼整体吊挂高度、吊车高度相协调,能够实现在厂房架外站位转运;转接吊挂应与机翼整体吊挂及机翼整体重心协调,保证机翼水平、平稳起吊。

4.3.2 吊挂结构设计

如图4.5所示,吊挂由机翼整体吊挂、机翼整体吊挂接头、机翼转接吊挂组成。机翼整体吊挂首先在机翼装配厂使用,将全状态机翼整体从厂房架外二站位起吊至整体机翼运输车上,再在厂房内将其从整体机翼运输车上起吊至一站位对接平台上。

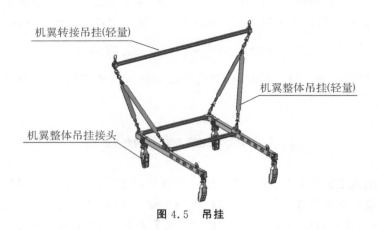

图4.5 吊挂

1.机翼整体吊挂主体设计

机翼整体吊挂由吊挂主体及起吊框插销、框转接头、框防扭套等组成(见图4.6),用于在一站位翼身对接前将机翼吊装至数控定位器上。

图 4.6　机翼整体吊挂

对吊挂梁结构进行强度分析，以验证其是否满足产品的承载要求。

（1）有限元模型。对吊挂梁进行有限元仿真分析，单元类型为二次六面体单元，吊挂梁有限元模型如图 4.7 所示。

（2）边界条件及载荷。对于吊挂梁模型，对其进行受力分析后可计算得到吊点位置的载荷，并在对应节点位置施加相应载荷，在耳片位置施加边界条件。图 4.8 所示为吊挂梁边界条件及载荷示意图。

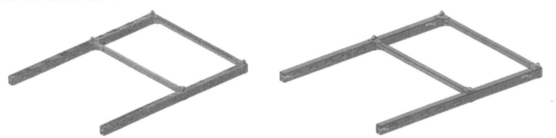

图 4.7　吊挂梁有限元模型　　　　　图 4.8　吊挂梁边界条件及载荷示意图

（3）仿真结果及分析。图 4.9 所示为吊挂梁整体模型应力云图，从图中可以看出，挂梁整体受力较好，矩形管及工字钢部分受力不大，由于产品重心靠近吊耳，因此其附近耳片与矩形管接触面附近应力较大。

图 4.9　吊挂梁整体模型应力云图

图 4.10 所示为吊挂梁局部应力云图,主要针对吊挂梁模型受力较差的部位进行分析。从图中可以看出,起吊耳片与加强钢板之间焊缝处的应力较大。在对模型施加边界条件时对起吊耳片的位移自由度也进行了约束,在吊挂梁受力产生变形后,耳片不能随矩形管产生位移,因此二者之间产生了较大拉力。在实际使用及进行 2 倍载荷试验时,耳片会随着矩形管产生位移,因此该处应力会远小于仿真结果。为避免在使用时存在风险,需对此处进行强化,可将与耳片接触的加强钢板加厚,且在矩形管端面增加封板。

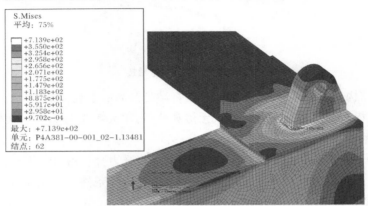

图 4.10 吊挂梁局部应力云图

图 4.11 所示为吊挂梁位移云图,变形量为 1.68‰,小于理论值 5‰,因此吊挂梁整体变形较小。通过对吊挂梁结构强度进行有限元分析,并对结构进行优化,吊挂满足了使用要求。

图 4.11 吊挂梁位移云图

2.机翼整体吊挂接头设计

机翼整体吊挂接头用于机翼整体吊装时吊挂与产品的连接。如图 4.12 所示,机翼整体吊挂接头由 2 处框位接头组件、引导销轴、接头下部垫圈等组成。对整体机翼吊装过程中所使用吊挂的接头连接螺栓和接头强度进行分析、计算,以便在满足产品承载要求的情况下,不造成吊挂接头的破坏。

(1)载荷及材料参数。假设某整体机翼质量为 25 t,安全系数取 4,因此整体机翼吊具载荷 $T = 25 \times 10^3 \times 4 \times g \approx 1 \times 10^6$ N。整体机翼吊具接头材料采用特种铝合金,应力屈服极限为 870 MPa。

（2）网格划分。在有限元分析过程中,划分整体机翼吊具网格时采用的单元类型为 C3D10M。整体机翼吊具接头有限元模型如图 4.13 所示。

图 4.12　机翼整体吊挂接头　　　　　图 4.13　整体机翼吊具接头有限元模型

（3）条件及载荷施加。在吊装过程中,整体机翼吊挂所承受的外力主要为产品重力,如图 4.14 所示。在接头与吊挂框架连接面固定的情况下,产品重力对 4 个吊挂接头的作用可以等价为将接头与产品的连接面固定后,接头与吊挂连接面处的支反力的作用。

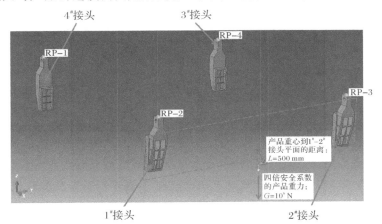

图 4.14　整体机翼吊挂接头载荷施加示意图

接头与吊挂的连接面处支反力计算条件设置如图 4.15 所示。

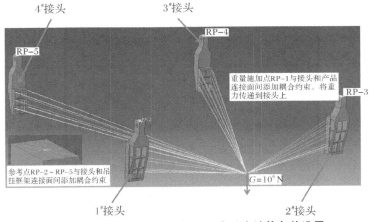

图 4.15　接头与吊挂的连接面处支反力计算条件设置

将参考点 RP-2～RP-5 固定后,施加产品重力载荷,可以通过有限元分析得到参考点 RP-2～RP-5 处的支反力,如表 4.1 所示。

表 4.1　各接头与吊具的连接面处支反力　　　　　　　　单位:N

支反力方向	工艺接头 1 RP-2	工艺接头 2 RP-3	工艺接头 3 RP-4	工艺接头 4 RP-5
X 方向	16 097	16 085	−16 094	−16 087
Y 方向	−3.709	−4.171	3.714	4.166
Z 方向	525 190	525 160	−25 163	−25 191

计算得到的支反力如图 4.16 所示。

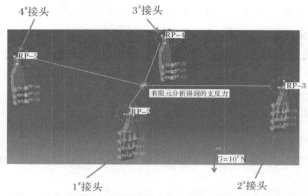

4.16　有限元分析计算得到的接头与吊具的连接面处支反力

在靠近产品重心的 1# 和 2# 接头处,每个接头上布置 7 个螺栓,在远离产品重心的 3# 和 4# 接头处,每个接头上布置 6 个螺栓。在计算螺栓承载和接头强度时,在螺栓孔表面和螺栓参考点之间建立耦合约束,并限制这些螺栓参考点在 X、Y、Z 方向上的移动自由度,其中 Y 方向为螺栓孔轴向,如图 4.17 所示。

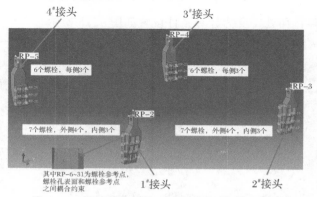

图 4.17　螺栓载荷和接头强度计算分析条件设置

在图 4.17 所示分析条件的基础上,施加图 4.16 和表 4.1 中所示的支反力可计算分析得到各连接螺栓实际承受的载荷。

(4)有限元仿真结果分析。接头应力分析结果如图 4.18 所示,其中 X、Y、Z 方向的正应力如图 4.19～图 4.21 所示。

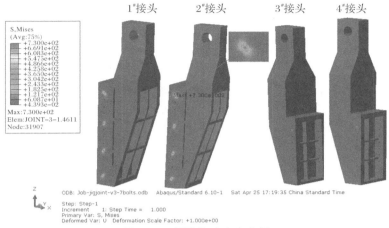

图 4.18　吊挂接头应力分析

图 4.19　吊挂接头 X 方向正应力分析

图 4.20　吊挂接头 Y 方向正应力分析

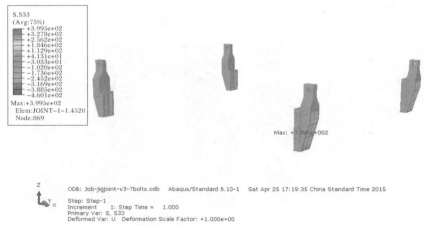

图 4.21　吊挂接头 Z 方向正应力分析

　　若采用高性能螺栓,在靠近产品重心的 $1^{\#}$ 和 $2^{\#}$ 接头处,每个接头上布置 7 个螺栓,远离产品重心的 $3^{\#}$ 和 $4^{\#}$ 接头处,每个接头上布置 6 个螺栓,可满足 25 t 产品载荷、4 倍安全系数的承载要求。接头最大应力 730 MPa 出现在 $2^{\#}$ 接头的第 1 个螺栓孔处。X 方向正应力最大值 391 MPa 出现在 $2^{\#}$ 接头的第 1 个螺栓孔处,Y 方向正应力最大值 79.59 MPa 出现在 $1^{\#}$ 接头的第 3 个螺栓孔处,Z 方向正应力最大值 399.5 MPa 出现在 $1^{\#}$ 接头的第 2 个螺栓孔处。

4.3.3　吊挂受力分析与强度校核

1. 受力分析

　　假设某产品重力为 $G=25\ 400$ kgf,重心坐标为(20 947 mm,−16 mm,2441 mm),总装吊挂重力 $G_2=2\ 200$ kgf,起吊接头重力 $G_1=380$ kgf。吊挂受力分析图如图 4.22 所示。

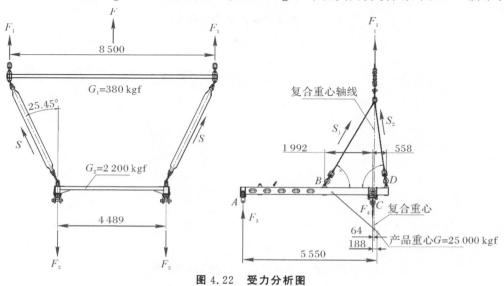

图 4.22　受力分析图

由图 4.22 计算得到 F、F_1、F_2 的值：

$$F=G+G_1+G_2=25\,400+380+2200=27\,980\ \text{kgf}$$
$$F_1=0.5\times F=0.5\times27\,980=13\,990\ \text{kgf}$$
$$F_2=0.5\times G=0.5\times25\,400=12\,700\ \text{kgf}$$

(4.7)

S 的值通过下式得到：

$$S=0.5(G+G_2)/\cos25.45°=0.5\times(25\,400+2200)/\cos25.45°=15\,283\ \text{kg}\quad(4.8)$$

$$S=S_1\times\sin60.1°+S_2\times\sin82.1°$$
$$S_1\times\cos60.1°=S_2\times\cos82.1°$$

(4.9)

求解式(4.9)得到：$S_1=3\,426\ \text{kgf}$，$S_2=12\,425\ \text{kgf}$。

由受力平衡原理可知：

$$F_3+F_4=0.5\times G=12\,700\ \text{kgf}$$
$$5\,550\times F_3+188\times F_4=0$$

(4.10)

求解式(4.10)得到：$F_3=-445.3\ \text{kgf}$，$F_4=13\,145.3\ \text{kgf}$。

2. 强度校核

(1)框架梁抗弯强度校核。

起吊框架梁材料为 Q355，J200 mm×300 mm×8 mm 矩形管，产品在 A、B、C、D 的分力为 F_A、F_B、F_C、F_D，如图 4.23 所示，承受最大弯矩的位置为 C 点。

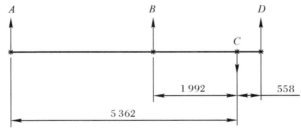

图 4.23　连接梁受力分析图

由受力分析可知

$$F_A+F_B+F_D=F_C$$
$$F_A=F_3=445.3\ \text{kgf}$$
$$F_C=F_4=13\,145.3\ \text{kgf}$$
$$5\,362\,F_A+1\,992F_B=558F_D$$

(4.11)

求解上述方程可得

$$F_B=1\,842.7\ \text{kgf}$$
$$F_D=10\,857.3\ \text{kgf}$$
$$M_{\max}=F_D\times L=10\,857.3\times9.8\times0.558=59\,372.1\ \text{N}\cdot\text{m}$$

(4.12)

抗弯截面系数 W 为

$$W=(a\times b^3-a_1\times b_1{}^3)/(6b)$$
$$=(0.2\times0.3^3-0.184\times0.284^3)/(6\times0.3)$$
$$=6.58\times10^{-4}\ \text{m}^3$$

(4.13)

其中,a、b、a_1、b_1 为起吊框架梁矩形管的截面尺寸参数。

抗弯强度 $Q = M_{max}/W = 59\ 372.1/(6.58 \times 10^{-4}) = 90.23$ MPa。

已知 Q355 钢屈服极限 $\sigma_s = 355$ MPa,取安全系数 $n = 2.4$,则

$$[Q] = \sigma_s/n = 355/2.4 = 148 \text{ MPa} \tag{4.14}$$

$[Q] > Q$,因此该梁设计安全。

(2)起吊梁压杆稳定性校核。

已知起吊梁压杆材料为 Q355 钢,工字钢截面尺寸为 150 mm × 150 mm × 7 mm × 10 mm,截面面积 $A_{压杆}$ 为

$$A_{压杆} = a_3 \times b_3 - a_4 \times b_4 = 0.15 \times 0.15 - 0.143 \times 0.13 = 3.91 \times 10^{-3} \text{ m}^2 \tag{4.15}$$

其中,a_3、b_3、a_4、b_4 为工字梁截面尺寸参数。

惯性矩 J 的计算式如下:

$$J = (a_3 \times b_3^3 - a_4 \times b_4^3)/12 = (0.15 \times 0.15^3 - 0.143 \times 0.13^3)/12 = 1.6 \times 10^{-5} \text{ m}^4 \tag{4.16}$$

截面的惯性半径 i 为

$$i = (J/A_{压杆})^{1/2} = (1.6 \times 10^{-5}/3.91 \times 10^{-3})^{1/2} = 0.064 \text{ m}$$

压杆的柔度为

$$\lambda = \mu \times L/i = 1 \times 8.5/0.064 = 132.8$$

式中:λ 为柔度系数,取 1;L 为压杆长度。

因此,材料的极限柔度 $\lambda_p < \lambda(\lambda_p = 100)$,所以该压杆为大柔度压杆。压杆最大许用压应力为

$$\sigma_{cr} = 3.14^2 \times E/\lambda^2 = 98.596 \times 206\ 000/132.8 = 153 \text{ MPa} \tag{4.17}$$

式中:E 为材料的弹性模量。

横梁所受压应力为

$$\sigma = S \times \sin 25.45/A_{压杆} = 15\ 283 \times 9.8 \times \sin 25.45/3.91 \times 10^{-3} = 16.5 \text{ MPa} \tag{4.18}$$

因此

即

$$\sigma_{cr}/\sigma \geqslant [n_{st}] \quad ([n_{st}] \text{取} 2.4) \tag{4.19}$$

$$\sigma_{cr}/[n_{st}] \geqslant \sigma$$

$$153/2.4 = 63.7 \geqslant \sigma = 16.5 \text{ MPa}$$

所以压杆稳定。综上所述,起吊梁与框架梁均安全。

(3)耳片的强度计算。

耳片材料为 20 钢,结构及尺寸如图 4.24 所示。

耳片许用剪切强度为

$$[Q_{III}] = \frac{\tau_s \times \delta \times (h - 0.5d)}{n_2}$$

$$= \frac{142 \times 10^6 \times 0.058 \times (0.08 - 0.5 \times 0.042)}{2.4 \times 9.8} = 20\ 660 \text{ kgf} \tag{4.20}$$

$$[Q_{III}] > S = 15\ 425 \text{ kgf} \tag{4.21}$$

式中:τ_s 为材料极限剪切应力;δ、h、d 为耳片的结构尺寸参数;n_2 为安全系数。

耳片许用抗拉强度为

$$[Q] = \sigma_s \times \delta(H-d)/n_1 = 245 \times 10^6 \times 0.058(0.16-0.042)/(4 \times 9.8)$$
$$= 42\ 775\ \text{kgf} \tag{4.22}$$

$$[Q] > S = 15\ 425\ \text{kgf} \tag{4.23}$$

式中：σ_s 为材料屈服强度；H 为耳片的结构尺寸参数；n_1 为安全系数。

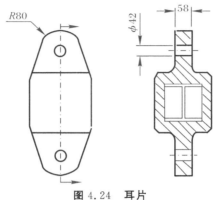

图 4.24　耳片

综上，该耳片满足强度要求，起吊梁与框架梁均安全。强力环额定载荷 24 600 kgf >
$Q/2 = 13\ 950$ kgf，弓形卸扣额定载荷 17 000 kgf > $S = 15\ 425$ kgf，安全钩额定载荷 21 200 kgf >
$S = 15\ 425$ kgf。各成品额定载荷均大于需用载荷，所以成品件满足强度要求。综上可知，该
吊挂满足设计强度要求。

4.4　牵引杆设计

飞机在地面移动主要依靠两种动力：一种是其发动机通过燃烧油气混合物产生推力，使
其在地面向前滑行；另一种是外力驱动，如通过机场特种车辆牵引车顶推或拖拽，使其向前
或向后移动。在牵引车顶推和拖拽飞机在地面移动时，不仅提高了飞机发动机的燃油利用
率，降低了经济成本，还在一定程度上减少了发动机的噪声以及废气的排放。

目前，牵引车牵引飞机在地面移动是飞机执行航班任务前后以及保障维修时的常规部
分。以牵引车与飞机是否直接连接，将飞机地面牵引方式划分为有杆式飞机地面牵引和无
杆式飞机地面牵引。在有杆牵引过程中，牵引杆作为中间桥梁将飞机与牵引车连接；无杆式
牵引连接中，是牵引车通过本身设计的特殊夹持装置抱起飞机的前起落架轮胎实现牵引车
与飞机的连接。

4.4.1　设计要求

牵引杆设计是飞机设计工作的一部分，设计时必须明确牵引杆设计的原始条件。原始
条件包括飞机最大起飞重量牵引载荷要求、牵引形式及限制要求，如飞机重心范围、最大转
弯角度、牵引速度、加速度等。

1.牵引装置与牵引车的连接要求

牵引装置与牵引车的连接形式应力求简单、使用方便、连接迅速。

2. 限载机构要求

牵引装置一般应有限载机构。当作用在起落架上的牵引载荷超过容许范围时,应能保证起落架构件不致损坏。限载机构有剪切螺栓、限动挡块和限载脱开机构等多种形式,其中以剪切螺栓最常见。

3. 缓冲要求

牵引装置应有缓冲机构,以保证飞机在牵动、停止和牵引过程中动作柔和。缓冲装置吸收的能量应能满足产品运输对牵引杆的要求。

4. 维护性能要求

设计牵引杆要考虑外场维护修理条件,且不需专业设备及工具。易损件、液压附件中的密封圈及剪切螺栓应有备件,并易于更换。设计时,应尽量减少标准件品种。

5. 牵引装置拖曳要求

(1)空载牵引速度≥30 km/h。

(2)机坪滑行道牵引飞机直线行驶速度≥10 km/h,开阔地带、无障碍情况下牵引飞机速度≥15 km/h,飞机大角度前轮转弯速度≥5 km/h,反向牵引飞机速度≥5 km/h;

(3)可在风速不大于8.0 m/s(强风)的条件下牵引飞机。

6. 杆体曲度要求

为避免牵引飞机过程中牵引杆与前起落架舱门干涉,牵引杆杆体中间段应做成曲杆形式,牵引杆杆体中心线如图4.25所示。

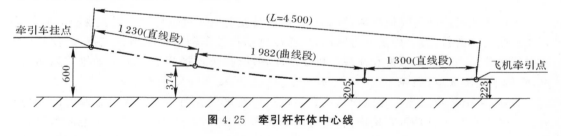

图4.25 牵引杆杆体中心线

7. 其他要求

(1)在任何情况下都不允许牵引杆与飞机机体结构产生干涉;

(2)牵引杆与飞机解脱之后不会有任何连接或夹持构件留在飞机上;

(3)牵引杆有辅助支撑小万向轮,便于移动,可通过厂房大门;

(4)牵引杆所用的各类剪切螺栓需增加备件。

4.4.2 牵引杆结构设计

由于牵引杆的牵引位置在前起落架上,所以选择牵引杆的形式为单点式牵引杆。该牵引杆主要由缓冲机构、限载机构、主杆、行走机构、牵引机构等组成,如图4.26所示。限载机构详见 4.5 节。

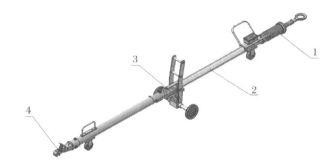

图 4.26　牵引杆结构图

1—缓冲机构；2—主杆；3—行走机构；4—牵引机构

1. 主杆设计

单点式牵引杆的杆体有单管、双管、桁架等形式，除了圆截面外还有其他截面的杆体。设计杆体时应考虑刚度及重量，因此采用单管结构，材料选用铝型材。牵引杆长度 L 可通过下式确定：

$$L = L_1 + L_2 \tag{4.24}$$

式中：L_1 为牵引车牵引点到机头顶点距离的水平投影，mm；L_2 为飞机机头顶点到起落架牵引点的水平投影距离，mm。

已知主杆所受载荷 P 为 5 188.7 kgf，横截面尺寸由校核压杆稳定性公式来确定。估算时不计杆体自重，将杆体受力模型作为二力杆进行稳定性计算，计算得到的主杆外径 $D = 105$ mm，内径 $d = 90$ mm。钢管上装有叉形接头与轮架连接座，分别与牵引接头、行走机构连接。主杆材料为 2A12，结构如图 4.27 所示。

图 4.27　主杆结构图

主杆强度校核过程如下：

(1) 杆的挠度校核。

杆的截面面积、惯性矩、截面系数计算方法分别如下：

截面面积为

$$A = \frac{\pi(D^2 - d^2)}{4}$$

挠度为

$$f_{\max} = \frac{PL^3}{3EJ}$$

许用挠度为

$$[f] = \frac{5}{1\,000}L$$

其中，E 为材料的弹性模量。通过计算可得 $f_{max} < [f]$，因此横梁是安全的。

（2）杆的弯矩校核。

杆的弯矩校核计算公式如下：

截面系数为

$$W = \frac{\pi(D^4 - d^4)}{32D}$$

抗弯强度为

$$\sigma = \frac{M}{W}$$

许用应力为

$$[\sigma] = \frac{\sigma_s}{n}$$

其中，M 为所受弯矩；σ_s 为材料的屈服强度；n 为安全系数，取 2.4。通过计算可知 $\sigma < [\sigma]$，因此主杆强度满足使用要求。

2. 缓冲结构设计

飞机牵引杆中一般均装有缓冲机构，以保证飞机在牵动、牵引过程中和停止动作时柔和。缓冲机构按其所使用的缓冲材料可分为弹簧缓冲机构和橡胶缓冲机构。小型飞机牵引杆采用弹簧缓冲机构；大中型飞机采用橡胶缓冲机构，其结构有单向作用的橡胶缓冲机构和双向作用的橡胶缓冲机构之分，由于后者结构紧凑并能合理利用橡胶性能，故本案例采用双向作用的橡胶缓冲机构。

（1）缓冲机构吸收的能量 A：

$$A = \frac{0.015G_{max}}{1 + G_{max}/G} \times 9.807 \tag{4.25}$$

式中：G_{max} 表示飞机最大起飞重量；G 表示牵引车的重量。

（2）缓冲器橡胶片尺寸与片数分别为

$$\left. \begin{array}{l} \dfrac{D_1 - d_1}{2c} = 1.5 \sim 6 \\ \dfrac{D_1}{d_1} = 1.8 \sim 2.5\Delta \end{array} \right\} \tag{4.26}$$

式中：Δ 表示橡胶片与心轴的单面径向间隙；c 表示橡胶片厚度；D_1 表示橡胶垫外径；d_1 表示橡胶垫内径。

（3）橡胶片受力面积 S 为

$$S = \frac{\pi(D_1^2 - d_1^2)}{4} \tag{4.27}$$

（4）橡胶片的总高度 H 为

$$H = \frac{A}{(W_{\max} - W_0)Si} \tag{4.28}$$

式中:i 表示橡胶片片数;$W_{\max}$ 表示最大压缩状态吸收的能;W_0 表示预压缩状态吸收的能。

通过上述计算,确定了橡胶片的尺寸参数:$D_1 = 105 \text{ mm},d_1 = 52 \text{ mm},c = 15 \text{ mm}$。再由 11 个相同规格的橡胶片叠加组成缓冲机构,设计方案如图 4.28 所示。

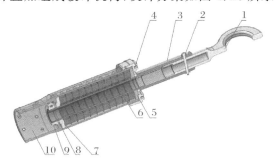

图 4.28　牵引杆缓冲器结构图

1—牵引环;2—剪切螺栓;3—轴筒;4—螺盖;5—挡环;6—橡胶垫;

7—挡圈;8—垫圈;9—螺母;10—变径接头

3. 升降及行走机构设计

为减轻地勤人员的劳动强度及加快飞机牵引前准备工作,大中型飞机牵引杆上需装升降机构(而小型飞机的牵引杆一般较轻,易于搬动,不需要升降机构)。升降机构有机械式和液压式两种。机械式的构造简单,制造维护方便;液压式的操作方便,升降平稳。本案例选用机械式升降机构,其由轮架、轮架连接座、支撑轮、快卸销、轴销等组成。行走机构上的轮架由钢管及钢板焊接而成,下端连接支撑轮(实心橡胶轮)。轮架绕轴销旋转可实现轮子的上下调节,轮架上装有固定销。行走机构结构如图 4.29 所示。牵引杆空置状态有两种:一是靠近牵引接头一端轮子着地,二是靠近牵引环一端轮子着地。当飞机与牵引杆连接处于行走状态时,行走机构抬起并由螺栓固定。

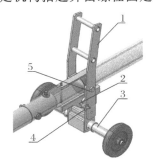

图 4.29　行走机构结构

1—轮架;2—轮架连接座;

3—支撑轮;4—快卸销;5—轴销

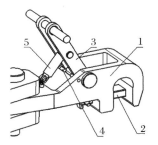

图 4.30　牵引接头结构图

1—挂钩;2—挡板;

3—把手;4—制动销;5—弹簧

4. 牵引接头设计

牵引接头与飞机起落架牵引点的结构形式有关,本案例设计的接头结构如图 4.30 所示,其由挂钩、挡板、把手、制动销、弹簧组成。假设作用在把手上的力为 F,则弹簧受到的力 $F_1 = FS_1/S_2 = 3.8$ kgf。

5. 限载机构设计

当作用在起落架的牵引负荷超出容许范围时,限载机构应能保证起落架构件不致损坏。一般限载机构采用剪切螺栓,剪切螺栓的破坏载荷不超过使用牵引载荷的 95%,有时也可按工艺人员经验进行。转弯时的保险机构采用防扭保险螺栓,当转弯角达到一定程度时,防扭螺栓会自动折断,从而确保飞机起落机构不被损坏。已知最大起牵引力 F,剪切螺栓的装配位置与受力情况如图 4.31 所示,螺栓材料为 30CrMnSiA,材料的极限剪切应力 $\tau = 5$ 188.7 MPa。

缓冲器上的剪切销直径为 $d_3 = \sqrt{F/(2\tau\pi)}$,主杆上剪切销直径为 $D_3 = \sqrt{F/(2\tau\pi)}$。经计算 $D_3 = 6.68$ mm,按 7 mm 加工,再对外圆进行修整加工,以得到规定的剪力值,最终确定螺栓外径。

图 4.31 剪切螺栓的装配位置与受力情况

4.4.3 关键零件有限元分析

根据最大牵引力分析,牵引杆主杆整体采用铝 2A12 - T4 型材,屈服应力为 255 MPa;牵引接头、牵引环及剪切销采用 30CrMnSiA,屈服应力为 833 MPa。

1. 牵引杆主杆有限元分析

牵引杆模型的单元为二次六面体单元,所受抗拉载荷为飞机的最大牵引力,在牵引环中心位置加相应载荷,并施加边界条件。图 4.32 和图 4.33 分别为牵引杆主杆应力云图及牵引杆主杆位移云图,从图中可以看出,牵引杆主杆受力较好,符合使用要求。

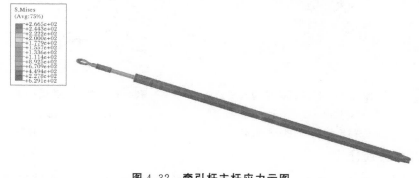

图 4.32 牵引杆主杆应力云图

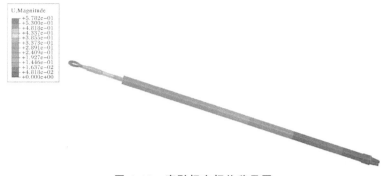

图 4.33　**牵引杆主杆位移云图**

2.牵引环有限元分析

图 4.34 和图 4.35 分别为牵引环模型的位移云图及应力云图。从图中可以看出,牵引环受力较好,符合使用要求。

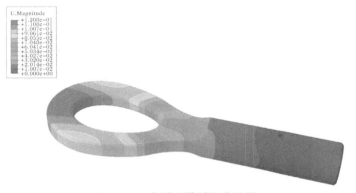

图 4.34　**牵引环模型位移云图**

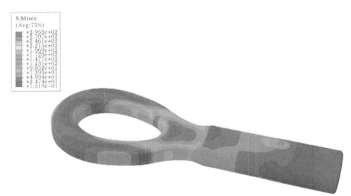

图 4.35　**牵引环模型应力云图**

3.牵引接头有限元分析

图 4.36 和图 4.37 分别为牵引接头应力云图与位移云图。从图中可以看出,牵引接头受力较好,符合使用要求。

图 4.36　牵引接头模型位移云图

图 4.37　牵引环模型应力云图

4. 抗拉剪切螺栓及抗弯剪切螺栓有限元分析

图 4.38 和图 4.39 分别为牵引杆抗拉剪切螺栓及抗弯剪切螺栓的应力云图。从图中可以看出,牵引杆的牵引力及扭矩大于飞机最大牵引力及扭矩时,剪切螺栓断裂,从而保证了牵引杆前起落架的安全。其中抗拉剪力螺栓的安全系数为 0.906,抗弯剪力螺栓的安全系数为 0.895,均满足限载机构 0.9 倍安全系数的载荷要求。

图 4.38　抗拉剪切螺栓模型应力云图　　　　图 4.39　抗弯剪切螺栓模型应力云图

第5章 试验工装设计

5.1 概 述

试验工装是指在飞机制造过程中对飞机液压系统、气压系统、附件等的技术参数进行试验与检测,以及用于试验中封堵产品开口或接头的专用工装。试验工装包括液压试验台、气压试验台、淋雨试验台及试验夹具。这些工装主要用于对飞机机身和部件进行试验和测试,以检验其是否符合设计要求和规范标准要求。

5.2 独立式泵站液压试验台设计

由于技术原因,现有试验台动力源转速高,发热严重,驱动时需要特制增速箱,而且工作过程中产生的噪声污染不仅影响试验过程中对测试产品异响的辨别,还会给操作者身体带来不适。现有试验台过于陈旧,导致试验准确度和精度都偏低,元器件损坏后维护困难,极大地制约了测试生产任务的开展,因此,设计了一种独立式泵站的多功能液压试验台。该液压试验台主要由液压泵站、操作台和电器控制系统等部分构成。该试验台降低了噪声对操作人员的影响,并能满足飞机舱门作动筒、复合液压锁、起落架开关等多项元件的测试。

5.2.1 设计要求

该设计主要针对飞机舱门作动筒、复合液压锁、起落架开关等多项液压系统元件需要检测开展。该试验台的设计需要考虑通用性、适用性,并且满足外形美观、功能强大、易于使用、可靠性高、噪声低等要求。

1. 试验台的主要功能

试验台用于进行各液压元件的密封和强度试验,同时用于试验舱门作动筒功能检测、复合液压锁上锁和打开时的压力检测、多个液压元件的保压及漏油试验。

2. 试验台主要技术参数

(1)试验介质:15 号液压油;

(2)工作压力:设备输出压力 0~31 MPa 无级可调,系统压力脉动≤±2.5%;

(3)流量:0～8 L/min 无级可调;

(4)工作液清洁度优于 6 级;

(5)油箱容积≥80 L;

(6)油液温度控制:连续工作 4 h 后,温度≤60 ℃;

(7)工作环境:温度为－10～50 ℃,相对湿度<85%。

3.设计要求

(1)试验台应为车式结构,方便移动;

(2)要求整个试验台占地面积小,操作简便;

(3)工装、夹具以及管路接口配套要齐全;

(4)油滤安装位置及采样活门的安装位置应便于拆装或采样。

5.2.2 总体设计

1.液压原理设计

液压试验台的基本原理是,由液压泵将油箱中的液压油增压,之后液压油经过液压系统供给被试液压元件,再通过调节各液压控制阀达到被试元件的试验状态,测试其性能。试验台的液压原理如图 5.1 所示,其主要原件清单见表 5.1。

表 5.1 液压试验台主要元件清单

序号	名　称	型　号
1	泵	FXU－R20
2	一级过滤器	GPH100S7－FT4
3	二级过滤器	GPH100S7－FC4
4	取样阀	YZF－11/1
5	蓄能器	H5803－0
6	球阀	KV－010－DN15－1/2
7	手动泵	HT20
8	二级过滤器	GPH100S7－FC4
9	比例溢流阀	MVG14M－148
10	电机	V11_A90－3X690_400 V 50 Hz
11	回油过滤器	F100
12	液位/温度传感器	NTIO
13	排液开关	A90
14	集成阀块	CMV2R
K1～K9	管式节流阀	MV600S
I	压力表	Y－150ZQ 0－25 MPa 0.25
II	压力表	Y－150ZQ 0－6 MPa 0.25
III	压力表	Y－150ZQ 0－40 MPa 0.25

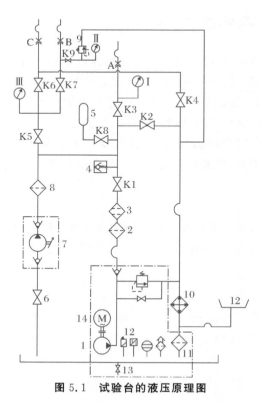

图 5.1 试验台的液压原理图

2.试验台结构设计

该试验台外观和内部主要结构如图 5.2 所示。其中独立式泵站的液压试验台主要由液压泵站、操作台和电气控制系统等构成。在总体布局上充分考虑到使用、维护方便及空间布置紧凑,设备采用独立式设计,液压集成泵站和操作台采用分体设计,将液压泵站和冷却装置集成设计,并且采用了可侵入油液的立式液压泵,既降低了噪声,又提高了设备的安全性。液压泵站用于将液压油供给操作台,系统采用的是一台低黏度轴向柱塞泵供油。操作台上装有蓄能器,可用于吸收系统油液脉动,提供均匀稳定的压力油。考虑到试验压力要求,又增设了一手

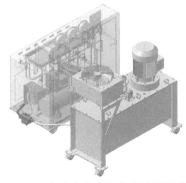

图 5.2　试验台外观和内部主要结构

动压油泵来给系统增压,可使工作压力最高达到 31 MPa。操作台集成了手动操作手柄、外接油口和被试元件,壳体安装有推拉式滑轨门,具有防止油液飞溅的功能。电气控制系统包括试验用的电控设备、操作装置,及流量、温度、压力显示仪表。

5.2.3　工艺流程

1.静压试验

(1)A 接口 14.8 MPa 试验。

1)将被试产品通过转接管与接口 A 相连,确保试验台上所有阀处于关闭状态;

2)打开 K1、K2,接通电源,启动油泵工作,等待几秒后,打开 K3,关闭 K2,观察压力表 Ⅰ,当压力接近 13 MPa 时,停止油泵的工作;

3)摇动手摇泵并观察压力表 Ⅰ,使压力达到 14.8 MPa,关闭 K3,开始试验计时,保持技术条件所规定的时间;

4)试验完成后,打开 K2、K3,保证试验台及被试产品完全卸压后,取下被试产品,关闭全部开关。

(2)B 接口 14.8 MPa(31 MPa)试验。

1)将被试产品通过转接管与接口 B 相连,确保试验台上所有阀处于关闭状态;

2)打开 K1、K2,接通电源,启动油泵工作,等待几秒后,打开 K5、K7,关闭 K2;

3)观察压力表 Ⅲ,当压力接近 13 MPa(14.8 MPa)时,停止油泵的工作;

4)摇动手摇泵并观察压力表 Ⅲ,使压力达到 31 MPa,关闭 K7,开始试验计时,保持技术条件所规定的时间;

5)试验完成后,打开 K2、K7,保证试验台及被试产品完全卸压,之后取下被试产品,关闭全部开关。

(3)B 接口 5 MPa 以下试验。

1)将被试产品通过转接管与接口 B 相连,确保试验台上所有阀处于关闭状态;

2)打开 K5、K7、K9,摇动手摇泵并观察压力表 Ⅱ;

3)压力达到试验所需压力,关闭 K7,开始试验计时,保持技术条件所规定的时间;

4)试验完成后,打开 K2、K7,保证试验台及被试产品完全卸压后,取下被试产品,关闭全部开关。

(4)C 接口 14.8 MPa(31 MPa)试验。

1)将被试产品通过转接管与接口 C 相连,确保试验台上所有阀处于关闭状态;

2)打开 K1、K2,接通电源,启动油泵工作,等待几秒后,打开 K5、K6,关闭 K2;

3)观察压力表Ⅲ,当压力接近 13 MPa 时,停止油泵的工作;

4)摇动手摇泵并观察压力表Ⅲ,使压力达到 14.8 MPa,关闭 K6,开始试验计时,保持技术条件所规定的时间;

5)试验完成后,打开 K4 或 K2、K6,保证试验台及被试产品完全卸压后,取下被试产品,关闭全部开关。

(5)B、C 同时供压 22 MPa(蓄能器试验)。

1)将被试产品通过转接管与接口 B、C 相连,确保试验台上所有阀处于关闭状态;

2)打开 K1、K2,接通电源,启动油泵工作,等待几秒后,打开 K5、K6、K7,关闭 K2;

3)观察压力表Ⅲ,当压力接近 14.8 MPa 时,停止油泵的工作;

4)摇动手摇泵并观察压力表Ⅲ,使压力达到 22 MPa,关闭 K6、K7,开始试验计时,保持技术条件所规定的时间;

5)试验完成后,打开 K2、K6、K7,保证试验台及被试产品完全卸压后,取下被试产品,关闭全部开关。

2. 工作循环试验

(1)A、C 循环 14.8 MPa。

1)将被试产品通过转接管与接口 A、C 相连,确保试验台上所有阀都处于关闭状态;

2)打开 K1、K2、K4,接通电源,启动油泵工作,等待几秒后,打开 K3,关闭 K2;

3)观察压力表Ⅰ,按技术条件规定操纵 H5806-0,进行连续工作检查试验;

4)待试验完成后,停止油泵的工作,打开 K2,保证试验台及被试产品完全卸压后,取下被试产品,关闭全部开关。

(2)B、C 循环 14.8 MPa。

1)将被试产品通过转接管与接口 B、C 相连,确保试验台上所有阀处于关闭状态;

2)打开 K1、K2、K4,接通电源,启动油泵工作,等待几秒后,打开 K5、K7,关闭 K2;

3)观察压力表Ⅲ,按技术条件规定操纵 H5806-0,进行连续工作检查试验;

4)待试验完成后,停止油泵的工作,打开 K2,保证试验台及被试产品完全卸压后,取下被试产品,关闭全部开关。

5.2.4 详细设计

1. 独立式泵站设计

(1)液压泵站的组成和工作原理。液压泵站是独立的液压装置,它按驱动装置要求供油,并控制液流的方向、压力和流量。液压泵站的结构如图 5.3 所示,它由泵装置、阀组合、集成块、电气盒、油箱等组合而成,各部件功用如下。

1)泵装置:其上装有电动机和油泵,是液压站的动力源,将机械能转换为液压油的压力能;

2)阀组合:板式阀装在立板上,板和管连接,与集成块功能相同;

3)集成块:由液压阀及通道体组合而成,对液压油进行方向、压力、流量的调节;

图 5.3　液压泵站的结构

4)电气盒:分两种形式,一种设置外接引线的端子板,一种配置全套控制电器;

5)油箱:由钢板焊成的半封闭容器,其上装有滤油网、空气滤清器、冷却器等,用来储油、冷却及过滤油液。

液压泵站的工作原理如下:电动机带动液压泵旋转,液压泵将旋转机械能转换为液压油的压力能;液压油通过集成块或阀组合实现压力和流量的调节后,经外接液压管路传输到被试液压元件上;通过操纵控制阀进行各种试验。

(2)电机及泵组的计算选型。油泵驱动电机采用变频控制,通过电机转速的变化实现试验台 0~8 L/min 流量的无级可调,变频电机采用速度闭环控制,调速准确,进而保证流量精度。

取工作流量 $Q=8$ L/min,最大压力 $P=15$ MPa,选型计算如下:

电机功率计算公式为

$$N=\frac{PQ}{600\eta_{\mathrm{m}}} \tag{5.1}$$

式中:N 为实际需要功率;P 为系统压力;Q 为系统流量;η_{m} 为机械效率,取 0.85。

泵的排量计算公式为

$$v=1\,000\,\frac{Q}{n\eta_{\mathrm{v}}} \tag{5.2}$$

式中:v 为实际需要排量;n 为电机转速,取 1 400;Q 为系统流量;η_{v} 为容积效率,取 0.95。

为满足试验台油源系统的压力、流量使用和降噪要求,选用图 5.4 所示的哈威 6011 系列高压轴向柱塞泵 FXU - R20,其最大排量为 25 mL/r,具有耐高压、噪声小的优点。

泵和电动机采用联轴器和钟形罩连接,以保证泵和电动机的传动精度。泵和电动机组安装在油箱盖的底座上。

(3)泵站中元器件的选用。

1)泵站中集成了油滤、液位计、温度传感器、电子温度计、空气滤清器、集成阀块等元器件;

2)电子液位计可以检测油液的高度位置,给油箱注油时,可以检测油液的高度;

图 5.4　哈威 6011 系列高压轴向柱塞泵 FXU - R20

3)电子温度计和温度传感器用来监测液压工作过程中油温的温度;

4)空气滤清器设置在注油口,以对加入的油液进行初步的过滤。

(4)泵站油箱设计。

油箱设计主要应从以下几个方面考虑:

1)油箱必须有足够大容积以满足散热的要求。停止工作时能容纳液压系统中所有的油,而工作中又能保持适当的油位要求。

2)吸油管和回油管应插入最低油位以下,以防止吸油管吸入空气,回油管飞溅产生气泡。管口一般与油箱底箱壁的距离不小于管径的3倍。

3)吸油管和回油管离得尽可能远一些,这样可防止回油中气泡进入吸油管,而且还可使油液在油箱中的流动缓慢一点,时间长一点,这样能提高散热分离空气及沉淀杂质的效果。

4)油箱为密封式,材料为不锈钢。硬管采用不锈钢材料。油箱上设有目视液位计、吸湿空气滤清器、油温和液位传感器等液压附件,并具备自动排气功能。油箱底部设置沉淀口,便于排尽沉淀物,同时在油箱侧壁设有高、中、低油液液位指示。设备油箱容积≥80 L,满足试验测试要求。

5)设置两个排污口。在油箱前端设计两个圆形排污口,方便试验台的清洗,并且采用双层密封圈来保证良好的密封性,避免油液泄露。

2. 油源冷却系统设计

在空间布局的设计上,为了最大程度地节省空间,将风冷却器设计到泵站上,用冷风器支架将风冷却器与泵站连接起来。

风冷却器最方便的一种散热计算法是发热功率估算法:一般取系统总功率的1/3～1/2作为冷却器的散热功率,若工况为长时间保压状态,则系数最大值推荐选为2/3。已知电机功率为11 kW,热消耗功率参数可估计40%(最大)或按实际工况计算求得,发热功率 $P_v = 11 \times 40\% = 4.4$ kW。选择冷却器:$T_1 = 60$ ℃,$T_2 = 40$ ℃。

电机输出损失率的计算方法为

$$P' = P_v / (T_1 - T_2) \qquad (5.3)$$

式中:P_v 为发热功率,W;T_1 为油温期望值,℃;T_2 为环境温度,℃。

对应工作介质流量,依据0.22 kW℃的当量冷却功率查曲线图,选取匹配的冷却器型号为AH1417T - CA 220 V。图5.5所示为日森机械的AH系列板-鳍式高压风冷却器,电控柜单独给此风冷却器供电,可靠性高。该风冷却器专门应用于要求高性能、高换热器、外形尺寸小、便于安装的场合,在复杂的工况中可长时间无故障工作。

图5.5　AH系列板-鳍式高压风冷却器

3. 操作台设计

试验操作台如图 5.6 所示。操作台的设计涉及管路设计及计算、壳体设计。

(1)管路设计及计算。

1)导管材料选择。

由于该试验台在高压环境下工作,根据导管材料的一般选择
原则,选 1Cr18Ni9Ti 作为导管材料。

2)导管强度计算:

$$\sigma = \frac{pD}{2\delta} \qquad (5.4)$$

式中:δ 为导管壁厚(mm);p 为工作压力(MPa);D 为导管内径
(mm)。

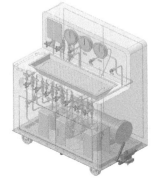

图 5.6　试验操作台

$$[\sigma] = \frac{\sigma_b}{n} \qquad (5.5)$$

式中:$[\sigma]$ 为许用应力(MPa);σ_b 为材料的强度极限(MPa)。

对于 1Cr18Ni9Ti 的压力导管,$\sigma_b \geqslant 520$ MPa,取 $\sigma_b = 520$ MPa,n 为安全系数,取 $n = 2$。
所以$[\sigma] = 520/2 = 260$ MPa。在本试验台中,系统做试验的最大压力 $p = 31$ MPa,$D = 10$
mm,导管壁厚 $\delta = 1$ mm,经计算,可得工作时应力 $\sigma = 155$ MPa,$\sigma < [\sigma]$。所以,系统导管的
强度能满足 31 MPa 的工作要求。

3)管路布局设计。试验台的管路均采用强度高、抗腐蚀性强的不锈钢管制造,并采用国
内外最先进的无扩口导管连接结构进行连接。管路的走向及布局根据横平竖直的原则进行
规划,并按仿真结构进行优化。

(2)壳体设计。

操纵台壳体采用薄壳钣金成形结构,遵循人机工程原理,充分考虑操作者工作便捷性和
观察仪表真实性原则,并力求外观美观大方。

4. 油液过滤系统设计

为保证系统的可靠性和延长液压元件使用寿命,在设备的压力油路上设置了两级大纳
污容量的油滤。根据等级规格选择型号,两级过滤分别为 10 μm、3 μm 固体颗粒过滤器。
同时,在设备的回油路上设置了一级大纳污容量的 10 μm 固体颗粒过滤器。过滤器还具备
污染报警指示功能,能有效控制压力出口端的油液污染度,固体颗粒污染度等级高于 6 级。

5. 手动泵选择

试验中要求系统在不同的压力下进行测试,最小为 0.02 MPa,最大为(31±1) MPa。
为了实现对系统压力的快速调节,采用高压、低压分别调节的方法,并选用一大一小两个针
型阀。同时,还使用一个溢流阀作为安全阀来提供安全保护。由于所能选到的液压泵最大
供油压力无法满足(31±1) MPa 的工作压力要求,系统上还使用手压泵供油路来满足高压
要求。手动泵如图 5.7 所示。

图 5.7　手动泵

图 5.8　蓄能器

6.蓄能器型号选用

根据试验台试验压力要求,选择 H5803－0 型号蓄能器,如图 5.8 所示。

7.建模仿真

利用 AMESim 软件对液压试验台控制系统进行建模仿真(见图 5.9),探究流体特性及管路参数等对液压管路的影响,优化系统参数匹配。

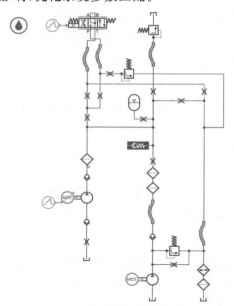

图 5.9　液压系统建模仿真图

(1)液压管路长度的影响。设置了 3 组管路长度,分别为 10 m、20 m 和 30 m。对整个液压系统进行了 100 s 的仿真,仿真结果如图 5.10 所示。从图中可以看出,在管路直径和液压油属性不变的前提下,随着管路长度的增加,管路的压力损失不断增加。这说明管路长度对系统的动态特性有明显影响。

(2)液压管路直径的影响。保持管路长度为 10 m 不变,改变管路直径为 10 mm、12 mm、14 mm,仿真结果如图 5.11 所示。从图中可以看出,随着管路直径的减小,系统压力损失逐渐增大。因此,应结合系统综合性能选择合适的管路直径。

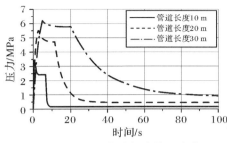
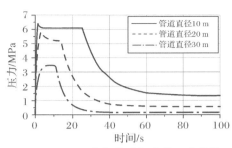

图 5.10　不同长度管路损失的压力曲线图　　图 5.11　不同直径管路损失的压力曲线

（3）液压管路参数与液压冲击分析。阀门开启后，管路中流体的压力处于稳定状态，若阀门突然关闭，流体压力急剧升高，会造成液压冲击，对系统稳定性及液压元件易造成损坏。为研究影响长管路液压冲击的因素，设定泵出口压力为 14.8 MPa，管路长度分别为 10 m、20 m 和 30 m，管路直径分别为 10 mm、12 mm 和 14 mm，将图 5.9 中比例溢流阀设置为工作 2 s 后关闭，则液压管路长度与管路直径对液压冲击的影响如图 5.12 所示。图 5.12 表明，随着管路直径的减小，压力冲击峰值有减小的趋势。为减轻液压冲击，在液压管路和控制电磁阀之间安装蓄能器，设定蓄能器容积为 0.75 L，预充压力为 7 MPa。选取长度为 10 m、直径为 12 mm 的管路进行无蓄能器和有蓄能器的仿真对比，得到压力冲击曲线，如图 5.13 所示。由图 5.13 可知，安装蓄能器后压力冲击峰值减小，压力曲线变得更平稳。因此，在长距离管路液压系统中使用蓄能器可以有效减小液压冲击的影响，这进一步证明了液压系统设置蓄能器的必要性。

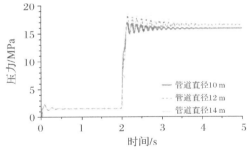
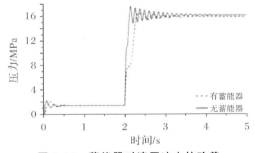

图 5.12　管路直径对液压冲击的影响　　图 5.13　蓄能器对液压冲击的改善

根据 AMESim 软件的仿真结果，对管路的直径和长度进行了优化，将直径由 10 mm 变为 12 mm，并对管路的设计布局进行了优化，使得液压系统的压损进一步降低。

（4）对液压泵的流量仿真建模分析。使用 AMESim 软件对液压系统中的恒压变量泵进行动态特性仿真分析。在软件中设定泵 FXU‐R20 的参数，并生成泵的流量‐压力图，如图 5.14 所示。

为了更好地比较不同参数下泵的流量压力的动态变化，在参数界面选择弹簧元件，并对弹簧压缩量参数进行批处理。将自定义数据分成 3 组，生成泵出口的流量‐压力动态分析图，如图 5.15 所示。从仿真结果可以看出，弹簧压缩量决定了恒压变量泵的预设压力。泵开始工作时,随着泵流量的增大,泵出口压力逐渐增加。当达到泵预设压力时,流量开始减小。根据分析结果可知,所选液压泵可以满足试验要求。

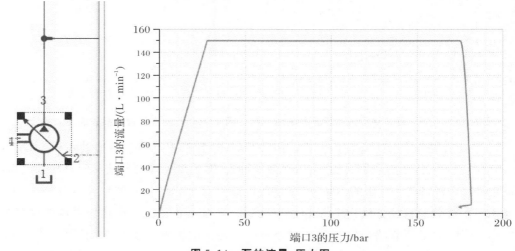

图 5.14　泵的流量-压力图

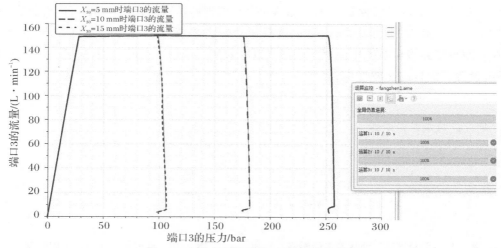

图 5.15　泵出口的流量-压力动态分析图

5.3　机翼壁板脱膜装置设计

　　针对复合材料机翼壁板重量大、尺寸大、脱膜力大以及缺乏固定的抓取点和吊点等问题,设计了一种机翼壁板脱膜装置。该装置包括自动控制吸盘单元、快速连接集成装置和脱模控制车,采用真空吸附的方式,通过整合气动元器件实现自动化,适用于各种不同曲率的壁板。通过对吊装框架和管路的模块化分组,实现了多种尺寸壁板的脱膜和转运。

5.3.1　设计要求

机翼壁板脱模装置用于实现多个不同尺寸的壁板脱膜及转运工作,需要满足如下要求:

(1)壁板起吊后能够保形。

(2)解决壁板无抓取点的问题。

(3)适应各种不同曲率的壁板。

(4)以减少压损、能耗为依据,规范管路系统的设计。在工装设计的前期规划中,需要预留合理的管道位置,以确保整个系统的功能性、节能性、整洁性和安全性。

5.3.2　总体设计

如图 5.16 所示,机翼壁板脱膜装置采用真空吸附的方式抓取壁板。由于壁板面积较大,必须采用多点吸附以保证其外形。根据壁板大小进行框架单元化和模块化设计,可根据壁板大小进行拼接,这种方法适用于各种大小不同的壁板。框架采用复合材料,以减小自重并增加强度。

如图 5.16 所示,脱膜装置主要包括自动控制吸盘单元、吊装框架及管路、快插集成连接装置和脱膜控制车。从系统上来讲,整套脱膜系统分为框架结构、控制系统和气体管路系统三个部分。

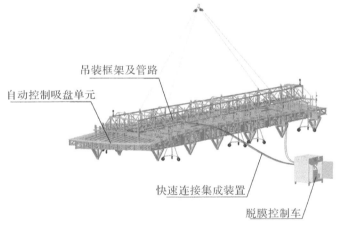

图 5.16　机翼壁板脱膜装置

5.3.3　详细设计

1.框架结构设计

吊挂框架分为大小两部分,它们均为桁架式结构,框架间采用法兰连接形式。这样的框架不但可以连接起来,用于整体起吊大型零部件,也可拆分为独立的小型和中型吊挂,分别起吊不同的产品零部件,这样有效提高了吊挂的适应能力。此结构自身重量轻、强度好、承载能力强。框架与吸盘组件采用夹紧式活连接结构,吸盘位置可根据不同产品的状态任意调整以更加合理地抓取,保证产品起吊更加平稳、可靠。为了增加安全系数并应对可能发生的危险,在吊挂框架底部增加了保险梁。保险梁置于产品下方,确保产品安全。

由于吊装过程中吊挂晃动会导致吸盘初始吸附不牢固,因此设计了辅助支撑架,以帮助吸盘安全、稳定地吸附到产品表面。吊挂放平稳后,操作吸盘牢固吸附产品表面,吸附状态更好,吊运效果更佳,安全性也更高。

2.控制系统

控制系统用于实现多个回路的真空供给与正压供给的开、关切换以及互锁等功能,通过触摸屏实现人机交互,并显示实时压力状态。控制系统集成安装于脱膜控制车内,主要包含PLC控制器、触摸屏和阀岛控制单元等。其中PLC控制器包含数字量输入输出模块和模拟量压力反馈单元模块;控制模块与阀岛单元采用一体集成式设计,通过模块内部集成的背板数据总线进行阀块控制和状态反馈,实现脱膜过程中的各种功能控制。

3.气控系统

气控系统由真空系统、气动控制系统及执行单元组成,主要布置于脱膜控制车内和框架结构上,中间通过快插集成连接装置实现快速连接。

(1)真空系统。真空系统由两台真空泵、四套真空管路、四套多点吸盘组组成。由于复合材料超大壁板价值不菲,在系统管路设计时,应充分考虑安全性。四套真空管路独立,之间不进行任何串联,两套管路与一台真空泵连接,另外两套与另一台真空泵连接,中间通过气动球阀进行控制。同时要确保框架上相邻的两个吸盘既不属于同一套管路系统,也不属于同一台真空泵,以确保部分吸盘或管路失效后系统仍可安全运行。同时系统报警。

真空系统选型计算如下:

1)负载运动特性:真空吸盘竖直安装,提升时受竖直力,平移时受竖直力和水平力,吸盘受力情况如图5.17所示。

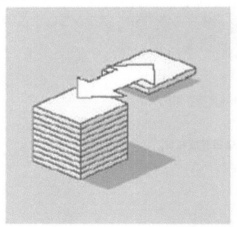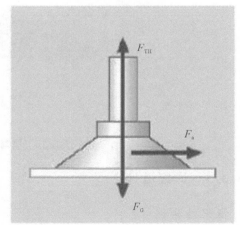

图5.17 吸盘受力简图

$$F_{TH} = m(g + a/\mu)S \qquad (5.6)$$

式中:F_{TH} 为理论保持力(N);m 为质量(kg);g 为重力加速度(m/s²);a 为运动系统加速度(m/s²);μ 为摩擦因数;S 为安全系数。

本案例中，$m=900\ \text{kg}$，$g=9.8\ \text{m/s}^2$，$a=5\ \text{m/s}^2$，$\mu=0.5$，$S=2$，$F_{TH}=35\ 640\ \text{N}$，所承受的脱膜力 $F_T=42\ 000\ \text{N}$，若选择 $\phi125\ \text{mm}$ 吸盘，则压力为 $-0.7\ \text{bar}(1\ \text{bar}=10^5\ \text{Pa})$ 时，每个吸盘的理论保持力为 $610\ \text{N}$，吸盘数量为 $77\ 640/610\approx128$ 个。

2）整个系统所需的抽真空流量为

$$V=nV_S \tag{5.7}$$

式中：n 为吸盘数量；V_S 为每个吸盘所需的抽真空流量（m^3/h 或 L/min）。

本案例中，$V_S(\phi125\ \text{mm}$ 吸盘$)\approx18\ \text{L/min}$。

3）真空泵选型过程。按照 65 个吸盘配一台真空泵的原则，有 $V(\phi125\ \text{mm}$ 吸盘$)=65\times18=1\ 170\ \text{L/min}$。

4）选定真空泵参数。流量不小于 $1\ 500\ \text{L/min}$，真空度不低于 90%。

（2）气动控制系统。正压系统由阀岛中的正负压切换控制阀、破真空阀、夹紧控制阀、气缸控制阀、压力控制单元组成。正压系统配置破真空功能，以提高释放速度，破真空阀采用两位三通常开阀，冗余真空管路之外独立控制。其中，正负压切换控制阀采用两位五通双电控阀，夹紧控制阀采用两位三通常开阀，气缸控制阀采用两位五通双电控阀。

为确保吸盘可靠贴合壁板，并保护吸盘承受合适的压力，升降气缸的下压力可调；为确保壁板起吊后能够保形，夹紧单元夹紧力必须大于吸盘保持力。真空系统末端配置压力检测单元，使整个真空系统形成闭环控制，真空度达到设定值方可提升。平移过程中也可对真空度进行实时监测，释放前首先破真空，待吸盘内压力达到设定值后方可安全释放。脱膜装置气管路系统原理简图如图 5.18 所示。

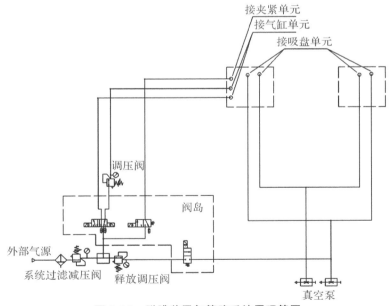

图 5.18　脱膜装置气管路系统原理简图

（3）执行单元。执行单元主要由自动控制吸盘单元组成。在框架上敷设多个自动控制吸盘单元。如图 5.19 所示，该单元主要分为三部分：气缸单元用于使吸盘在竖直方向移动，行程为 $100\ \text{mm}$；夹紧单元可使气缸在行程内任意位置夹紧锁死。这两者结合使该装置适应于不同壁板,实现脱膜装置柔性化的功能。吸盘单元采用多皱形式的吸盘,以适应复合材料表面的凹凸不平及曲率变化。同时,该单元在框架上安装时,应在长桁垂直方向沿框架横梁可移动,以确保吸盘避开长桁。

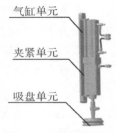

图 5.19　执行单元

多个自动控制吸盘单元固定在框架上,框架由吊车吊至脱膜壁板上侧;启动控制系统,根据壁板外形,吸盘会紧贴在壁板上;由于气缸的特性,整套系统中的吸盘单元会呈现出一个壁板的外形状态,在夹紧锁死后,能有效起到保形作用。同时,橡胶吸盘不会对壁板产生划痕等破坏。

（4）脱膜控制车。脱膜控制车主要由真空泵、调压阀、气源处理单元、释放调压阀、触摸屏、阀岛、车体、控制阀及气电集成快换插座等构成,如图 5.20 所示。真空脱膜车主要用于给整套装置提供真空源,并通过对真空、正压、电信号的集中监控及控制,完成脱膜操作。同时,脱膜完成后,脱膜车可随整个脱膜装置一起移动到下一个站位。

（5）快插集成连接装置。快插集成连接装置如图 5.21 所示,分别安装于框架结构边缘和脱膜小车侧板上,用于两者气体管路及电气信号的快速连接。由于控制管线较多,逐一连接非常麻烦,同时非常容易误操作。为避免上述问题,设计采用这种一体式气电集成快插装置,只需一次对接,所有接口即全部接通,通过手动快换装置进行锁死,确保安全可靠。

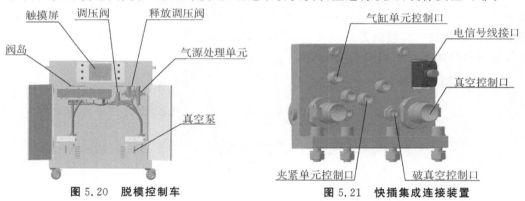

图 5.20　脱模控制车　　　　图 5.21　快插集成连接装置

5.4　机翼整体油箱密封检漏试验装备设计

5.4.1　设计要求

（1）油箱在一个工位就可以完成试验;

（2）操作简单,试验周期短;

（3）安全可靠;

（4）成本低;

（5）检测精度高。

5.4.2　总体设计

该装备采用双气源设置,气源 I 为空气或氮气,气源 II 为氦气,各支路气源压力均可调整。

5.4.3　工艺流程

1.安装连接

将装备空气入口与厂房压缩空气入口连接、氦气入口与氦气瓶连接,将出口与油箱气密接头连接,用专用电缆将置于油箱内的压力变送器与装备连接,将电源电缆与装备的供电接头连接,再将电源插头插入厂房的供电插座。开启控制系统空开(默认开启),按下电源按钮启动装备,待触摸屏界面进入设定的操作界面时,即可正常操作装备了。

2.空气模式

在空气模式界面(见图 5.22)中,按"充气"按钮,则向油箱填充空气。充气的速度由设定的速率调节。"DJL"阀开度表示速率大小。在开度显示框下面有"＋1""－1""＋10""－10"按钮,这些按钮分别表示设定开度值加 1、减 1、加 10 和减 10 的操作。在充气过程中当油箱压力充至设定值时自动停止充气,在气体低于此压力后,系统会重新启动充气过程,保证油箱内压力的平衡。在充气过程中也可以手动停止充气,按"停止充气"按钮即停止向油箱充气。

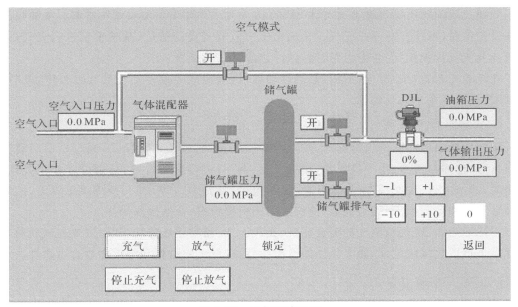

图 5.22　空气模式界面

3.混合气体模式

在进行混合气体模式试验前,首先按"初始化"按钮,系统即进行初始化,目的是释放出装备内部储气罐残余气体。如图 5.23 所示,当储气罐压力值显示为零时,按"停止放气"按钮,结束初始化过程。

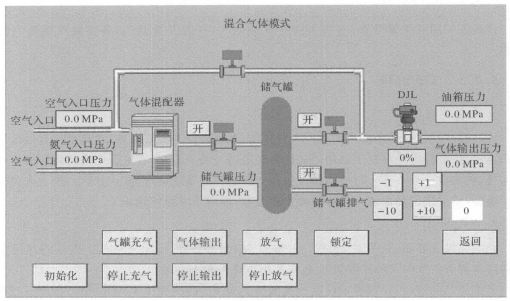

图 5.23 混合气体模式

调整气体混配器比例,按"气罐充气"按钮,进行储气罐充气。按"停止充气"按钮,停止对储气罐的充气。完成储气罐充气后,按"气体输出"按钮,开始向油箱充气。同时、两种气体不断通过混配器给储气罐补充气体,图 5.23 中"DJL"阀开度表示充气速率。在油箱压力达到设定值时,系统自动停止充气。在油箱压力值低于设定值后,系统重新进行充气过程。在气体充气过程中按"停止输出"按钮,则停止油箱充气过程。

在试验完成后,按"放气"按钮,系统自动放气,直至气体放净。在放气过程中,按"停止放气"按钮可以停止放气过程。

4.质谱仪检测步骤

用专用堵头堵住质谱仪检漏口,按"电源"按钮启动,进入检漏模式,同时显示当前检漏工作状态、检漏口压力、排气口压力、报警音量、漏率;进行参数设定,分别设定检漏模式、报警阈值、滤波方式、校准设置、报警音量、显示范围、计量单位等;进入系统状态界面,核对当前参数设置和各项指标状态;调零,使仪器处于检漏状态,开始检漏操作。

不同的产品,空气与氮气的混合比例、充气压力、漏率等参数均不同,需要在试验前对被试产品进行多次试验验证,确定具体的试验参数,这样试验过程和结果才具有可靠性。

5.4.4 详细设计

1.控制原理

装备包括空气试验模式和混合气体试验模式两种,控制系统定制编程,形成各自的控制流程。各流程由 PLC 集中实现控制,AI 模块采集各个压力、温度、流量信号,DO 模块进行电磁阀的动作控制和充气速率控制,AO 模块实现压力动平衡控制。同时,PLC 采集压力、温度、流量信号,实现过载保护和报警。

2. 系统组成

控制系统由电控柜、PLC、人机界面及通信信号线缆组成。PLC 是密封试验装备的控制核心,PLC 及其采集模块至少具有 8 路输出控制功能以控制电磁阀,具有 5 点模拟量采集功能以采集所有压力信号,具有 1 路模拟量输出控制压力平衡阀的开度。另外,其还具有运行指示、灯光告警、急停等所需的若干输入采集点和输出控制点。

具体配置型号为 CPU S7 - 224XP 6ES7 214 - 1AD23 - 0XB8,AIEM231 6ES7 - 231 - 0HC22 - 0XA8,AOEM232 6ES7 - 232 - 0HB22 - 0XA8,电源 DC24V 6EP1 333 - 2AA01,整个控制系统供电采用 AC220 V 50 Hz。通过 PLC 电源给电磁阀等其他元件供直流电。

3. 通信线缆

触摸屏的编程电缆以及 PLC 的编程电缆采用的都是 PC/PPI(点对点通信)电缆。触摸屏与 PLC 的通信采用 PPI 协议,默认波特率是 9 600 b/s。

第6章 工量具设计

6.1 概 述

航空工具设计主要包括刀具设计、量具设计和飞机装配工具设计。本章主要介绍飞机装配制孔刀具、冷挤压工具、轴承检测工具、圆孔量规等典型设计案例。

6.2 装配制孔刀具设计

装配制孔刀具是指在飞机部、总装加工过程中所使用的制孔刀具。装配制孔刀具按用途主要分为手动(风钻)制孔刀具、半自动制孔刀具、设备制孔刀具三个类型。本节主要介绍手动(风钻)制孔刀具和半自动制孔刀具设计。

6.2.1 手动制孔刀具设计

手动制孔刀具是通过风钻夹持使用的一种制孔刀具,根据不同的制孔过程可分为钻头、扩孔钻、铰刀等刀具。手动制孔刀具的设计总体要求如下:

(1)异质叠层的加工要求。装配制孔刀具多应用于材料性能差异较大的叠层材料加工,刀具的设计需平衡各设计要素,以满足不同材料的切削要求。

(2)配套关系要求。刀具与加工工具相匹配,选择合理刀具结构;刀具与所使用的夹具、钻套、导套应协调。

(3)不同工况的加工要求。刀具结构设计需考虑刀具的应用工况,如空间开敞的柄部设计为直柄或三棱柄,空间不开敞的柄部设计为螺纹柄。

(4)刀具制造的工艺性要求。如制造过程中砂轮与刀具的碰撞、干涉问题,必要时做出避让设计。

(5)刀具防差错设计要求。此要求是为了避免刀具制造、使用中出现错混。

1.需求分析

以图 6.1 的制孔工况为例。在飞机装配产品上需安装 5 号高锁螺栓;所需制孔的终孔孔径要求为 $\phi 4.99 \sim \phi 5.06$ mm,与螺栓形成标准间隙配合;被加工材料为碳纤维复合材料

（T800）与钛合金（TC18）叠层；材料总厚度为 20 mm；加工空间开敞；无固定钻模板；需使用普通枪式风钻配手持钻套。

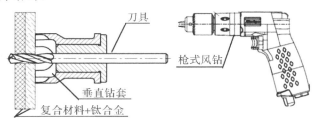

图 6.1　制孔工况示意图

2. 制孔分刀方案

根据案例制孔工况分析，手工制孔分刀方案如表 6.1 所示，即：

（1）第一刀为钻初孔。使用 $\phi3.5$ mm 麻花钻钻制初孔，要求与垂直钻套配套使用。

（2）第二刀为制过程孔。根据加工余量使用 $\phi4.8$ mm 台阶扩孔钻进行扩孔，要求与垂直钻套配套使用。

（3）第三刀为制终孔。根据加工余量和终孔公差要求，可采用一把铰刀一次完成铰孔或者几把铰刀多次完成铰孔的方式。铰削过程中铰刀的加工余量一般小于 0.4 mm，加工至终孔的铰削余量一般小于 0.25 mm，如果终孔公差太小，则适当减小加工余量。案例中铰前孔为 $\phi4.8$ mm，终孔为 $\phi4.99\sim\phi5.06$ mm，剩余加工余量在 0.25 mm 之内，则使用一把 $\phi5.01$ mm 铰刀一次即可完成铰孔加工，并且要求与垂直钻套配套使用。

表 6.1　制孔刀具方案　　　　　　　　　　　　　　　　　　　　　单位：mm

终孔	初孔	材料类型	材料厚度	空间	分刀方案		
					初孔刀具	过程孔刀具	终孔刀具
$\phi4.99\sim$ $\phi5.06$	0	碳纤维＋钛合金	20	开敞	麻花钻 $\phi3.5$（直径）	扩孔钻 $\phi3.5$（引导）× $\phi4.8$（直径）	铰刀 $\phi4.8$（引导）× $\phi5.01$（直径）

3. 刀具设计

图 6.2 所示为 3 种刀具的加工示意图，分别为麻花钻、扩孔钻和铰刀。

（1）刀具材料选择。

适用于碳纤维加工的刀具材料首选聚晶金刚石材料（PCD），这是因为 PCD 刀具具有硬度高、耐磨性好、摩擦因数小、切削热少等特点，但它不耐冲击，不适合于不稳定的加工工况。其次为硬质合金，适用于钛合金加工的常用刀具材料为硬质合金，因此手工制孔刀具通常选用韧性较好的硬质合金。

（2）外形设计。

1）刃长设计。麻花钻、扩孔钻、铰刀的刀具刃长计算方法相同，即刃长＝穿透余量＋零件厚度＋排屑间隙。在制孔时刀具应穿透零件，且有 5～10 mm 余量，排屑间隙一般保证为 5～10 mm。该加工零件夹层厚度为 20 mm，案例中刀具刃长为 35 mm。

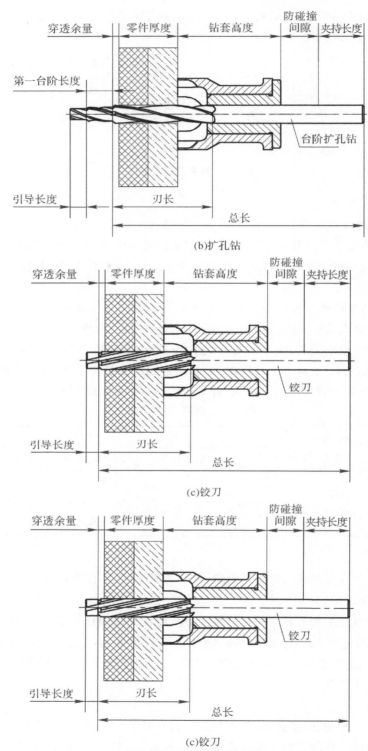

(b)扩孔钻

(c)铰刀

(c)铰刀

图 6.2　刀具加工示意图

2)引导设计。扩孔钻及铰刀的引导具有定位的作用。在用风钻制终孔时,扩孔钻、铰刀均需带引导,以使扩孔钻、铰刀在加工时与已有孔保持同轴。引导分为前引导和后引导,在设计扩孔钻、铰刀时,应根据加工具体工况确定。前引导的公称直径与前一刀具的最小值相同,扩孔钻的引导公差一般取 f9,铰刀的引导公差一般取 f7。前引导长度一般为加工孔材料厚度的 1/3～2/3。所以,本案例中扩孔钻的前引导直径为 $\phi3.5f9$,铰刀的前引导直径为 $\phi5.8f7$,前引导长度均为 7 mm。

3)柄部设计。麻花钻、扩孔钻、铰刀的柄部是夹持部分,与风钻连接,用来传递扭矩。刀具柄部主要有圆柱直柄式和带三棱的直柄式两种结构。其中带三棱的直柄式结构可传递更大的扭矩,适用于 $\phi8$ mm 以上直径的刀具。本案例中刀具柄部直径小于 $\phi6$ mm,设计为圆柱柄。

4)刀具总长设计。刀具总长的设计应考虑引导长度、穿透余量、零件厚度、钻套(或其他定位工装工具)、防碰撞安全余度和夹持长度,刀具总长应不小于上述长度之和。风钻制孔刀具预留防碰撞间隙≥20 mm,风钻三爪夹头所需夹持长度为 20～30 mm。本案例中使用的垂直钻套高度为 42 mm,所以麻花钻总长为 107 mm,铰刀总长为 124 mm,因扩孔钻为台阶扩孔形式,故取总长为 129 mm。

5)刀具刃倒锥设计。制孔刀具的刃部倒锥可减少刀具与孔壁的摩擦。钻头刃部倒锥为 $(0.15～0.2)/100$ mm;扩孔钻刃部倒锥为 $(0.1～0.15)/100$ mm;铰刀刃部倒锥为 $(0.01～0.03)/100$ mm。

6)形位公差设计。制孔刀具的切削刃、刃部外圆相对柄部的圆跳动不仅影响刀具切削性能也影响制孔的孔径,且圆跳动越大,制孔孔径的稳定性越差。钻头、扩孔钻、铰刀对形位公差的要求不同,其中,用于精加工的终孔铰刀要求相对较高。

(3)刀具其他结构和参数设计。

1)麻花钻。

(a)麻花钻直径设计。设计麻花钻直径时,考虑到钻孔时由主轴跳动或者刃磨不对称产生的扩大量,因此钻头直径应比所钻的孔径稍小,一般钻头公差取 h8。由于本案例中加工孔径为 $\phi3.5$ mm,将麻花钻直径设计为 $\phi3.5h8$。

(b)刃带宽度设计。麻花钻的刃带起导向作用,设计刃带宽度时,需要考虑它与孔之间的摩擦:如果刃带宽度过小,则与孔壁摩擦小,但是导向性差;如果刃带宽度过大,则导向性好,但是孔壁摩擦大。刃带宽度的设计与直径有关,一般取麻花钻直径的 0.07 倍。本案例中麻花钻的直径为 $\phi3.5$ mm,因此麻花钻的刃带宽度取为 0.25 mm。

(c)钻芯直径设计。钻芯直径大小直接影响麻花钻钻削时的刚性和切削阻力。当钻芯直径较小时,轴向切削阻力小,刚性差,适用于易切削材料;当钻芯直径较大时,轴向切削阻力大,刚性好。钻芯直径一般为钻头直径的 0.3～0.35 倍。本案例中要加工切削的材料为复合材料和钛合金叠层,由于钛合金是高硬度材料,因此本案例加工所用麻花钻钻心直径设计为 1.23 mm。

(d)容屑槽宽度设计。容屑槽的作用是将切屑排出孔外,容屑槽的横截面积越大,切屑越容易排出,容屑槽宽度一般为麻花钻直径的 0.65 倍。本案例中麻花钻的容屑槽宽度取为 2.1 mm。

　　(e)螺旋角设计。螺旋角是指相对钻头轴向上的槽的倾斜角,随切削刃位置不同而各异。其中外圆周部位最大,靠近中心部位最小,加工高硬度材料时螺旋角较小(一般为22°),加工易加工材料时螺旋角较大(一般为30°)。本案例中要加工的零件材料中有钛合金,所以本案例中麻花钻螺旋角取为22°。

　　(f)顶角设计。加工易切削材料时用较小的顶角,加工硬度高的材料或者高效率加工时用较大的顶角,公差取±2°。因此,本案例中麻花钻的顶角取为120°±2°。

　　(g)铲背面直径设计。铲背面是在刀背上留下刃带后形成的部分圆面,主要用于钻孔时减小孔内表面与麻花钻外周之间的摩擦,一般为麻花钻直径的0.94倍。本案例中麻花钻铲背面直径取为3.29 mm。

　　(h)横刃设计。麻花钻横刃前角的修磨方向与轴向的夹角为35°±5°。加工易切削材料时,麻花钻横刃前角为6°±2°,加工高硬度材料时,麻花钻横刃前角为2°±2°。横刃斜角为横刃与主切削刃之间的夹角,即麻花钻的横刃斜角为30°±5°。横刃前刀面与主切削刃后面的夹角为110°±5°,夹角槽底圆角半径 R 小于0.02 mm。

　　(i)主切削刃后角设计。一般刀具直径越大,主切削刃与钻头外圆转角角度越小;加工高硬度材料时,外圆转角角度偏小,加工易加工材料时,外圆转角角度偏大。麻花钻外圆转角角度的选择参见表6.2。由表可知,本案例中麻花钻的外圆转角角度为14°±1°。麻花钻结构设计如图6.3所示。

表 6.2　麻花钻外圆转角角度

零件材料	麻花钻直径	
	≤3.5 mm	>3.5 mm
高硬度材料	14°±1°	12°±1°
易切削材料	20°±1°	18°±1°

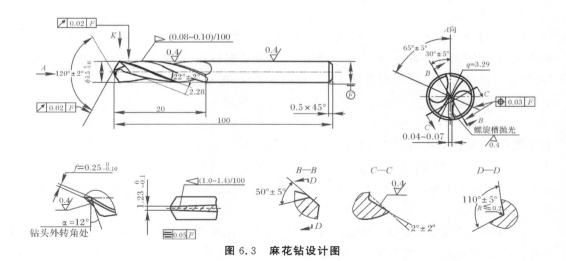

图 6.3　麻花钻设计图

2)扩孔钻。

(a)直径设计。确定扩孔钻的直径与公差时,应考虑被加工孔径的扩张量或收缩量、刀具的磨损储备量及制造公差。扩孔钻的公差如图 6.4 所示。扩孔钻直径的最大极限尺寸等于孔的最大极限尺寸减 0.40IT,最小极限尺寸等于扩孔钻直径最大极限尺寸减 0.30IT,极限尺寸的计算值应圆整到小数点后两位。常用扩孔钻公称直径公差如表 6.3 所示。

表 6.3　扩孔钻公称直径公差

单位:mm

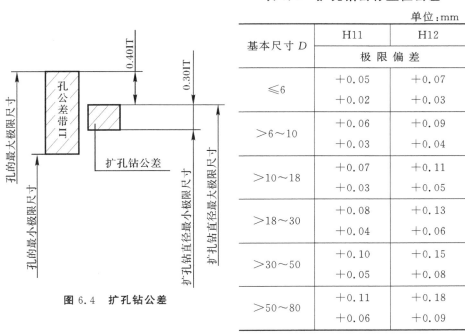

图 6.4　扩孔钻公差

基本尺寸 D	H11	H12
	极　限　偏　差	
≤6	+0.05 +0.02	+0.07 +0.03
>6～10	+0.06 +0.03	+0.09 +0.04
>10～18	+0.07 +0.03	+0.11 +0.05
>18～30	+0.08 +0.04	+0.13 +0.06
>30～50	+0.10 +0.05	+0.15 +0.08
>50～80	+0.11 +0.06	+0.18 +0.09

对于非终孔加工的扩孔钻来说,直径尺寸公差的上偏差为 0,下偏差取 +0.02 mm 即可。本案例中初孔为 $\phi3.5$ mm,扩孔至 $\phi4.8$ mm,扩孔钻直径设计为 $\phi4.8^{+0.02}_{0}$ mm。

(b)齿数设计。扩孔钻的齿数根据其直径大小、加工精度和齿槽容屑空间大小而定。目前直径在 $\phi10$ mm 以下的装配手工制孔用台阶扩孔钻均为 3 齿。

(c)圆柱刃带的设计。扩孔钻的刃带起导向作用,刃带宽度的设计需要考虑它与孔之间的摩擦。如果刃带宽度过小,则与孔壁摩擦小但是导向性差;如果刃带宽度过大,则导向性小但是孔壁摩擦大。台阶扩孔钻的第一和第二台阶圆柱刃带宽度均为 0.06D。本案例中的台阶扩孔钻第一台阶圆柱刃带宽度为 0.252 mm,第二台阶圆柱刃带宽度为 0.288 mm。

(d)切削刃角度设计。扩孔钻切削刃角度根据切削材料的不同而不同。加工复合材料及金属叠层一般用 45°,加工铝合金用 30°(切削角沿轴向夹角)。本案例中加工材料为复合材料和钛合金叠层,根据就难原则,切削角设计为 45°。

(e)螺旋角设计。扩孔钻螺旋角度大小根据切削材料选取,一般零件材料硬度越高,扩孔钻螺旋角度越小,加工复合材料及金属叠层用 13°,加工铝合金用 18°。本案例中加工材料为复合材料和钛合金叠层,螺旋角设计为 13°。

(f)切削刃后角设计。扩孔钻切削刃后角根据被加工材料和刀具材料来选取：被加工材料越硬，扩孔钻切削刃后角越小，以保证切削刃的刚性；若加工相同材料，扩孔钻刀具材料硬，则铰刀切削刃后角可以略微加大，在保证切削刃的刚性的同时提升切削性能。硬质合金台阶扩孔钻的切削刃后角一般设计为 $10°$。

(g)芯部直径设计。扩孔钻芯部直径和排屑性能与刚度有关：芯部直径越小，排屑性能越好，则刚性越差；相反，芯部直径越大，排屑性能越差，则刚性越好。扩孔钻芯部直径具体取值与刀具直径相关，一般取扩孔钻直径的 $0.35 \sim 0.4$ 倍。本案例中扩孔钻芯部直径为 $\phi 1.92$ mm。

扩孔钻设计总图如图 6.5 所示。

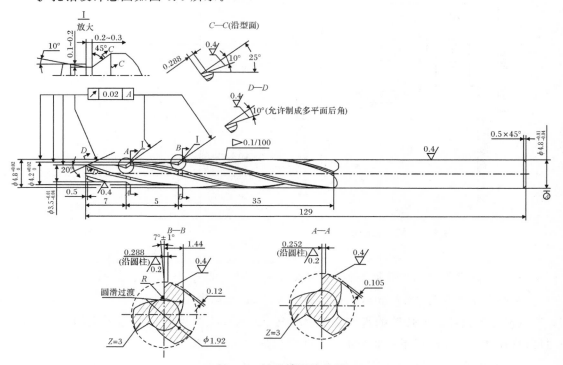

图 6.5　扩孔钻设计总图

3)铰刀。

(a)直径设计。根据加工余量的多少，可用一把铰刀一次完成铰孔或者分几把铰刀多次完成铰孔。铰削过程中的铰刀的加工余量一般小于 0.4 mm，加工至终孔的铰削余量一般小于 0.25 mm，如果终孔公差太小，则适当减小加工余量。由于一般情况下，被加工孔的实际尺寸大于铰刀实际尺寸，即呈微量扩张，铰刀的公称直径偏孔公差的下限，加工至终孔的铰刀的公称直径为零件孔下限加公差的 40%。铰刀制造公差按基孔制，上偏差为 0，下偏差按照终孔公差的 20% 计算，但应小于 0.01 mm。本案例中铰前孔为 $\phi 4.8$ mm，终孔为 $\phi 4.99 \sim \phi 5.06$ mm，终孔的公差比较大，剩余加工余量在 0.25 mm 之内，则采用一把铰刀一次完成加工,直径设计为 $\phi 5.01_{-0.01}^{0}$ mm。

　　(b)齿数设计。铰刀的齿数根据其直径、加工精度和齿槽容屑空间而定。手工制孔铰刀的齿数与直径关联,一般取偶数。制孔铰刀齿数按表 6.4 选取。本案例中铰刀齿数取为 4。

表 6.4　手工制孔铰刀齿数

铰刀公称直径	≤6.5 mm	>6.5 mm 且≤13 mm	>13 mm
齿数	4	6	8

　　(c)圆柱刃带的设计。铰刀的圆柱刃带起导向作用。刃带宽度的设计需要考虑它与孔之间的摩擦:如果刃带宽度过小,则其与孔壁摩擦小,但是导向性差;如果刃带宽度过大,则导向性小,但是其与孔壁摩擦大。铰刀圆柱刃带宽度一般取为 0.1～0.25 mm。

　　(d)切削刃角度设计。铰刀切削刃角度根据切削材料的不同而不同,加工复合材料一般用 18°,加工铝合金和钛合金等材料用 45°,案例中加工材料为复合材料和钛合金叠层,根据就难原则,切削刃角度设计为 45°。

　　(e)圆柱齿后面设计。铰刀圆柱齿后面宽度越宽则容屑槽越小,不利于排屑;铰刀圆柱齿后面宽度越窄则齿越薄,铰刀强度越弱。根据经验,将铰刀圆柱齿后面宽度设计为 0.1 倍的铰刀公称直径。铰刀圆柱齿后面的角度越小,铰刀与孔壁的摩擦越大,圆柱齿后面的角度越大,铰刀强度越小。本案例中铰刀圆柱齿后面角度设计为 12°。

　　(f)螺旋角设计。铰刀的螺旋角有三种旋向:左旋、右旋和直齿。铰刀的螺旋角旋向影响铰屑方向和轴向阻力。左旋铰刀为前排屑,同等铰削条件下受到的轴向阻力相对较大;右旋铰刀为后排屑,同等铰削条件下受到的轴向阻力相对较小;直齿铰刀受到的轴向阻力介于左、右旋铰刀之间。手用铰刀选用左旋形式,排屑方向朝前,轴向阻力较大但切削平稳性好,易于手工控制。本案例中加工材料为复合材料和钛合金叠层,螺旋角设计为左旋 7°～9°。

　　(g)切削刃后角设计。铰刀切削刃后角根据刀具材料和被加工材料来综合选取。一般铰刀切削刃后角按表 5.5 选取。

表 6.5　铰刀切削刃后角

刀具材料	零件材料			
	铝合金、镁合金、铜合金等	钢件、不锈钢	钛合金	复合材料
高速钢	12°～14°	—	10°30′～12°30′	—
硬质合金	10°～12°	6°30′～7°30′	8°30′～10°30′	15°

　　(h)芯部直径设计。铰刀芯部直径和铰刀的排屑性能与刚度有关:铰刀芯部直径越小,铰刀排屑性能越好,刚度越差;相反,铰刀芯部直径越大,铰刀排屑性能越差,刚度越好。铰刀芯部直径具体取值与铰刀直径相关,一般取铰刀直径的 0.5～0.6 倍。本案例中铰刀芯部直径为 $\phi 2.52$ mm。

　　铰刀设计总图如图 6.6 所示。

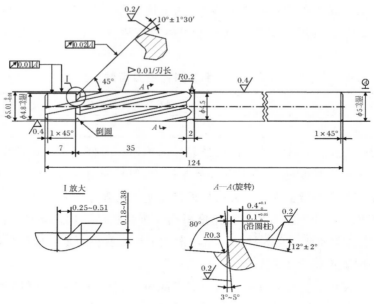

图 6.6　铰刀设计总图

6.2.2　自动进给钻刀具设计

自动进给钻刀具是配合自动进给钻（ADU）使用的一类制孔刀具。根据不同的制孔功能又可分为钻头、钻铰刀、扩孔钻、扩铰刀、钻锪一体刀具、钻铰一体刀具等。

1. 需求分析

现采用自动进给钻进行制孔，终孔孔径为 11.87～11.96 mm；零件的材料为两层铝合金，材料叠层总厚度为 20 mm；产品制造配有工装钻模，钻模厚度为 20 mm，钻模距离产品表面有 10 mm 的排屑间隙，制孔空间开敞。配套自动进给钻技术条件：主轴螺纹为 3/8″-24UNF-2B，端面 120°定位；主轴内冷结构；功率≥1.7 kW，转位卡口式导套，配断屑功能模块。

2. ADU 刀具设计

ADU 刀具设计与自动进给钻的结构、自动进给钻导套以及钻模等紧密关联。在进行刀具设计时应根据制孔状态、加工材料、叠层顺序、制孔精度技术要求，配套自动进给钻、导套和工装钻模等的相关参数，来选择刀具的类型，进行刀具外形结构及参数设计。自动进给钻工作示意图如图 6.7 所示。

（1）刀具结构设计。自动进给钻刀具根据不同的制孔功能可分为钻头、钻铰刀、扩孔钻，一般制初孔采用钻头，制过程孔采用扩孔钻，制终孔采用扩孔钻或钻铰刀。自动进给钻刀具类型及制孔能力见表 6.6。

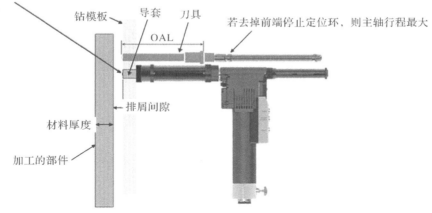

当主轴完全缩回时，刀尖应该与衬套尖完全齐平，缩回的长度在最大收缩范围内

钻模板　　导套　　刀具

若去掉前端停止定位环，则主轴行程最大

OAL

排屑间隙

材料厚度

加工的部件

图 6.7　自动进给钻工作示意图

注:OAL(Overall Length)表示总长度。

表 6.6　转位卡口式自动进给钻刀具类型及制孔能力

刀具类型	制孔能力	刀具结构简图
钻头	适用于初孔加工	
钻铰刀	适用于孔径公差较大的终孔加工,加工精度及制孔稳定性优于钻头	
扩孔钻	适用于过程孔的扩孔加工或终孔加工	
PCD(聚晶金刚石)扩铰刀	适用于复合材料的过程孔的扩孔加工或终孔加工	
铰刀	适用于终孔加工,受 ADU 设备制孔精度影响,目前一般采用手用铰刀	

　　本案例中被加工材料为铝合金,零件无初孔且孔径公差为 0.09 mm,根据制孔精度和设备制孔能力,可采用一刀制终孔方式。

　　刀具工作部分:由于零件无初孔,故刀具需具有钻削功能,且需要满足终孔的精度要求。综合以上因素,本案例中刀具设计为钻铰刀。钻铰刀切削部分采用分层切削的方式,在提高制孔效率的同时减小切削余量,从而降低切削热和切削力,保证制孔精度;校准部分采用双刀带形式,在提供刀具与孔壁支撑的前提下可显著提高制孔的表面粗糙度。由于转位卡口式自动进给钻制孔一般都采用内冷方式,故本案例中钻铰刀带有双螺旋内冷却孔。

刀具装夹部分:刀具装夹部分取决于所配套使用工具的主轴结构和尺寸。本案例中所用自动进给钻,其主轴螺纹为 3/8″-24UNF-2B,因此柄部设计为螺纹柄结构,螺纹尺寸为 3/8″-24UNF-2A,长度为 26 mm。

(2)刀具尺寸设计。刀具直径设计:刀具直径与零件材料、孔径公差、制孔类型、制孔所用工具等有直接关系。在自动进给钻制孔中用于直接制终孔的刀具直径设计一般遵循如下原则:

1)当孔径公差≥0.05 mm 时,刀具名义尺寸=终孔尺寸最小值+0.02 mm,制造公差取 0.01 mm;

2)当孔径公差≤0.03 mm 时,刀具名义尺寸=终孔尺寸最小值+0.4×终孔公差,制造公差取 0.006 mm;

3)当孔径公差在 0.03~0.05 mm 之间时,刀具名义尺寸=终孔尺寸最小值+0.4×终孔公差,制造公差取 0.01 mm。

本案例中刀具尺寸依据第一条原则设计,刀具名义尺寸=11.87+0.02=11.89 mm,制造公差取 0.01 mm。钻铰刀第一段台阶直径尺寸一般比刀具名义尺寸小 0.5~0.8 mm,本案例中刀具第一段台阶直径尺寸取 11.1 mm。

刀具长度设计:刀具长度一般包括刀具刃长、刀具总长、装夹部分长度。在转位卡口式自动进给钻刀具长度的设计中,包括刀具刃长、刀具总长、装夹部分长度、容屑槽长、刀具悬伸长度设计,如图 6.8 所示。

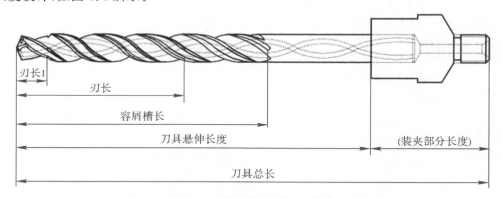

图 6.8 转位卡口式自动进给钻刀具长度示意图

刀具长度与刀具结构、零件材料厚度、排屑间隙、钻模板厚度、导套长度、装夹类型和长度有关,在设计中要对制孔全过程中刀具的初始位置状态和加工完零件的刀具状态模型进行构思。此外,自动进给钻刀具长度的设计还应考虑自动进给钻的行程、所用鼻管的长度,具体工况应具体分析。但为便于理解,本案例暂不考虑鼻管长度和行程限制,做出转位卡口自动进给钻刀具工作全过程模型,如图 6.9 所示。另外,还要注意在自动进给钻制孔初始,一般要使刀尖与 ADU 导套端面平齐或低于导套端面,所有 ADU 导套从定位端面到螺纹端面的距离均为 36 mm。

刀具进入工件前状态

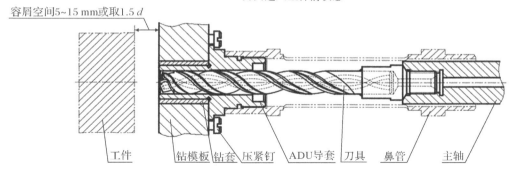

容屑空间5~15 mm或取1.5 d

工件　钻模板　钻套　压紧钉　ADU导套　刀具　鼻管　主轴

刀具退出工件后状态

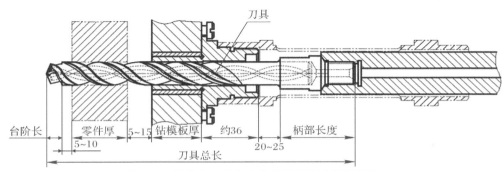

刀具

台阶长　零件厚　5~15　钻模板厚　约36　柄部长度
　5~10　　　　　　　　　　　　　　20~25
刀具总长

图 6.9　转位卡口式自动进给钻制孔过程示意图

刀具刃长设计原则为,终孔尺寸直径部分露出零件 5~10 mm 时,剩余刃部依然大于零件厚 10~20 mm。综上刃长一般至少比零件厚 15~20 mm。刀具刃长＝5~10 mm＋零件厚＋15~20 mm。

因此,本案例中刀具刃长＝5~10 mm＋零件厚＋15~20 mm,此处取 10 mm＋20 mm＋20 mm＝50 mm。

容屑槽长设计得要尽可能长一些,尽量做至螺纹柄对接处。容屑槽长＝5~10 mm＋零件厚＋5~15 mm ＋钻模板厚＋36 mm。

因此,本案例中刀具容屑槽长＝5~10 mm＋零件厚＋5~15 mm＋钻模板厚＋36 mm,此处取 10 mm＋20 mm＋10 mm＋20 mm＋36 mm＝96 mm。

刀具悬伸长的设计要保证刀具制孔中穿出零件达到最大出刀量时,刀具的尾柄与导套不发生碰撞,并留有 20~30 mm 的安全距离。刀具悬伸长度＝5~10 mm ＋零件厚＋5~15 mm ＋钻模板厚＋36 mm＋20~30 mm。

因此,本案例中刀具悬伸长度＝5~10 mm＋零件厚＋5~15 mm＋钻模板厚＋36 mm＋20~30 mm,此处取 10 mm＋20 mm＋10 mm＋20 mm＋36 mm＋30 mm＝126 mm。

刀具总长即为刀具悬伸长度与装夹部分长度之和。刀具总长＝刀具悬伸长度＋装夹部分长度。

因此,本案例中刀具总长＝刀具悬伸长度＋装夹部分长度＝126 mm＋26 mm＝

152 mm。

（3）刀具切削参数设计。

1）顶角及切削角设计。自动进给钻双刃带钻铰刀是台阶式结构，刀具前端为钻头，刀具后端台阶可以理解为扩孔钻。钻头顶角（见图 6.10）的设计主要考虑被加工材料和刀尖强度，加工复合材料、铝合金等轻合金材料时顶角应选得小一些，因为小的顶角其切削阻力小，对刀尖的强度要求稍低，且较小的顶角其定心效果更好；加工钛合金、钢件等难加工材料时，其顶角应选得大一些，这是因为对于难加工材料，要求刀尖具有较强的强度要求，并且切削屑变窄，能够减轻单位切削刃上的负载。一般加工轻合金，其自动进给钻刀具顶角选为120°，加工难加工材料顶角选 135°，故本案例取 120°顶角。后端扩孔功能部分切削角的选择：金属材料取 30°，复合材料取 45°。本案例取 30°切削角。

2）圆柱刃带宽度设计。

自动进给钻钻铰刀圆柱刃带（见图 6.11）的作用与麻花钻圆柱刃带的作用相同，一般为$(0.05\sim0.1)D$，其中 D 为钻铰刀刀具直径，直径较小取较大的倍数，直径较大取较小的倍数。本案例中钻铰刀刀具直径为 11.89 mm，可取 $0.06D$，所以该刀具的圆柱刃带宽度为0.71 mm，按自由公差制造。

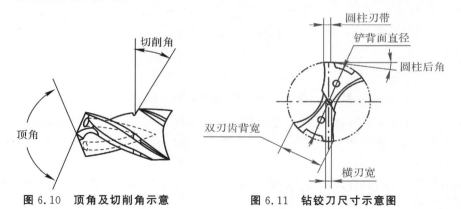

图 6.10　顶角及切削角示意　　图 6.11　钻铰刀尺寸示意图

3）双刃齿背宽度设计。设计双刃齿背（见图 6.11）时，应在保证刀具强度前提下使刀具的容屑空间较大，钻铰刀的双刃齿背宽一般取$(0.5\sim0.6)D$，D 为钻铰刀刀具直径，直径较小取较大的倍数，直径较大则取较小的倍数。本案例中钻铰刀刀具直径为 11.89 mm，可取$0.5D$，故双刃齿背宽为 5.95 mm。

4）刀具圆柱后角设计。刀具圆柱后角（见图 6.11）是为防止刀具与已加工面摩擦，影响零件的表面粗糙度而设计的。过大的后角会使刀刃的强度降低，所以后角不宜过大，一般取 7°～10°。

5）铲背面直径设计。钻铰刀铲背面（见图 6.11）是两条刃带之间的下沉部分圆柱面，主要用于减小制造时刀具与零件的摩擦，铲背面直径一般取 $0.85D$，其中 D 为钻铰刀刀具直径。本案例中刀具铲背面直径为 10.1 mm。

6）横刃设计。钻铰刀刀尖的横刃（见图 6.11）及各角度取值原则与麻花钻相同，其中仅横刃前角与麻花钻不同，钻铰刀横刃前角取 0°～3°。

7）刃部倒锥设计。为了减少刀具与已加工孔壁的摩擦，刃长部分带微小倒锥度，通常为每 100 mm 刃长直径减少 0.005 mm。

8)螺旋角与切削刃后角设计。钻铰刀螺旋角与麻花钻螺旋角的定义和作用是相同的，均取为 30°。切削刃后角(见图 6.12 的剖面视图)是为防止刀具与已加工面摩擦,影响零件表面粗糙度而设计的。钻铰刀的切削刃后角一般可以做多平面,呈平面式后角或铲齿后角形式,如图 6.13 所示。平面后角第一后角宽度一般取 0.14D,第一后角取 13°,第二后角取 26°,铲齿后角取 12°。

钻铰刀刀具总图如图 6.13 所示。

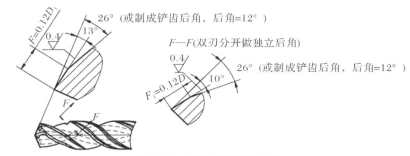

图 6.12　钻铰刀切削刃后角

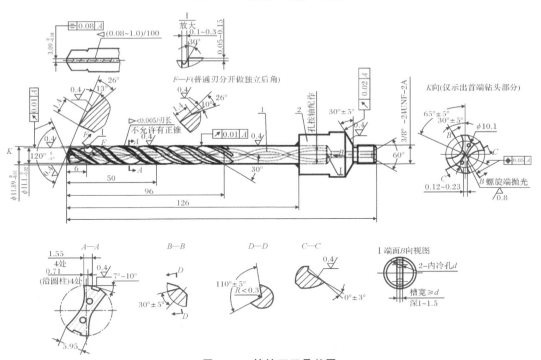

图 6.13　钻铰刀刀具总图

(4)刀具材料选择。转位卡口式自动进给钻刀具通过焊接或热缩将刀具和尾柄连为一体,其中刀具部分材料的选取原则与麻花钻相同,根据被加工材料而定,但自动进给钻刀具受内冷孔的限制,其材料为硬质合金或硬质合金焊接 PCD 刀片。本案例中加工材料为铝合金,因此刀具部分的材料选用硬质合金。螺纹柄材料依据其与刀具的连接形式而定,若为焊接式连接,则螺纹柄材料一般为 45 钢,热处理硬度在 30~35HRC;若为热缩式连接,则螺纹柄材料一般为不锈钢,热处理硬度在 20~25HRC。

<h1 style="text-align:center">6.3 工 具 设 计</h1>

工具是指在生产制造中为了制造某个产品、进行某道工序而使用的辅助性工具,主要包括冷挤压工具、扳手、轴承工具(轴承安装工具、轴承固定工具、轴承检测工具)、钻套、导套、窝头、压套工具、拆卸工具、衬套、定位销、顶把等。本节主要介绍冷挤压工具和轴承检测工具的设计案例。

6.3.1 冷挤压工具设计

孔的开缝衬套冷挤压能够在孔壁周围产生有效的残余应力区域,来延缓裂纹的产生和扩展,是提高孔的疲劳寿命、减轻设计结构重量的有效方式之一,因此孔冷挤压工艺在航空领域的应用也越来越广泛。孔的开缝衬套冷挤压(见图 6.14)是指,将内壁具有干膜润滑剂的一次性开缝衬套套入芯棒的细径部位,使芯棒工作段通过待冷挤压的初孔;将衬套置于孔内,鼻顶帽压紧衬套凸肩,启动冷挤压泵,拉动芯棒并使其通过衬套完成冷挤压;最后精铰孔至终孔尺寸。其通过在孔周围生成有效的残余压应力区域来抵消孔疲劳的倾向,有效地保护孔,使之能够抵御引起裂纹扩展的周期拉应力。孔的开缝衬套冷挤压工艺流程如图 6.15 所示。

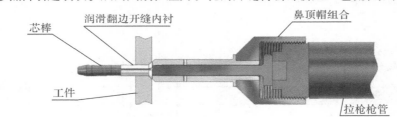

图 6.14 孔的开缝衬套冷挤压示意图

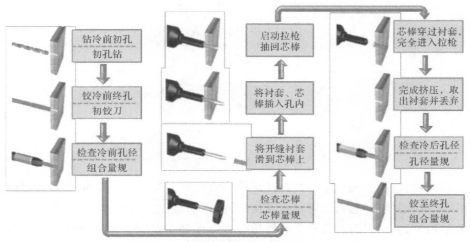

图 6.15 孔的开缝衬套冷挤压工艺流程

开缝衬套冷挤压工艺涉及多种工具,按照工具类型可分为核心工具、耐用工具、膨胀工具。制孔刀具可分为冷前制孔刀具及冷后铰孔刀具。检测量具分为孔径量规和芯棒量规,其中孔径量规用于检测冷前制孔孔径和冷后孔径,芯棒量规用于冷挤压前对芯棒工作环尺寸进行检测。本节讲述孔的开缝衬套冷挤压工具过程中所用的冷挤压芯棒、鼻顶帽的设计。

1. 需求分析

标准件 YSA303 - 6 - 15 抗拉型平头轻型高锁螺栓的安装孔冷挤压芯棒,夹层材料为铝合金,夹层厚度为 15 mm,终孔孔径 $D_Z = 5.87 \sim 5.96$ mm,使用的安装工具为小型拉枪 LB30。

2. 冷挤压芯棒设计

冷挤压芯棒(见图 6.16)中的大径 D_x、小径 D_1 是芯棒的关键技术参数,与冷挤压前孔径、衬套厚度、挤压后孔径要求及材料收缩量有关。芯棒长度主要取决于挤压空间、拉枪大小及配套鼻顶帽规格。前锥度作为引导,使衬套滑入芯棒,同时引导芯棒插入孔内,后锥度设计时应考虑提供最佳牵引力。芯棒螺纹、六方螺母与拉枪规格相关。

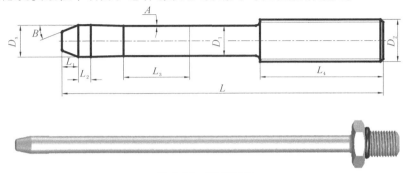

图 6.16　芯棒结构

(1)材料及热处理选取。在挤压过程中,冷挤压芯棒常受到轴向力和交变径向力的作用而产生弹塑性变形,要求其具有较强的韧性、耐磨性,热处理变形小。因此选用 CrWMn 作为芯棒材料,热处理要求为 58~62HRC。

(2)结构设计。

1)铝合金冷挤压的绝对挤压量约为初孔直径的 3%~6%,相对挤压量应不小于 3%。在终孔孔径确定时,为保证冷挤压带来的疲劳寿命增益效果达到最大,其铰削量应控制在终孔直径的 1%~3%,且为 0.1~0.5 mm。

2)芯棒的大径 D_x、小径 D_1 是芯棒的关键技术参数,与冷挤压前孔径、衬套厚度 t_c、挤压后孔径要求及材料收缩量有关。当相对挤压量 I_p 为 3%~4% 时,孔径疲劳寿命增益最大,此处选取 $I_p = 3\%$;绝对挤压量 I_a 约为初孔直径的 3%~6%,此处取 5%。芯棒大径 D_x 的计算过程如下:

平均铰削余量:
$$I_j = 2\% \times D_Z = 2\% \times (5.87 \sim 5.96) = 0.117 \sim 0.119 \text{ mm(取 } 0.118 \text{ mm)}$$

冷后最小孔径:
$$D_w = D_Z - I_j = 5.87 - 0.118 = 5.752 \text{ mm}$$

冷前孔径,即初孔孔径:
$$D = \frac{D_w}{1 + I_p} = \frac{5.752}{1 + 0.03} = (5.584 \pm 0.04) \text{ mm}$$

回弹量：
$$I_t = I_a - I_p = (0.04 - 0.03)D = 0.01 \times 5.584 = 0.055\ 8\ \text{mm}$$

芯棒直径：
$$D_x = D_W + I_t - 2 \times t_c = 5.752 + 0.055\ 8 - 2 \times 0.152 = 5.503\ 8\ \text{mm}$$

3）芯棒的大径 D_x、小径 D_1 的制造公差分别为 ± 0.005 mm、± 0.013 mm。

4）前锥度作为引导，使衬套滑入芯棒，同时引导芯棒插入孔内，后锥度设计时应考虑提供最佳牵引力。芯棒前锥角 α 为 $14°$，后锥角 β 为 $1.5°$。

5）芯棒长度主要取决于挤压空间、拉枪大小及配套鼻顶帽规格，芯棒总长 L＝螺纹长度 L_3＋顶帽小端螺纹长度 L_4＋前锷长度＋芯棒工作区长度 S＋后锥度长＋大径长度 L_2＋前锥长度 L_1。

6）芯棒螺纹、六方螺母与拉枪规格相关，小型拉枪 LB30 的螺纹选为 $7/16$ - 20UNF。

3.鼻顶帽设计

鼻顶帽由前锷与顶帽组成，具有定位作用，能够保证挤压孔径的垂直度和稳定性。鼻顶帽结构如图 6.17 所示。

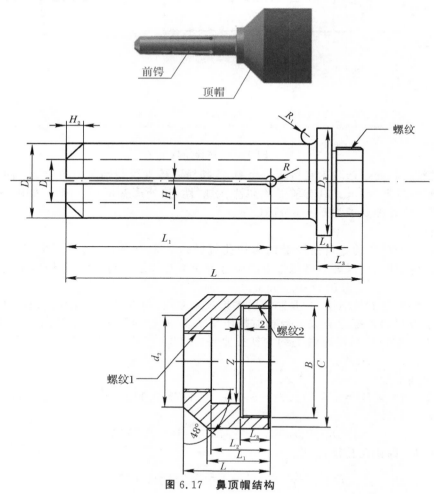

图 6.17　鼻顶帽结构

(1)材料及热处理选取。

在进行孔径冷挤压时,芯棒大径带动前锷胀大,因此要求材料具有一定的弹性和较强的韧性,热处理变形小,故选用 65Mn;顶帽作为连接件,材料选用 45 钢。

(2)结构设计。

1)前锷 D_1、E 为关键尺寸,与芯棒大径有关。

2)鼻顶帽前锷最小长度与拉枪的行程有关。以拉枪 LB20 为例,鼻顶帽前锷长度尺寸链如图 6.18 所示,鼻顶帽前锷最小长度:L_5＝拉枪行程－(12~15) mm－最小开缝衬套长度 20 mm＋(12~15) mm＝78.74－(12~15)－20＋(12~15),此处取 58.74 mm。

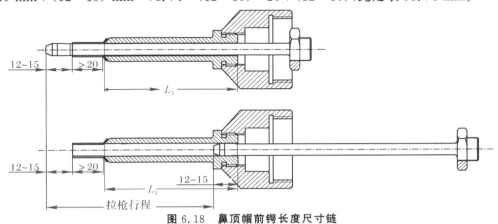

图 6.18　鼻顶帽前锷长度尺寸链

3)鼻顶帽前锷内孔尺寸 $D_q＝D_x＋\Delta$,前锷内径 D_q 与芯棒工作环最大直径 D_x 间隙为 $\Delta＝0.5~1$ mm(直径范围),如图 6.19 所示。

4)鼻顶帽前锷闭合直径 $D_b＝D_1－\delta$,一般控制在 $\delta＝0.5~0.6$ mm,如图 6.19 所示。

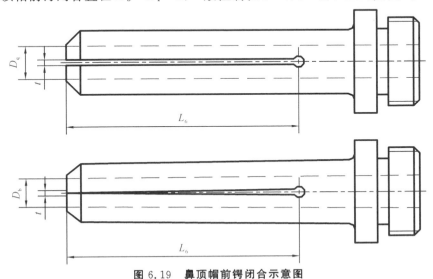

图 6.19　鼻顶帽前锷闭合示意图

5)鼻顶帽前锷开缝尺寸 t。前锷开缝又闭合的过程,可理解为整圆开 4 个宽度为 t 的缝后再闭合的过程。前锷内型截面是由 4 个弧线组成的几何图形(见图 6.20),将内型截面图放大后,最小直径的位置如图 6.21 所示。内切圆直径与 A 点相切,即最小直径处(见图

6.22）。开缝宽度计算过程如下：

$$r = D_b/2 = (D_1 - \delta)/2 \tag{6.1}$$

$$R = D_q/2 = (D_x + \Delta)/2 \tag{6.2}$$

$$R - r = \sqrt{(t/2)^2 + (t/2)^2} \tag{6.3}$$

式中：r、R 分别为内切圆闭合前、后半径（见图 6.22）。将式（6.1）和式（6.2）代入式（6.3），可得开缝宽度计算公式：

$$t = (D_x - D_1 + \delta + \Delta)/\sqrt{2} \tag{6.4}$$

（下面利用某成工具数据进行验证）$D_x = 5.258\ mm$，$D_1 =$ 开缝衬套内径 $= 4.877\ mm$。将其代入式（6.4），得使用的鼻顶帽前锷开缝宽度 t 为

$$t = (D_x - D_1 + \delta + \Delta)/\sqrt{2} = (5.258 - 4.877 + \delta + \Delta)/\sqrt{2} = 0.9 \sim 1.4\ mm \tag{6.5}$$

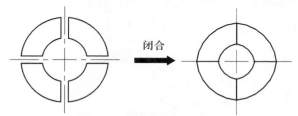

图 6.20 前锷闭合前后对比

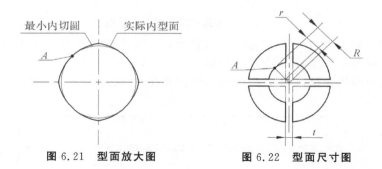

图 6.21 型面放大图　　　　图 6.22 型面尺寸图

6.3.2 轴承检测工具设计

轴承检测工具是指轴承在安装和固定后对其灵活性、安装稳固性进行检测时而使用的一种工具，通常分为无载启动力矩检测工具和轴承轴向推出力位移检测工具两种。

1. 需求分析

如图 6.23 所示，在接头零件上的两端装有轴承 502R20P。在轴承安装固定后需要对其进行无载启动力矩试验，使用的扭矩仪为 ADS8，另需在工艺试验件上对 502R20P 轴承进行轴承轴向推出力加载试验。工艺试验件技术状态与此接头零件相同。

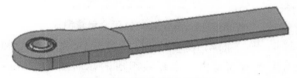

图 6.23 接头产品示意图

壳体内孔尺寸为 $\phi35$Js7,最大外圆直径为 64 mm,壳体厚度为 16 mm,502R20P 轴承周围空间开敞,轴承为带沟槽式关节轴承,关键尺寸如图 6.24 所示。

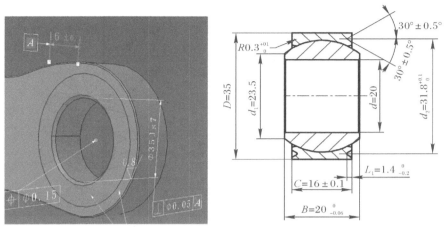

图 6.24　壳体及轴承关键尺寸示意图

2.无载启动力矩检测工具关键尺寸及结构设计

(1)扭矩仪连接部位设计。无载启动力矩检测工具(简称测扭工具)中的量头与扭矩仪的连接四方连接。扭矩仪为外四方结构,故量头的一端为内四方,四方孔名义尺寸与扭矩仪四方尺寸一致,公差取为 D11。考虑制造退刀,注意四方孔后续留有空刀槽。

本案例中 ADS8 扭矩仪的外四方尺寸为 6.35 mm,故量头内四方尺寸为 6.35 mm(D11) ,如图 6.25 所示。

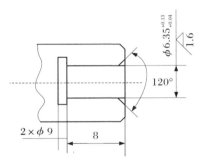

图 6.25　量头与扭矩仪连接部位示意图

(2)与轴承连接部位设计。采用螺纹拧紧的形式将轴承内圈与工具连接为一体(也就是测扭工具的量头和芯轴连接为一体),即通过芯轴定位部分与轴承内圈间隙配合。其中,芯轴定位直径=轴承内圈最小直径-0.1 mm,芯轴直径公差取 f9,这样就限制了工具本身的径向自由度。通过量头和芯轴将轴承螺纹拧紧限制工具轴向自由度,从而实现工具与轴承内圈的连接,即扭矩仪作用于测扭工具等同于作用于轴承内圈。设计时还应注意要保证量头、芯轴不与轴承外圈干涉、接触,即量头、芯轴夹紧部位的最大圆柱面直径不能过大,一般取 $D=d_1\pm2$ mm,其中 d_1 为关节球端面直径。

本案例中关节球端面直径 $d_1=23.5$ mm,故量头、芯轴夹紧部位的最大圆柱面直径 $D=$ 25 mm。由于检测过程中螺纹连接处不受径向及轴向力,螺纹取 M6 即可。为便于量头与芯轴的拧紧和拆卸,注意增加扳拧平面的设计,如图 6.26 所示。

(3)材料及热处理。由于量头和芯棒在工作中不受冲击,故对其材料的要求较低,要求其具有一定硬度即可。量头和芯棒材料均选 45 钢,热处理 40~45HRC,表面做化学氧化等防锈处理。

(4)测扭工具设计总图。本案例中测扭工具设计总图如图 6.27 所示。

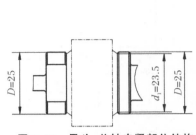

图 6.26　量头、芯轴夹紧部位结构

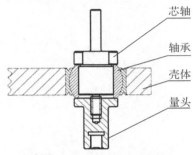

图 6.27　测扭工具设计总图

3.轴向推出力位移检测工具关键尺寸及结构设计

(1)轴向推出力位移检测工具的支撑底座关键尺寸及结构设计。工作中支撑底座架在推力试验台的 V 形块上,故支撑底座最大外径要大于 V 形块对边距,一般取 100~120 mm。与壳体接触,并支撑壳体部位,还要注意避让轴承内圈和轴承外圈,所以支撑底座上方一般为沉孔结构。沉孔直径 D_A 大于轴承外径 D,一般取 $D_A = D+(2\sim4)$ mm,沉孔深度 L_A 大于轴承内圈端面凸出轴承外圈端面的单边凸出量 T,$T=(D_B-D_C)/2$,沉孔深度 $L_A > T+(2\sim10)$ mm,同时底座中心位置必须开可使让百分表触头通过的通孔。

本案例中支撑底座最大外径为 120 mm,与壳体接触支撑部位的沉孔孔径 $D_A = 38$ mm,沉孔深度 $L_A > (20-16)/2+(2\sim10)$ mm,因此 L_A 取为 5 mm。结构尺寸如图 6.28 所示。

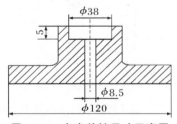

图 6.28　底座关键尺寸示意图

(2)推力检测工具中压头凸尖关键尺寸及结构设计。压头工作时,要作用于轴承外圈,而对于带沟槽的轴承外圈,只能将压头的作用点放置在沟槽内,故要将压头的作用点设计成凸尖。凸尖的形式主要有平面凸尖(见图 6.29)和圆弧角度凸尖(见图 6.30)两种,主要看轴承外圈的径向圆环宽度而定。如果径向圆环宽度较大,可以采用平面凸尖,此种结构要求凸尖的外径尺寸 D_B 小于轴承外圈 D,同时凸尖的内径 D_C 大于轴承内圈外径 d_3,即 $D_B < D$ 且 $D_C > d_3$(见图 6.29),保证不与壳体干涉;如果轴承径向圆环宽度较小,则可选用圆弧角度凸尖,即将凸尖插入沟槽内,此种结构必须使凸尖的尖点与轴承沟槽的最低点完全接触,并且凸尖要避开轴承沟槽的两侧角度面,故凸尖的角度 A 小于沟槽角度 B,凸尖的尖点圆弧 R 不大于轴承沟槽底部圆弧 r,凸尖的尖点所在直径与轴承轴槽所在直径的名义值相同,公差取 ± 0.05 mm,凸尖内侧要带沉槽,从而避让轴承内圈的凸起,所以 $L_B = L_A > (D_B - D_C)/2 + (2 \sim 10)$ mm,但由于压头沉槽的制造难度比较大,一般深度 L_B 不宜取过大。

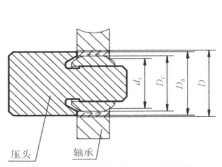

图 6.29　平面凸尖尺寸示意图

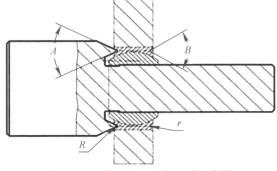

图 6.30　圆弧角度凸尖尺寸示意图

　　本案例中由于轴承外圈的径向圆环宽度较小,故选用圆弧角度凸尖(见图 6.30),$A = 50°$,尖点圆弧 $R = r = 0.3$ mm,沉槽深度 $L_B > (20 - 16)$ mm$/2 + (2 \sim 10)$ mm,L_B 取 4 mm。压头凸尖关键结构及尺寸如图 6.31 所示。

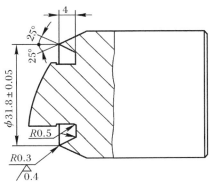

图 6.31　压头凸尖关键结构及尺寸

　　(3)推力检测工具中压头引导关键尺寸及结构设计。检测工具工作时,由于要求 V 形块中的百分表接触压头引导端面,故对推力检测工具的装配尺寸有严格要求。要求检测工具(包括轴承)装配后,压头引导端面距离轴承底座约 $30 \sim 40$ mm。支撑底座高度及标准百分表的触头长度有关。压头的引导直径与轴承内孔为间隙配合,一般引导直径等于轴承内孔直径,间隙量取 $0.1 \sim 0.3$ mm。

　　本案例中压头引导直径取(31.8 ± 0.05) mm,装配后压头引导端面距轴承底座距离取 33 mm。

　　(4)材料及热处理。压头和支撑底座在工作中受力均匀,故对其材料的要求相对较低,具有一定硬度即可。压头和支撑底座材料均选 45 钢,热处理 $35 \sim 40$HRC,表面做化学氧化等防锈处理。

　　(5)推力检测工具设计总图。本案例推力检测工具设计总图如图 6.32 所示,工作示意图如图 6.33 所示。

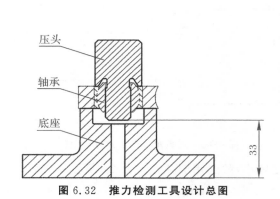

图 6.32　推力检测工具设计总图　　　　图 6.33　推力检测工具工作示意图

6.4　圆孔量规设计

　　量具是一种在使用时具有固定形态,用以复现或提供定量的一个或多个已知量值的器具,主要包括量规类(圆孔塞规、位置量规、锥度量规)、样板类(划线样板、锉修样板、检验样板、R 规)、塞尺类、检验销棒类、专用卡尺、卡板类等。本节主要介绍圆孔塞规的设计案例。

　　圆孔塞规是一种使用方便的用于检测孔径合格与否的极限量具,其形式为圆柱状,中间是手柄,两端分别是通端和止端。圆孔塞规的结构形式如图 6.34 所示。

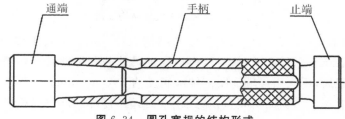

图 6.34　圆孔塞规的结构形式

6.4.1　需求分析

　　如已加工孔径为 5.99～6.02 mm、厚度为 20 mm 的孔,现需设计圆孔塞规检测其直径是否满足要求。

6.4.2　圆孔塞规参数设计

　　圆孔塞规的主要参数有通端直径、止端直径和手柄等。

1.手柄设计

手柄要求便捷顺手,因此设计了网纹防止手滑。两端圆柱上的孔是为了方便拆卸通止端。手柄材料一般使用 Q235,手柄结构如图 6.35 所示,设计参数如表 6.7 所示。手柄尺寸的选用和塞规直径范围、工况有关,一般选用长度短的手柄,当孔的位置比较深时,选用长度长的手柄。本案例中塞规的直径为 6 mm 左右,手柄设计参数范围为 3~10 mm。

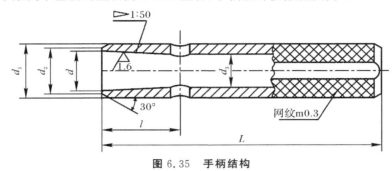

图 6.35　手柄结构

表 6.7　手柄设计参数　　　　　　　　　　　　　　单位:mm

塞规直径	L	l	基轴制		d_1	d_2	d_3	d_4	f
			公称尺寸	偏差(D_4)					
>3~10 (包含 10)	45	12.5	2.5	+0.020	6	3.5	2.2	2.8	4
	90								
>10~14 (包含 14)	60	15.5	6	+0.025	10	7	5.5	4.5	5
	110								
>14~18 (包含 18)	70	17	8	+0.035	13	9	7.5	5	6
	120								
>18~24 (包含 24)	80	18.5	11		16	12	10.5		7
	130			+0.035				6.5	
>24~30 (包含 30)	90	21.5	15		20	16	14.5		8
	140								

2.塞规通端设计

通端直径为 $D_T = D_1 + T + Z/2$。式中,D_T 为通端公称直径(mm);D_1 为测量孔径下限;T 为塞规的尺寸公差(μm);Z 为通端工作量规尺寸公差带的中心线至工件最大实体尺寸之间的距离(μm)。T 和 Z 的值按照表 6.8 选取。本案例中孔的直径为 5.99~6.02 mm,属于 3~6 mm 范围,孔的公差值为 30 μm,查得公差等级为 IT9,T 为 2.4 μm,Z 为 4 μm,则通端直径为 $D_T = D_1 + T + Z/2 = 5.99 + \dfrac{2.4 + 4/2}{1000} = 5.994\,4$ mm,公差为($^{\ 0}_{-0.002\,4}$) mm。

表 6.8　塞规尺寸公差及通端位置要素值

工件孔的基本尺寸/mm		工件孔的公差等级								
大于	至	IT8			IT9			IT10		
		孔的公差值 μm	T	Z	孔的公差值 μm	T	Z	孔的公差值 μm	T	Z
—	3	14	1.6	2.0	25	2	3	40	2.4	4
3	6	18	2.0	2.6	30	2.4	4	48	3	5
6	10	22	2.4	3.2	36	2.8	5	58	3.6	6
10	18	27	2.8	4.0	43	3.4	6	70	4	8
18	30	33	3.4	5.0	52	4	7	84	5	9

　　通端长度：当被测孔较浅时，通端长度按表 6.9 选取；当被测孔较深时，需增加通端长度，以保证量规能够完全测量孔。此时需注意手柄直径，手柄直径大于通端直径，则需增加通端长度；手柄直径小于通端直径，则无需加长。本案例中为保证通端通过 20 mm 深度的孔，需加长长度到 20 mm。

表 6.9　通止端长度　　　　　　　　　　　　　　单位：mm

工件孔的基本尺寸	0~3	3~6	6~10	10~14	14~18	18~24	24~30
通端长度	6	8	10	10	12	14	16
止端长度	4	4	5	5	6	7	9

　　磨损极限：磨损极限为孔直径的下限值。若塞规通端经使用磨损后直径小于磨损极限，则禁止使用。本案例中的圆孔塞规磨损极限为 5.99 mm。

　　材料及热处理：圆孔塞规的材料需要具有耐磨、变形小和精度高等特性。本案例中通端选用 CrWMn 材料，热处理为 58~62HRC。

　　通端设计时，锥度部分应与手柄匹配，检测部分与手柄之间留防碰撞间隙。本案例中的通端设计如图 6.36 所示。

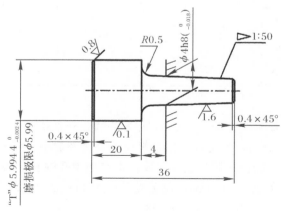

图 6.36　通端设计图

3.塞规止端设计

止端直径:塞规止端直径为孔直径的上限值。案例中圆孔塞规的止端直径为 6.02 mm,公差与通端相同,由表 6.8 查得($-_{0.002\,4}^{\quad 0}$)。

止端长度:止端不需要塞入孔内,止端长度与孔深度没关系。本案例中的止端长度的设计按表 6.9 查得 4 mm。

材料及热处理:止端选材与通端相同。本案例中的止端选用 CrWMn 材料,热处理为 58～62HRC。

设计止端时,锥度部分应与手柄匹配,检测部分与手柄之间留防碰撞间隙。本案例中止端的设计如图 6.37 所示。

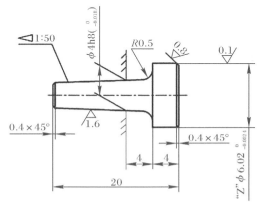

图 6.37　止端设计图

第7章 机电类工装设计

7.1 概 述

机电类工装是用于飞机零部件翻转、运输和焊接等的专用工装。机电类工装在飞机制造过程中起到了关键作用,确保了飞机零部件质量和性能符合设计要求和规范标准。同时,使用机电类工装也提高了制造效率和工作安全性,并减少了人为错误和事故的发生。

7.2 复合材料加筋壁板翻转装备设计

复合材料加筋壁板是复合材料加筋壳体中的一种应用于抗屈曲的高效承载结构,由内部加强筋和薄壁壳体形成的蒙皮构成,具有可靠性高、结构效率高和稳定性高等特点。然而,复合材料加筋壁板的共固化成型制造在很大程度上依赖于先进的制造装备,而目前国内现有的制造装备无法实现该制造工艺。因此,我们设计了复合材料加筋壁板翻转装备,它用于实现水平尾翼和垂直尾翼湿状态复合材料 T 形长桁的组合、翻转、定位,并与湿状态复合材料蒙皮精确对接。该装备能提高水平尾翼和垂直尾翼复合材料加筋壁板的制造效率和精度,从而降低制造成本。

7.2.1 设计要求

复合材料加筋壁板翻转装备需要满足以下要求:
(1)能实时测量长桁的定位精度,并调整长桁的位置,实现长桁与蒙皮的精确对接;
(2)满足复合材料加筋壁板共固化成型制造工艺流程所需的功能要求、参数精度要求;
(3)适用于其他类似复合材料壁板的制造。

7.2.2 总体设计

该装备由大尺寸围框翻转升降系统、架内吊车、柔性对接翻转装置、多功能柔性定位工装组成。通过柔性对接翻转装置对复合材料 T 形长桁及长桁成型模具进行刚性固定或柔性连接,实现复合材料 T 形长桁及长桁成型模具刚性连接状态和柔性连接状态的切换。通过大尺寸围框翻转升降装置对复合材料 T 形长桁及长桁成型模具进行大尺度的旋转,并使其与蒙皮及蒙皮成型模具进行柔性对接,最终实现复合材料 T 形长桁与蒙皮的精确对接。

复合材料加筋壁板翻转装备如图 7.1 所示。架内吊车用于壁板长桁模具及长桁的上架安装,其载荷为 500 kg,大尺寸围框翻转升降系统沿 Z 方向的行程为 0~2 200 mm,定位精度为 ±0.1 mm,旋转角度为 ±180°,精度为 ±0.1°。柔性对接翻转装置可实现柔性浮动连接以及刚性固定连接两种状态,实现长桁与蒙皮的自适应精确对接,浮动行程为 ±20 mm,对接精度高达 ±0.1 mm。多功能柔性定位工装可满足飞机平尾上下壁板以及垂尾左右壁板等 4 块不同飞机产品的长桁定位、夹紧要求,定位精度为 ±0.5 mm,且可对长桁位置进行整体调整,调整范围为 20 mm。

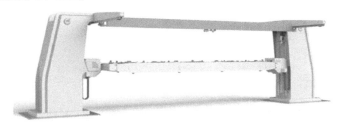

图 7.1　复合材料加筋壁板翻转装备

7.2.3　工艺流程

翻转、装配工艺流程如图 7.2 所示。

(1)模具及长桁入位;

(2)将第 1 根长桁模具及产品用吊车吊装上架,放置于相对应的 T 形槽内;

(3)通气,吸附复合材料芯模,之后进行航向定位和展向定位;

(4)按上述步骤依次上架第 2~7 根复合材料芯模,并完成航向和展向定位;

(5)全部模具上架完成后,锁紧模具并测量偏差,调整偏差分布;

(6)锁紧内框后,将整体柔性对接翻转平台上升适当距离,将外框、内框、模具等整体旋转 180°;

(7)通过自动导向车(Automated Guided Vehicle,AGV)运输车将蒙皮模具及产品运输至围框正下方规定位置并托举定位;

(8)将长桁模具上用于抽真空的气管断开,将 T 形槽沿展向分开至最大位置,展向定位气缸缩回,航向定位块及压紧机构同时向两侧移动,与长桁模具脱离;

(9)围框整体向上移动,使围框整体与长桁模具完全脱离;

(10)将气管连接到对应的长桁模具上,并进行吹气,使复合材料模具与长桁模具分离,用吊车将模具吊离;

(11)打压、制袋完成后,通过 AGV 将蒙皮模具及产品运离本站位。

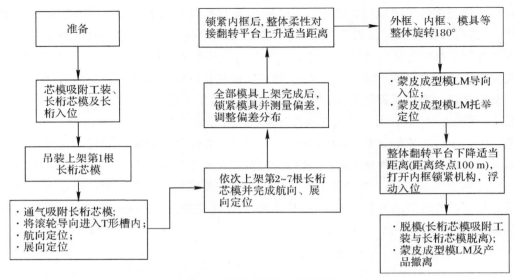

图 7.2　翻转、装配工艺流程图

7.2.4　详细设计

复合材料加筋壁板翻转装备由大尺寸围框翻转升降系统、柔性对接翻转装置、柔性定位工装等组成。

1.翻转升降系统设计

复合材料加筋壁板共固化制造成型工艺流程中,湿状态复合材料 T 形长桁组合、定位后,需进行 180°翻转,再与湿状态复合材料蒙皮进行精确对接,形成湿状态复合材料 T 形加筋壁板。其中,多个湿状态复合材料 T 形长桁整体翻转并与湿状态下的复合材料蒙皮精确对接十分困难,传统的翻转工装难以实现这一过程。因此,需设计大尺寸围框翻转升降系统,如图 7.3 所示。

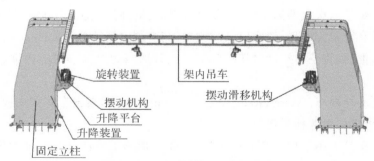

图 7.3　大尺寸围框翻转升降系统

大尺寸围框翻转升降系统包括一组对称设置于地面的固定立柱、两个相同的升降装置、两个相同的升降平台、一套摆动机构、一套摆动滑移机构、两个相同的旋转装置。

(1)两个相同的升降装置安装于两固定立柱相对的侧面,升降方向相互平行且处于竖直方向。

（2）两个升降平台侧面分别与两组升降装置固定，在升降装置的带动下可沿竖直方向上下移动。

（3）摆动机构和摆动滑移机构分别安装于两个升降平台的上表面，且摆动机构与摆动滑移机构的旋转轴线平行。

（4）两组旋转装置分别固定于摆动机构和摆动滑移机构上，且旋转轴线同轴。架内吊车横跨在一组固定立柱的上方。柔性对接翻转装置两端分别与两个旋转装置连接，多功能柔性定位工装安装于柔性对接翻转装置内部，多个不同的 T 形长桁及长桁成型模具定位并固定在多功能柔性定位工装的上表面。升降装置和旋转装置带动柔性对接翻转装置、多功能柔性定位工装、T 形长桁及长桁成型模具移动到指定对接位置，并进行翻转。AGV 运输车将蒙皮及蒙皮成型模具运输到指定对接位置。最终实现 T 形长桁与蒙皮的对接。

2. 柔性对接翻转装置设计

目前主要以数控调姿系统作为大尺寸产品精确对接的装置，但其结构复杂且成本较高，并不适用于长桁和蒙皮的精确对接。在实现长桁组合、定位、翻转工艺流程的大尺寸围框翻转升降系统的基础上，设计柔性对接翻转装置，具体如图 7.4 所示。柔性对接翻转装置包括外框、内框、吊索机构、V 形锁紧装置、锁钩机构。

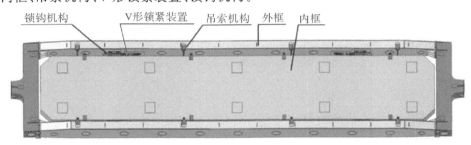

图 7.4　柔性对接翻转装置

（1）外框为一个矩形中空框架，两端中部分别与固定立柱上的旋转装置连接，旋转装置可带动外框绕外框中线旋转。

（2）内框为矩形框架结构，多功能柔性定位工装安装在内框里。外框内侧沿外框长度方向设置多组 V 形锁紧装置，与安装于内框外侧的多组锁钩机构配合使用，实现外框对内框的固定和释放。

（3）多组吊索机构均布于内框与外框之间，将内框与外框上、下表面连接，当外框与内框固定后，所有吊索机构均为松弛状态。吊索机构包括固定座、固定销、链条。固定座为 L 形结构，共有两个，其中一个固定在内框外侧一周，另一个固定在外框内侧一周的相应位置。链条为长度一定的铁环链条，两端通过固定销分别与固定在内框和外框上相应位置处的固定座连接。

（4）V 形锁紧装置包括 U 形固定架、伺服电动缸、导轨、V 形插块。U 形固定架为 U 形结构，U 形固定架安装在外框内侧，伺服电动缸安装于 U 形固定架内部，两列导轨相互平行地安装于 U 形固定架两侧上表面，且与伺服电动缸移动方向平行，其滑块与 U 形固定架固定在一起。V 形插块为前端带有 V 形缺口的块状结构,前端下表面为具有一定角度的斜面,V 形插块上表面两侧与两导轨的轨道连接,中部与伺服电动缸连接,伺服电动缸可带动 V 形插块沿导轨往复移动。

(5)锁钩机构包括导向块、螺栓滚子轴承。导向块为矩形块状结构,安装在内框外侧,其上表面两侧设有一定角度的斜面,该斜面可与 V 形锁紧装置中的 V 形插块前端的下表面斜面贴合。多组螺栓滚子轴承呈 V 形安装于导向块上表面中部,其可与 V 形锁紧装置中的 V 形插块前端的 V 形缺口配合。

柔性对接翻转装置是复合材料加筋壁板自动翻转工装中的关键承力件,负责承载多功能柔性定位工装、湿状态复合材料 T 形长桁及模具的整体重力,并带动整体刚性旋转,同时与湿状态复合材料蒙皮实现浮动精确对接。其刚度和强度直接影响到复合材料加筋壁板自动翻转工装的稳定性和安全性。

利用有限元软件对柔性对接翻转装置进行有限元分析。柔性对接翻转装置与多功能柔性定位工装固连,外部载荷主要包括湿状态复合材料 T 形长桁及模具。有限元分析结果如图 7.5~图 7.8 所示。

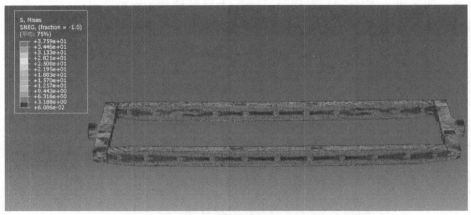

图 7.5　柔性对接翻转装置处于 0°状态下的位移云图

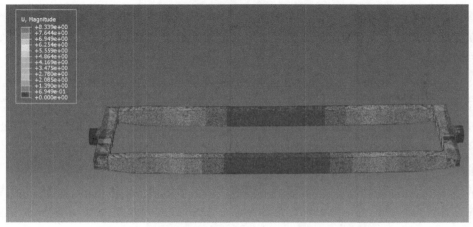

图 7.6　柔性对接翻转装置处于 0°状态下的位移云图

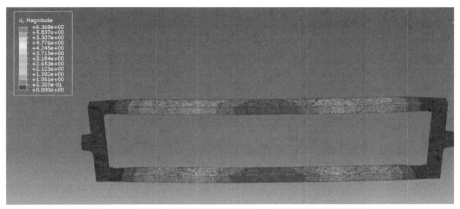

图 7.7　柔性对接翻转装置处于 90°状态下的应力云图

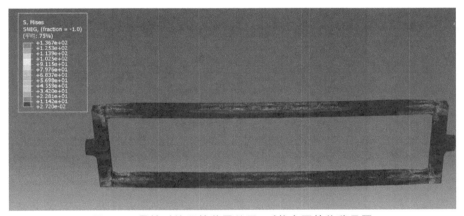

图 7.8　柔性对接翻转装置处于 90°状态下的位移云图

由结果可知:柔性对接翻转装置在多功能柔性定位工装、湿状态复合材料 T 形长桁及模具重力作用下,处于 0°状态时最大应力为 37.5 MPa,最大位移为 8.33 mm。处于 90°状态时最大应力为 136.7 MPa,最大位移为 6.36 mm。

3.柔性定位工装设计

湿状态复合材料 T 形长桁与湿状态复合材料蒙皮之间仅能通过定位工装进行间接定位,且多根湿状态复合材料 T 形长桁组合之后容易造成制造误差累计,导致长桁与蒙皮相对位置精度超差,因此长桁的定位工装对湿状态复合材料 T 形长桁的定位精度以及翻转180°对接过程中的稳定性至关重要,且其可满足飞机平尾上下壁板以及垂尾左右壁板长桁的定位要求。设计的多功能柔性定位工装如图 7.9 所示。

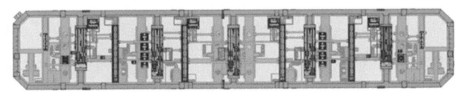

图 7.9　多功能柔性定位工装

多功能柔性定位工装包括固定框架、定位圆杯、定位方槽、模具航向定位组、模具展向定位组、T 形槽开闭组、模具压紧组。

（1）固定框架为由横纵梁组成的桁架式矩形框架结构；

（2）定位圆杯、定位方槽分别固定于固定框架两端，并作为 T 形湿长桁成型模具的定位基准；

（3）模具航向定位组由多个模具航向定位机构组成，其沿固定框架纵向依次安装在纵梁上表面，每个模具航向定位机构与定位圆杯和定位方槽的位置确定，模具航向定位组对 T 形湿长桁成型模具进行航向的精确定位；

（4）模具展向定位组由多个模具展向定位机构组成，其沿固定框架横向依次安装在横梁中部，每个模具展向定位机构与定位圆杯和定位方槽的位置确定，模具展向定位组对 T 形湿长桁成型模具进行展向的精确定位；

（5）T 形槽开闭组包括多个 T 形槽开闭机构，安装于固定框架上表面，与 T 形湿长桁成型模具的底部 T 形轮机构位置对应，以便 T 形湿长桁成型模具的 T 形轮机构能够在 T 形槽开闭机构的 T 形槽内移动；

（6）模具压紧组由多个模具压紧机构组成，其沿 T 形湿长桁成型模具长度方向依次均匀安装于固定框架上表面，并压紧 T 形湿长桁成型模具。

4.控制系统设计

整个系统中有大量的电机、气缸和传感器，需要排布的电缆数量庞大。然而，由于工装结构限制，无法增加线缆桥架，普通的电缆连接方式也无法满足布线需求。因此，设计了一套分布式 I/O 控制系统架构，设置了多个分布式从站模块，将局部范围内电气元器件控制与反馈信号接入相应从站模块中。各个从站通过网线与主站进行通信，完成远端不同从站内的电机轴控制和 I/O 离散量信号的采集工作，从而有效地减少了电机线缆、控制线缆的数量，优化了工装结构，减小了故障发生率。分布式 I/O 控制系统图如图 7.10 所示。

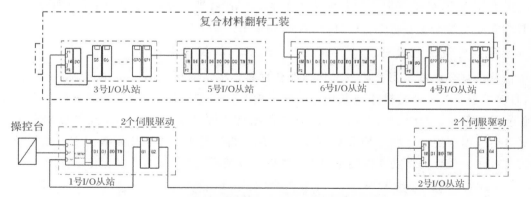

图 7.10　分布式 I/O 控制系统图

5.电气系统硬件结构

（1）硬件结构组成。复合材料加筋壁板自动翻转工装主要电气控制系统由西门子 S7-1500 控制器和 SINAMICS V90 伺服驱动器组成，电机选用 1FL 系列自冷却永磁同步电机。

图 7.11 所示为电气控制系统结构图,其包括一个主控制柜、5 个从站、37 套驱动器加电机等,采用 PROFINET 总线控制。主要电控系统硬件选型见表 7.1。

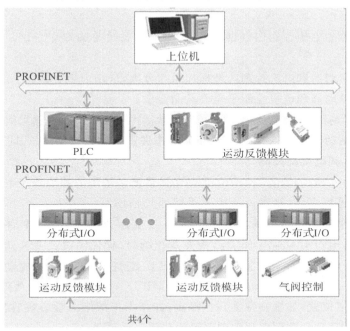

图 7.11　电气控制系统结构图

表 7.1　电控系统硬件选型

序 号	电控元件	数 量	型 号
1	PLC 控制器	1	6ES7517 – 3TP00 – 0AB0
2	V90 驱动器	4	6SL3210 – 5FE12 – 0UF0
3	V90 驱动器	4	6SL3210 – 5FE10 – 4UF0
4	V90 驱动器	29	6SL3210 – 5FB10 – 4UF1
5	数字量输入模块	6	6ES7521 – 1BH10 – 0AA0
6	数字量输入模块	5	6ES7521 – 1BL10 – 0AA0
7	数字量输出模块	3	6ES7522 – 1BH10 – 0AA0
8	数字量输出模块	4	6ES7522 – 1BL10 – 0AA0
9	数字量输出模块	8	6ES7522 – 5HH00 – 0AB0
10	模拟量输入模块	1	6ES7531 – 7NF10 – 0AB0
11	模拟量输出模块	1	6ES7532 – 5HF00 – 0AB0
12	接口模块	6	6ES7155 – 5AA00 – 0AC0
13	工艺模块	14	6ES7551 – 1AB00 – 0AB0
14	系统电源模块	6	6ES7507 – 0RA00 – 0AB0
15	负载电源模块	4	6EP1333 – 4BA00
16	存储模块	1	SD FLASH 2GB

复合材料加筋壁板自动翻转工装控制主要内容包括以下 6 部分：

1)2 个驱动器和电机控制内外框整体同步升降,升降行程为 700～900 mm,采用磁栅尺信号全闭环反馈;

2)2 个驱动器和电机控制内外框整体同步旋转,旋转角度为 0°～180°,采用磁栅尺信号全闭环反馈;

3)4 个电机驱动器和电机控制内外框加紧与分离,采用力矩反馈;

4)4 个电机驱动器和电机控制平尾面航向定位;

5)4 个电机驱动器和电机控制平尾面长桁压紧,采用力矩反馈和磁栅尺信号全闭环反馈;

6)5 个电机驱动器和电机控制平尾面 T 形槽夹紧,采用力矩反馈。同理,这也适用于垂尾面 16 个驱冲器和电机的控制。

(2)基于力矩反馈的长桁柔性定位机构控制系统。基于力矩反馈的长桁柔性定位机构控制系统包括内外框夹紧、平尾面长桁和垂尾面长桁压紧、平尾面长桁和垂尾面 T 形槽夹紧控制。力矩反馈控制系统的基本组成如图 7.12 所示,在内外框夹紧、平尾面长桁和垂尾面长桁压紧、平尾面长桁和垂尾面 T 形槽夹紧控制时,首先经过反复实验给出夹紧时每个轴的绝对位置,通过程序给定位置信号;通过 PLC 控制伺服驱动器,驱动器给电机驱动信号,电机按照程序运动;当运动到一定位置时根据程序中的力矩反馈信号停止运动。这时对比实际位置和给定位置,如果一致则到位停止,如果不一致则需检查硬件问题,排查后按照指定控制流程再走一次,直至实际位置和给定位置一致时停止。

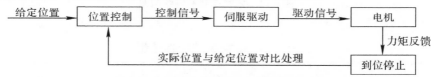

图 7.12　力矩反馈控制系统的基本组成

(3)基于 SSI 信号磁栅尺反馈的全闭环控制系统。基于 SSI 信号磁栅尺反馈实现复合材料加筋壁板自动翻转工装控制,包括内外框整体同步升降控制、内外框整体同步旋转,以及平尾面长桁和垂尾面长桁压紧控制。

位置检测器能直接检测出运动机构的位置,并把位置信息反馈到输入端;将其和位置指令进行比较,之后再将其差值放大,以控制交流伺服电动机转矩,实现控制位置向目标点移动。这样的闭环控制在工程上称为全闭环控制。

在对运动部件进行数字式驱动的基础上(见图 7.13),引入直接检测运动部件最终位移的数字式测量环节,即 SSI 信号磁栅尺反馈,以充分获取准确位置信息。

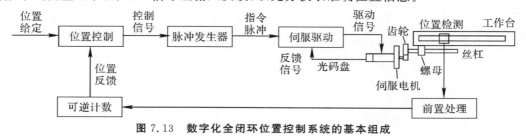

图 7.13　数字化全闭环位置控制系统的基本组成

7.3　发动机柔性安装车控制系统设计

　　飞机零部件体积大、结构复杂、安装间隙小。传统的飞机零部件装配中大多采用手动安装方式作业,这种安装方法不仅效率低,而且安装精度难保证,已经不能适应现代大型飞机制造高质量和高效率的装配要求。随着数字化装配技术的应用与发展,越来越多的飞机大部件对接装配采用了数字化装配技术。为满足飞机零部件快速对接安装生产的要求,就要改变现有以人工操作为主的装配模式,针对大尺寸飞机零部件对接安装生产的需要,设计高精度、高效率的自动化柔性安装车控制系统,实现安装对接平台的数字化运行控制和多自由度柔性姿态调整。这样做不仅可提高零部件对接精度和工作效率,还可节省安装过程所需的人力资源,提高安装质量。

7.3.1　设计要求

　　发动机安装车主要用于实现飞机发动机在狭小空间的安装与拆卸。需要满足以下要求:

　　(1)发动机安装车应能适应左右发动机的安装,且具有升降功能。

　　(2)发动机安装车应设置横向移动功能、航向移动功能、绕 Z 轴偏摆功能、俯仰运动功能,且应在各个方向运动平稳、可控。

　　(3)发动机安装车应具备电动驱动和手动调节的功能,电驱移动精度应不大于 1 mm。

　　(4)发动机安装车设计时应考虑发动机安装过程中机翼千斤顶和中央翼对发动机安装车运动位置和发动机安装轨迹的影响。

　　(5)在发动机安装过程的任意位置,均需保证发动机与结构之间有合适的安全距离。

　　(6)发动机安装车应考虑产品防护要求,即必须在与发动机直接接触或可能接触部位采用硬质/软质胶皮进行防护。此外,考虑转接支架应能保护好发动机前吊点齿盘(不被划伤),后吊点耳片不产生应力变形。

　　(7)安装车设计应充分考虑人机工效学。

7.3.2　总体设计

　　如图 7.14 所示,柔性安装车包括升降机构、行走机构、平移机构、柔性吊装机构、电控系统等。其中,平移机构、柔性吊装机构与行走机构形成一个联合整体,统称为调姿组件,其整体结构如图 7.15 所示。

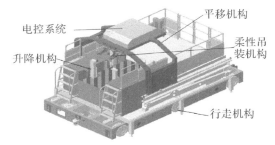

图 7.14　发动机安装车

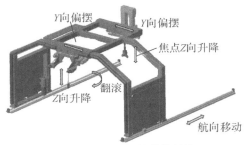

图 7.15　调姿组件整体结构

7.3.3　工艺流程

（1）首先将发动机吊运至发动机安装车之前，将调姿组件移动至安装装置最后端，将升降立柱升至最高位，再将升降平台反向同源互联升降机构降至最低位，如图 7.16 所示。然后放置发动机，并用插销锁紧。

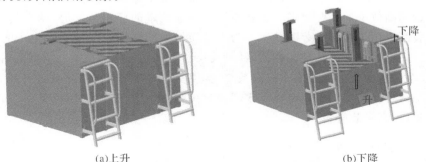

(a)上升　　　　　　　　　　　　(b)下降

图 7.16　升降立柱与平台反向同源互联升降机构

（2）操作剪刀叉使其上升 500 mm，移动调姿组件至发动机三个吊点上部，如图 7.17 所示。

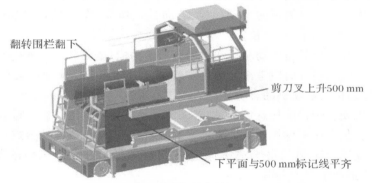

图 7.17　移动调姿组件至预工作状态

（3）使剪刀叉下降约 400 mm，与发动机的三个吊点进行对接；移动调姿组件进行微调对接。第一次对接完成后，做好标记，便于以后的对接工作（见图 7.18）。将三个吊点与发动机的吊点进行连接，在四个支柱支撑着发动机且三个吊点连接完毕的状态下，AGV 车顶起发动机安装装置进行移动。

图 7.18　移动调姿组件与发动机吊点对接

（4）在 AGV 车携带安装装置到达短舱前端（安全距离约 2 m）后，将剪刀叉上升 500 mm，移动调姿组件至安装装置最后端，升降平台升起同时升降立柱下降，平台恢复初始状态，以确保安装过程不与飞机发生干涉。此时将操作剪刀叉缓慢上升，至调姿激光点打在短舱交点中部位置停止。激光与短仓焦点的位置如图 7.19 所示。

图 7.19　激光与短仓焦点的位置

（5）AGV 车携带发动机安装装置向飞机移动，速度不得太快，当与飞机距离近（见图 7.20）时，注意观察；移动至剪刀叉端面与飞机 4 框平齐时停止，同时注意飞机前端面与发动机安装车的间隙，避免发生碰撞。AGV 的 4 个支撑柱落下，由发动机安装车的 6 个支腿支撑安装装置。

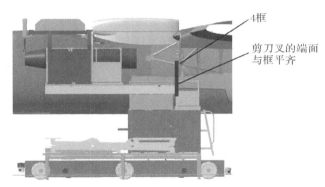

图 7.20　发动机安装装置行走至飞机前端面

（6）移动调姿组件带动发动机进入短舱，操作要平稳，且边观察边送入，避免发生碰撞。发动机到位后，开始对接焦点。操作遥控器实现发动机的调姿，保证焦点顺利完成。焦点对接完成发动机安装稳后，将三个吊点的连接螺栓松开，将调姿组件向后移动一定距离，观察发动机安装装置完全与短舱脱离后停止。AGV 车后退，与发动机完全脱离，剪刀叉降至最低点，整车装置开回指定工位。

7.3.4　详细设计

如图 7.21 所示，系统硬件主要电气控制系统由西门子 S7 - 1500 控制器和 SINAMICS V90 伺服驱动器组成，电机选用 1FL 系列自冷却永磁同步电机。

S7 - 1500 控制器是西门子近年来推出的一款高性能 PLC 型运动控制器，专为中高端设备和工厂自动化设计、使用。其运动控制功能支持旋转轴、定位轴、同步轴和外部编码器等工艺对象，集成了轴控制面板，具有全面的在线和诊断功能，简化了工程组态过程，使硬件配置和设备调试操作简单便捷，借由集成的诊断功能通过简单操作即可实现对设备运行状态的监控诊断，降低了项目运行成本。

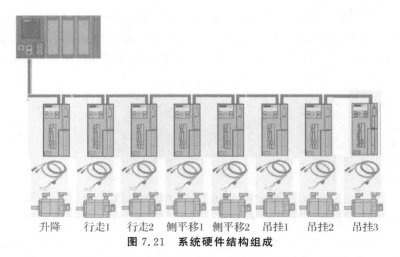

升降　行走1　行走2　侧平移1　侧平移2　吊挂1　吊挂2　吊挂3

图 7.21　系统硬件结构组成

SINAMICS V90 集成了丰富的控制模式,如外部脉冲位置控制(PTI)、USS/Modbus 连接、内置定位(IPos)以及转速和转矩控制等,方便用户使用。此外,伺服驱动器还具有高达 1 MHz 的高速脉冲输入,并支持 20 位分辨率的绝对编码器,具备高水平的快速定位精度和低纹波的转速波动功能。Simotics S-1FL6 伺服电机的三倍过载能力,以及全集成驱动系统的驱动技术,提高了其伺服性能、生产力、能源效率和可靠性。

根据不同的应用,SINAMICS V90 分为两个版本:脉冲序列版和 PROFINET 通信版。脉冲序列版可以实现内部定位块功能,且具有脉冲位置控制、速度控制、力矩控制模式。SINAMICS V90 PN 版集成了 PROFINET 接口,可以通过 PROFIdrive 协议与上位控制器进行通信。本安装装置选用 SINAMICS V90 PN 版伺服驱动器,通过 PROFINET 电缆在控制器和驱动器间实时传输用户/过程数据以及诊断数据,降低了系统的复杂性。

2.控制系统软件设计

(1)系统控制流程。根据柔性安装装置的硬件结构组成和飞机零部件的装配对接工艺流程,绘制了电气控制系统的控制结构流程,具体如图 7.22 所示。设计了遥控器操作面板,具体如图 7.23 所示。

默认模式选择开关处于零位,操作时,根据要运动的机构选择操作模式。操作模式和运动机构对应关系如下:平台升降模式→升降平台,前后模式→行走机构,偏摆模式→侧平移机构,吊钩模式→柔性吊装机构。

系统上电后,选择"平台升降"模式。按下"平台上升"按钮,升降平台向上运行;按下"平台下降"按钮,升降平台向下运行。松开按钮,升降平台停止运行。将平台降至最低点后,选择"前后"模式。按下"前进"按钮,行走机构按对接方向向前运行。按下"后退"按钮,行走机构按对接方向向后运行。松开按钮,行走机构停止运行。在行走机构带整体调姿组件平移至安装装置最后端后,选择"吊钩"模式。柔性吊装机构共 3 个吊钩,编号为 1#、2#、3#。选择同步模式,3 个吊钩同步升降。选择 1#、2# 或 3# 时,标识相应吊钩单独升降运行。选择"吊钩"模式,进行吊钩选择后,按下"吊钩上升"按钮,电动缸收回,工件上升。按下"吊钩下降"按钮,电动缸伸出,工件下降。松开该按钮,电动缸停止运行。吊钩下降至发动机吊点位置,并完成对接吊挂后,操作 AGV 携带整体安装装置移至飞机全端面。依照相关流程进行操作,进行对接调姿。拨动"偏摆选择"开关至处于中间位置时,前后侧偏摆同步运行:向上拨动"偏摆选择"开关,选择前侧偏摆电机,向下拨动"偏摆选择"开关,选择后侧偏摆电机。按下"向左"按钮,偏摆机构向左运行。按下"向右"按钮,偏摆机构向右运行。松开按钮,偏摆机构停止运行。

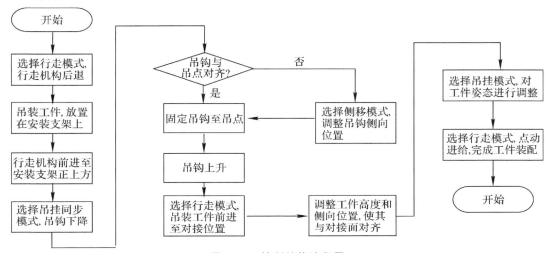

图 7.22　控制结构流程图

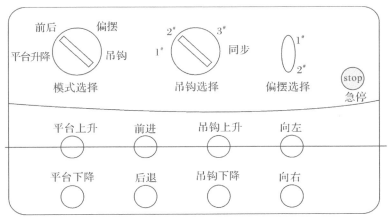

图 7.23　遥控器操作面板

　　在整个装配过程中,除操作发动机安装装置外,还需要操作下部的剪刀叉。剪刀叉遥控器与上部安装装置的遥控器互锁,即当需要操作剪刀叉遥控器时,需将旋钮旋至"剪刀叉",方可进行剪刀叉遥控器操作;将旋钮旋至"安装车"时,方可操作上部安装装置的遥控器。

　　(2)关键程序。S1500 有以下类型的运动控制功能块:MC_Power(对轴进行使能操作)、MC_Reset(复位所有的轴故障)、MC_Home(回零)、MC_Halt(停止轴运动)、MC_MoveAbsolute(轴绝对定位)、MC_MoveRelative(轴相对定位)、MC_MoveJog(点动运行轴)、MC_GearIn(齿轮同步)。根据 PLC 控制流程图,编写运动控制程序,即可实现安装装置各定位轴的精准定位控制。部分关键程序如图 7.24 所示。

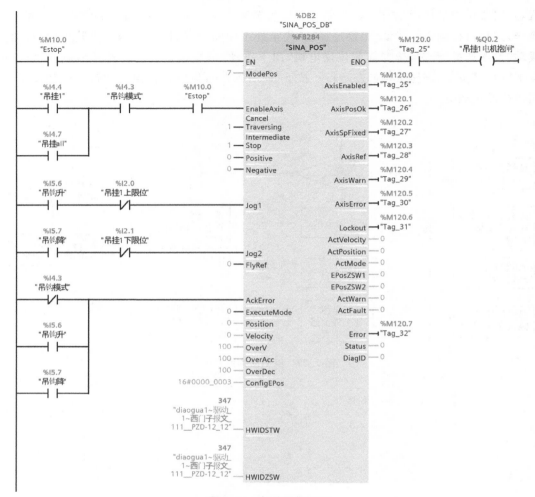

图 7.24　部分关键程序

　　柔性安装装置所有驱动器伺服电机均选配绝对值编码器。使用时,先执行回零操作,对零点位置进行标定,然后使用"MC_MoveAbsolute"功能块,此功能块可让轴运行在有效行程内基于坐标原点的任何位置。功能块输入端"Execute"的上升沿触发轴运行,基于当前位置及目标位置计算出到达目标位置所需要的脉冲数量,之后电机加速到指定的速度并且在目标位置处停止。"MC_MoveRelative"功能块可基于当前位置对目标位置进行调整,当"Execute"的上升沿触发时,V90 控制器基于当前位置行走增量位置后自动停止。

7.4　大型高精度柔性焊接工装设计

　　大型飞机货舱地板通过搅拌摩擦焊焊接工装进行多零件的拼接加工,这是飞机制造中的先进制造技术。由于产品精度要求高且焊接工序繁多,在同一工位上实现产品多工序焊接和装夹固定非常困难。目前国内外相关的工装夹具采用单工序装夹定位方式,导致定位焊接精度及生产效率普遍不高。基于以上原因,设计了搅拌摩擦焊焊接工装,主要用于对飞机货舱地板进行搅拌摩擦焊接时的装配定位及夹持。该焊接工装由两个独立的工装系统组成,即左右地板焊接工装和中央地板焊接工装。两套工装的结构及原理相同,适用的产品不同。该工装的设计促进了飞机制造先进技术中工装夹具技术的提升。

7.4.1　设计要求

1.焊接工装技术要求

这种大型飞机货舱地板的多零件拼焊,具有复杂截面特性以及高精度的产品质量要求,因此对焊接工装提出了以下要求:

(1)工装应具有足够的强度和刚度,动平稳性、抗震性好,精度稳定。加载后,工装台面变形小于 0.3 mm。

(2)工装应具有纵向(航向)、横向(展向)定位功能。定位基准应与产品装配定位基准一致。

(3)工装应具有侧向和垂直向的压紧功能。

(4)工装应具有端面推顶功能。

(5)工装应具有一定硬度的焊接垫板。

(6)工装应具有托举产品的功能,以便焊后产品的起吊。

(7)工装对产品的定位夹持应具有高刚性,焊接过程中产品窜动量不超过 0.1 mm。

(8)工装操作简单,维护方便,安全性高。

(9)操作控制界面简单,容易操作,控制系统具有异常现象检验和诊断功能,并有报警显示。

(10)工装的使用不影响焊接设备的移动,不影响操作者对焊接区域的观察,不影响工件的起吊。

(11)工装上所有的压紧机构和顶紧机构都不应对零件表面造成损坏。

(12)焊后产品质量满足设计要求。

左右侧地板和中央地板的零件组成和外形尺寸均不相同,无法应用于一个工装平台焊接。因此,基于以上工装技术要求,按照精度满足、功能完备、操作维护方便、生产效率高等原则设计两个工装平台,分别用于左右地板和中央地板的焊接。

2.定位基准分析

(1)产品定位基准。产品的定位基准主要用于确定产品中多个零件焊接的相对位置,其次是对产品空间自由度的限制。工装上应具有对产品进行定位的基准。定位基准包括支持面基准、航向定位基准、展向定位基准,并与产品上的装配基准重合,用于限制产品的 6 个自由度,如图 7.25 所示。

(2)货舱地板航向定位基准。由于该地板最终装配在飞机地板的框梁上,因此拼焊航向定位基准应与装配基准保持一致。以地板中间框的装配孔作为焊接的航向基准,可以减少安装积累

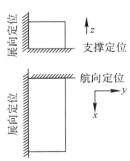

图 7.25　自由度限制定位

误差。

（3）货舱地板展向定位基准。由于产品展向刚性差,因此,展向定位基准选在离焊缝最近的零件立面上,中央地板展向定位基准如图 7.26 所示,左右侧地板展向定位基准如图 7.27 所示。

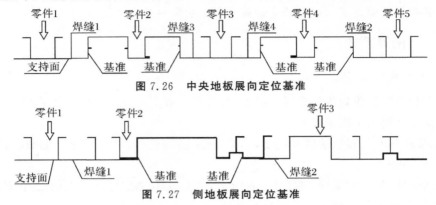

图 7.26　中央地板展向定位基准

图 7.27　侧地板展向定位基准

3. 垂直压紧、侧向压紧、端面推顶

搅拌摩擦焊不同于其他焊接,在焊接过程中搅拌头会对产品产生三个方向的作用力,具体如图 7.28 所示。焊接工装对产品的固定刚度要求为 0.1 mm,即焊接工装不仅需要对产品进行空间 6 个自由度的约束,还应能够抵抗焊接设备对产品施加的作用力,保证产品在焊接过程中不发生位移。因此,工装应具有在垂直、侧向、端面三个方向压紧产品的功能。同时,工装所提供的垂直及侧向压紧力还具有对零件校正和拼接装配的作用。

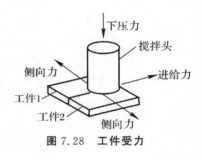

图 7.28　工件受力

4. 焊缝对接要求

对于这种超长的货舱地板零件的焊接,两个待焊零件之间的焊缝对接要求极高:

(1)要求零件底面与焊接垫板之间贴合紧密,缝隙不大于 0.1～0.15 mm;

(2)零件焊前焊缝对接处的间隙按照规范要求执行(见表 7.2)。

表 7.2　焊缝对接处的间隙要求

焊接厚度范围	对接间隙要求	备注
$\delta \leqslant 5.0$ mm	$\delta \leqslant 0.1$ mm 或 0.4 mm	取其较小值
5.0 mm$<\delta \leqslant 12$ mm	$\delta \leqslant 0.1$ mm 或 1 mm	取其较小值

5. 操作及生产效率的要求

焊接工件的夹持定位通常采用手工操作方式。然而,对于这种超长工件且各向刚性差的工件,需要大量的定位夹持点,这就导致手工操作劳动强度大且生产效率极低。因此,应突破目前传统焊接夹具的技术壁垒,实现具有多工位柔性化、方便操作、生产效率高的创新设计。

7.4.2　总体设计

该搅拌摩擦焊柔性焊接工装由两个独立的工装系统组成,即左右地板焊接工装和中央地板焊接工装,它们均放置于搅拌摩擦焊设备的工作区域,如图 7.29 和图 7.30 所示。两个工装系统的结构及原理相同,适用的产品不同。此处以中央地板焊接工装为例详细论述设计过程。

根据对货舱地板结构特点和对产品质量精度要求的分析结果,首先设计一个能够完全承载产品的工作平台。按照焊缝的数量在工作台上设计相对应的工位,在每个工位上都设有一列焊接垫板(作为焊缝支撑)。在焊接垫板的一侧设计一列侧定位台(作为侧向定位基准),同时侧向定位基准设计成固定基准,以保证精度的稳定性。在焊接垫板的另一侧设计一列侧向压紧装置,用于焊接零件拼接及侧向固定。设计两个贯穿工作台全长的压梁,用于焊接工件的垂直压紧,同时压梁可横向移动,以适应不同的工位需求。由于零件结构的特点,垂直压紧装置上没有足够的直接对产品施压的空间,因此,设计了槽型压板,其与压梁上的垂直压紧装置配合使用。

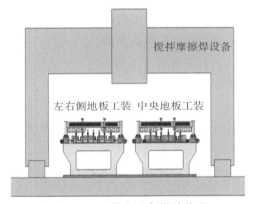

图 7.29　工装与设备摆放关系

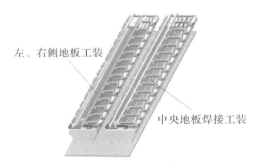

图 7.30　工装总体

由于零件长度长,且各向刚性不足,垂直压点及侧向压点数量均设计了 70 个点,并分组控制,可按照从头到尾的压紧顺序进行压紧操作,避免了零件局部鼓包现象。

为了满足提高生产效率的要求,在工装上设计了几个机械运动机构替代手工定位操作,它们分别是:压梁的横向移动机构、垂直压紧装置、侧向压紧装置。通过电气控制固化加工程序,可大大提高生产效率。

工装结构包括:工作台、焊接垫板、侧向定位台、端部推顶、航向定位销、侧向压紧装置、压梁、摇臂、顶升装置、槽型压板、气动系统、液压系统、电气控制系统、管线路、辅助夹具等(见图 7.31)。其中,管线路包含压缩空气管路、液压管路、电线缆等。管线路为隐藏式设计,位于地坑、工作台内腔、压梁内腔内(见图 7.32)。辅助夹具包含压板、顶块、垫板等,用于端面压紧、推顶和工件底部空隙的局部填补。

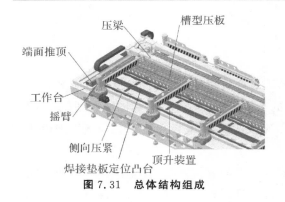

图 7.31　总体结构组成　　　　　　　　　　图 7.32　管线

7.4.3　工艺流程

实施焊接第一条焊缝的工艺步骤如下：

(1)操作前,检查、确认工作台面无杂物,焊接垫板上无焊渣、无油污。在各运动部件空载启动运动循环,各运动功能正常后,进行装夹工件工作。

(2)先将压梁打开至工装左右两侧。

(3)将工件1吊装、放置在相应工位(工位1)处,工件侧面基准靠近工装上的侧向定位面。将顶升装置升起,工件被举起,拆卸吊挂,再将顶升装置下降,工件落在工作台上。

(4)通过前后推顶装置调整工件航向位置,并以定位销对工件航向定位。

(5)将工件2吊装、放置在相应工位(工位1)处,顶升装置接下工件。

(6)将槽型压板按顺序摆放在工件上,压脚在对缝两侧,留出足够通道。

(7)驱动摇臂,将压梁移动至槽型压板上方。

(8)按顺序启动压梁上的气缸,使气缸活塞杆上的压块垂直压在槽型压板上表面上,给工件施加预压力(第一段压力0.25 MPa),保证工件与工作台面完全贴合。

(9)按顺序启动侧向液压夹紧单元,将工件2推向工件1,使工件靠实在侧向定位块上,两个工件在对缝处紧密贴合。

(10)启动气缸第二段压力(0.5 MPa)设置,增加垂直方向的压力。

(11)调节两端推顶装置,将工件航向固定。

(12)完成工件固定夹紧工作后即可以进行焊接工作。

(13)焊接完成后,先松开端部推顶,再松开侧向压紧液压缸和垂直压紧气缸。

(14)摆动摇臂,将压梁向两侧打开至极限位置。

(15)顶升装置动作,将产品托起,对产品吊装、下架。

其余焊缝焊接操作过程与第一条焊缝相同。

7.4.4　详细设计

1.机械结构设计

(1)工作台。由搅拌摩擦焊的原理可知,在搅拌头对工件施加的三个作用力中,垂直方向的顶锻力最大。该设备的最大顶锻力为 30 kN,由于搅拌头直径小,导致局部压强较高。产品焊接要求工作台在承受顶锻力时变形量小于 0.3 mm。工作台的设计需考虑的因素如下:

1)工作台的外形尺寸应满足承载产品以及人机工程的适应性设计。

2)工作台受到局部压强作用时,满足变形量的限制要求。

3)工作台上将要预留安装功能部件的安装位置。

工作台总体由 7 块单元拼接而成,如图 7.33 所示。工作台设计成空腔结构,上平面为工作平面,有若干个镶嵌槽,用于安装焊接垫板和侧定位台。工作台内部空腔用于所有管线的隐藏式安装。工作台侧面设有检修孔,方便对内部管线的检修。踢脚设计成内缩式,既减轻了工作台重量,又增加了通道空间,整体设计符合人机工程要求。工作台为铸铁件,具有高刚性、高稳定性和吸收振动的特点。由于顶锻力是焊接时的最大载荷,工作台面的变形要求高,因此,使用限元分析方法对工作台进行了应力、位移的校核。

图 7.34 为工作台工装加载时的应力云图,大部分应力集中区域应力约为 10 MPa。图 7.35 为工装加载时的位移云图,最大位移约为 0.1 mm,满足使用要求。

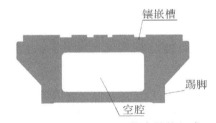

图 7.33　工作台结构组成

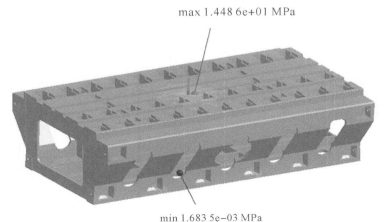
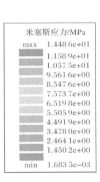

图 7.34　应力分析

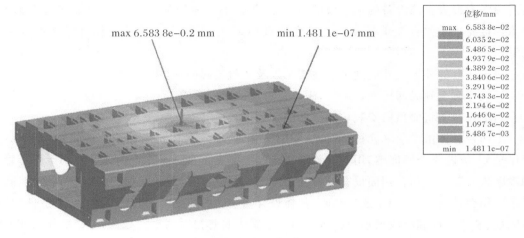

图 7.35　位移分析

（2）焊接垫板。焊接垫板是为承受搅拌头轴向压力、支撑工件和焊缝金属，在焊缝金属背面预置的一种刚性衬托装置。焊接垫板用于对工件焊接焊缝的支撑，具有很高的平面度精度，表面粗糙度为 $Ra1.6\ \mu m$，表面硬度大于 42HRC（见图 7.36）。每条焊缝对应一条焊接垫板，焊接垫板总长 21 m，由 21 个长度为 1 m 的焊接垫板零件拼接而成，每两个焊接垫板拼接处不能有缝隙，同时要求阶差小于 0.1 mm。

焊接垫板属于细长杆结构，在设计时应考虑垫板进行热处理时对变形的控制。焊接垫板厚度应不小于 15 mm，为了减少热处理变形，厚度可增大。本工装设计的焊接垫板单块尺寸为 1000 mm×60 mm×30 mm，材料选用 45 钢。对直接接触焊接工件底面的表面进行表面淬火处理，可以控制变形，表面硬度达到 45HRC，内部又具有一定的韧性，可以抵抗顶锻冲击。

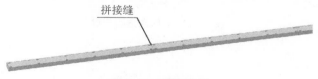

图 7.36　焊接垫板

（3）侧向定位台。侧向定位台用于焊接工件的展向定位。每条焊缝对应一条侧向定位台，每条定位台长 21 m，由 21 个长度为 1 m 的定位台零件拼接而成。定位台包含两个基准面、一个底平面和一个侧立面（见图 7.37），设计成防差错结构，即将截面设计成非对称结构，以防止在拼接时出现基准侧拼接错误。

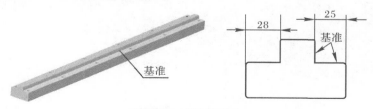

图 7.37　侧向定位台

(4)端部推顶。工装上的端部推顶部件分别位于工作台的前端和后端,用于调节和固定工件的航向位置。前端推顶部件为固定式,带有微调机构。后端推顶部件为移动式,用于不同长度工件的调节。

1)前端推顶部件包含调节螺钉、导向柱、推板,压板(见图 7.38),其各组成部件的功能如表 7.3 所示。

表 7.3 前端推顶部件各组成部件的功能

组 件	功 能
调节螺钉	推顶工件,调节工件的航向位置
导向柱	保证推板的移动方向不偏移
推板	与工件接触,保证工件不偏移
压板	将工件前端压实在焊接垫板上

图 7.38 端面推顶机构

2)后端推顶部件,包含调节螺钉、滑板、定位销(见图 7.39),其各组件的功能如表 7.4 所示。

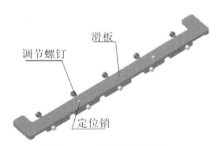

图 7.39 端面推顶机构

表 7.4 后端推顶部件各组件的功能

组 件	功 能
调节螺钉	推顶工件,调节工件的航向位置
滑板	沿航向移动,适应工件长度
定位销	固定滑板

(5)航向定位销。航向定位销用于焊接工件的航向定位,确定各个工件在航向上的相对位置,保证焊接产品的正确性。定位位置为飞机货舱地板的中间连接框处,并选择工件上的特征孔定位。中央地板焊接使用图 7.40 所示的三种定位销。在工作台上设有具有相对位置关系的定位孔,如图 7.41 所示。定位孔只进行航向定位,展向不做限制。

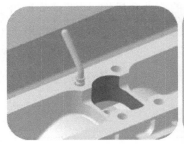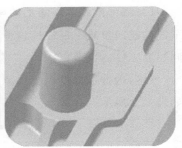

图 7.40　中央地板航向定位销

定位孔

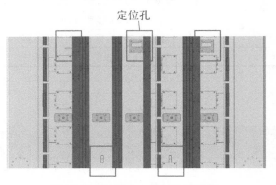

图 7.41　工作台上的航向定位孔

（6）侧向压紧装置。侧向压紧装置用于将工件靠实在侧向定位基准上，并将工件拼缝压紧，它同时具有对工件进行校正的作用。每条焊缝对应一列侧向压紧装置，由 70 个液压缸组成，压紧动力由液压系统提供，并可分组控制。中央地板工装上的侧向压紧装置有 3 列，如图 7.42 所示。

侧向压紧装置

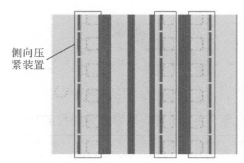

图 7.42　侧向压紧装置

（7）压梁。在每个工装上都有两根压梁，每根压梁长 21 m，由 7 段 3 m 长的梁单元拼接而成。压梁内部布置 70 个气缸单元，分组控制，实现对工件的垂直压紧。压梁两端与工作台两端的直线导轨滑块连接，中间由 14 个摇臂支撑，压梁的横向移动由带有电机的摇臂驱动实现。

梁单元包括矩形管、直线导轨、叉耳接头、气缸单元，如图 7.43 所示。

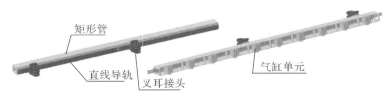

图 7.43　压梁单元

该压梁采用柔性梁设计思路,截面尺寸小,截面惯性矩小,梁的动载荷为均布的气缸自重及气体管路。

(8)摇臂。每个工装上都有两列摇臂,分别位于工作台的工作平面的两侧。摇臂分为驱动摇臂和随动摇臂两种。驱动摇臂装有伺服电机,用于驱动压梁移动,同时具有保持压梁移动姿态的作用。随动摇臂被驱动摇臂推动同步摆动,起支撑压梁的作用。

1)主动摇臂的组成。主动摇臂包括伺服电机、旋转减速机、摇臂、叉耳,如图 7.44 所示。

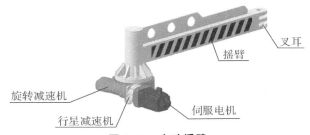

图 7.44　主动摇臂

2)摇臂结构设计。摇臂在叉耳接头处承受垂直方向的压紧反作用力(1 000 kgf),如图 7.45 所示。摇臂横杆为 120 mm×100 mm×8 mm 的矩形钢管。采用有限元分析法,得出结果如图 7.46 和图 7.47 所示。

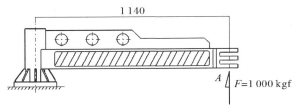

图 7.45　摇臂受力分析

图 7.46　摇臂应力分析

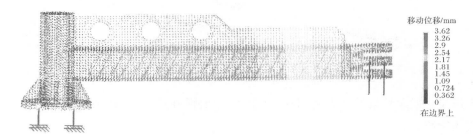

图 7.47　摇臂应变分析

结果显示:最大应力为 152 MPa(满足强度要求),最大变形为 3.62 mm。

3)旋转支撑的选型。计算摇臂根部所受倾覆力矩:$M=10\ 000\times1.14=11.4$ kN·m。

选择既具有旋转功能又具有抗倾覆力矩功能的支撑——旋转减速机(见图 7.48),其最大倾覆力矩为 14.2 kN·m,满足载荷需求。

WEA7 | Worm Drive Performance Parameters
回转式减速器性能参数表

Data 参数 Model 类型	Output Torque 输出扭矩	Tilting Moment Torque 倾覆力矩	Holding Torque 保持力矩	Static Axial Rating 轴向静载荷	Static Radial Rating 径向静载荷	Dynamic Axial Rating 轴向动载荷	Dynamic Radial Rating 径向动载荷	Gear Ratio 减速比	Tracking Precision 精度等级	Weight 重量
WEA7	3.5 kN.m	14.2 kN.m	20 kN.m	220 kN	90 kN	63 kN	48 kN	47:1	≤ 0.15°	35kg
	2583 lbf.ft	10.5×10^3 lbf.ft	14.8×10^3 lbf.ft	49.5×10^3 lbf	20.2×10^3 lbf	14.2×10^3 lbf	10.8×10^3 lbf			

图 7.48　旋转减速机

4)驱动电机的选型。在运动机构中,摇臂是主动部件,压梁是被驱动对象。运动机构简图如图 7.49 所示。在运动机构中有 4 组主动摇臂,电机的选型计算可按照一组驱动模型进行简化,简化机构如图 7.50 和图 7.51 所示,显示了两个极限位置。运动机构受力如图7.52 所示。

图 7.49　运动机构简图

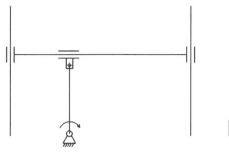

图 7.50　运动机构极限位置

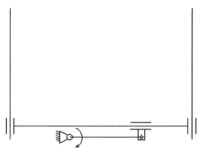

图 7.51　运动机构初始位置

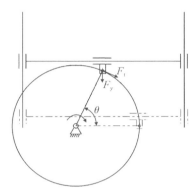

图 7.52　运动机构受力分析

（a）已知条件：压梁质量 $m_1 = 850$ kg，摇臂质量 $m_2 = 70$ kg，滑动摩擦因数 $\mu = 0.003$（直线导轨），减速比 $i = 47$，传动效率 $\eta = 0.35$，转角范围 $\theta = 0° \sim 90°$，转动时间 $t = 10$ s，角加速时间 $t = 0.5$ s，摇臂长度 $L = 1\,140$ mm。

（b）计算条件如下：

摇臂惯性矩为 J，质量为 m，初始角度为 θ，角加速度为 ε，加速角度为 $\Delta\theta$，$\Delta\theta = 1/(2\varepsilon t_2)$。

（c）摇臂运动计算如下：

摇臂转动惯量为

$$J = \frac{1}{3}m_2 l^2 = \frac{1}{3} \times 70 \times 1.14^2 = 30.324 \text{ kg} \cdot \text{m}^2$$

角加速度为

$$\varepsilon = \frac{\omega}{t} = \frac{\pi/2}{10 \times 0.5} = 0.314 \text{ rad/s}^2$$

摇臂匀加速转动所需的扭矩为

$$M = J\varepsilon = 30.324 \times 0.314 = 9.52 \text{ N} \cdot \text{m}$$

摇臂转动摩擦阻力矩为

$$M_f = 8 \text{ N} \cdot \text{m}$$

（d）横梁运动计算如下：

切向力为

$$F_t = \frac{M}{r} = \frac{9.52}{1.14} = 8.35 \text{ N}$$

竖直方向力为

$$F_y = F_t \cos\theta$$

竖直方向加速度为

$$a_y = \frac{F_y}{m_2} = \frac{8.35\cos\theta}{70}$$

横梁加速所需外力为

$$F_1 = m_1 a_y = \frac{200 \times 8.35\cos\theta}{70} = 23.86\cos\theta$$

横梁加速所需扭矩为

$$M_1 = F_1 L_1 = 23.86\cos\theta \times r\cos\theta = 27.2\cos^2\theta$$

当 $\theta = 0°$ 时,所受阻力矩最大,所以

$$M_1 = 27.2\cos^2 0° = 27.2 \text{ N} \cdot \text{m}$$

横梁的摩擦阻力为

$$f = m_1 g\mu = 850 \times 10 \times 0.003 = 25.5 \text{ N}$$

横梁的摩擦阻力矩为

$$M_{1f} = f_r = 25.5 \times 1.14 = 29.07 \text{ N} \cdot \text{m}$$

(e)电机扭矩计算如下:

总负载阻力矩为

$$\sum M = M + M_f + M_1 + M_{1f} = 9.52 + 8 + 27.2 + 29.07 = 73.79 \text{ N} \cdot \text{m}$$

电机最大扭矩为

$$M_0 = \frac{73.79}{i\eta} = \frac{73.79}{47 \times 0.35} \approx 4.5 \text{ N} \cdot \text{m}$$

电机额定扭矩为

$$M_N = \frac{M_f + M_{1f}}{i\eta} = \frac{8 + 20.07}{47 \times 0.35} \approx 1.7 \text{ N} \cdot \text{m}$$

考虑组成机构的摇臂较多,应考虑安装误差会造成阻力,所以安全系数取 2,则所选电机最大扭矩不小于 $4.5 \times 2 = 9$ N·m,额定扭矩不小于 $1.7 \times 2 = 3.4$ N·m。选型结果见表 7.5。

表 7.5　电机选型结果

名　称	型　号	主要参数
伺服电机	1FK7063 - 2AF71 - 1CB1	$M_{max} = 11$ N·m,$M_n = 7.3$ N·m,$n = 3\,000$ r/min,$P = 2.3$ kW
旋转减速机	WEA7 - 47T - HL/HR - 12084	减速比 $i = 47$,效率 35%,额定输出扭矩 2.2 kN·m,最大输出扭矩 3.5 kN·m,最大倾覆力矩 14.2 kN·m

(9)顶升装置。顶升装置用于工件的上下架。如图 7.53 所示,顶升装置由一列气缸单元组成,位于工作台上表面,沿工作台长度方向布置,中央地板工装共有 5 列。每列包含 13

个顶升气缸单元,每列气缸对应一个工件的工位,每个气缸活塞杆的端部装有一个尼龙托板。压缩空气驱动气缸活塞杆的伸缩,则顶升装置顶起工件或使工件落下。

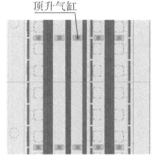

图 7.53　顶升气缸位置

(10)槽型压板。如图 7.54 所示,槽型压板用于工件焊缝两侧的压紧。槽型压板的两个压脚与工件表面接触,槽型压板的上表面是垂直压紧气缸的施力点。槽型压板由若干个槽型压板单元组成,槽型压板单元按照英文字母分组编号,每条焊缝对应两组。当应用于对称零件时,槽型压板单元顺序不变,每个槽型压板单元只在原位置掉转 180°使用。

焊接时,槽型压板的位置如图 7.55 所示。槽型压板的压脚靠近焊缝。原则上与焊缝位置越近,压实效果越好,但是压板之间的间隙又不能与搅拌头干涉。因此,两个压脚的与水平面必须满足一定的垂直度要求。另外,上表面是垂直压紧单元的施力点,所以,该槽型压板放置在工作台面上后水平度也必须达到一定要求。

图 7.54　槽型压板

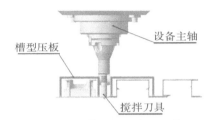

图 7.55　槽型压板应用位置

2.运动机构设计

该柔性焊接工装的机械运动包括摇臂与压梁的运动、垂直压紧气缸的运动、液压缸的运动、顶升气缸的运动。

(1)摇臂与压梁的运动。摇臂与压梁的运动机构是一个平行多杆正弦运动机构,运动机构简图如图 7.56 所示。每个独立的工装上有两个独立的运动机构,压梁是从动件。每个压梁分别与 14 个互相平行的摇臂连接(摇臂与压梁之间通过直滑块连接),并支撑摇臂。压梁的两端与安装在工作台两端的直线导轨滑块连接,压梁可沿直线导轨移动。摇臂分为 4 个主动摇臂和 10 个随动摇臂,摇臂的端头通过转轴与叉耳接头铰接,连杆连接各个转动接头,将驱动摇臂与随动摇臂串联,当驱动摇臂转动时,连杆带动随动摇臂同步转动,同时带动压梁平移,如图 7.57 所示。

图 7.56　摇臂与压梁的运动机构简图

1—主动摇臂;2—滑块;3—压梁;4—随动摇臂;5—连杆;6—滑块

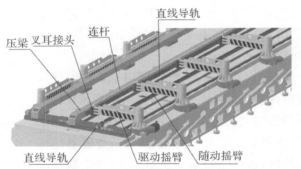

图 7.57 摇臂与压梁运动机构组成

在该运动机构中,4 个驱动组件均匀分布在压梁上,电机选用伺服电机并且通过连杆与随动摇臂在末端连接,能够保证机构同步运动。4 个主动摇臂具有驱动及保持压梁姿态的作用。

该运动机构理论上是一种无死点的运动机构。但是,由于其运动杆件较多,机构超长,构件加工误差、安装误差等因素会导致机构运动失败。可能会出现的一种情况是运动卡阻,另一种情况是运动姿态不理想。为了避免出现运动失败的情况,采用了机械结构控制和电气控制两种方法。

1)机械结构控制方法。

(a)将压梁设计为小截面柔性梁。降低梁的截面惯性矩,使梁的各向刚性变差。

(b)采用均布多点主动摇臂,控制主动摇臂长度一致性,保证超长梁运动过程中的姿态。

(c)随动摇臂与压梁的连接采用较大的间隙配合,用于补偿摇臂长短误差。

(d)大量采用滚动摩擦因数小的滚珠直线导轨作为滑动运动副。

2)电气控制方法。由于该运动机构为正弦机构,4 个主动摇臂存在如下关系:

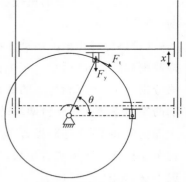

图 7.58 受力分析

$$X = L_1\sin\theta_1 = L_2\sin\theta_2 = L_3\sin\theta_3 = L_4\sin\theta_4 \quad (7.1)$$

式中:X 为压梁的横向位移;L 为摇臂长度;θ 为摇臂摆过的角度。

如图 7.58 所示,从原理来看,当所有摇臂的长度 L 一致时,只控制所有主动电机同步旋转就能实现整体压梁的运动。但因为制造及装配误差的存在,所有摇臂的长度不可能完全一致,所以通过单纯的同步控制不能实现整体横梁的无应力移动。

由激光跟踪仪测得 4 个摇臂长度 L_1、L_2、L_3、L_4,使用第一个摇臂为基准来进行修正,可以得出每个摇臂与基准摇臂之间旋转角速度的比值曲线,如图 7.59 所示,可知其是呈非线性变化的。

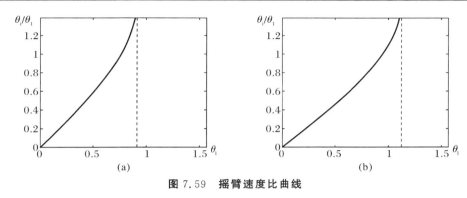

图 7.59　摇臂速度比曲线

如图 7.60 所示,通过使用非线性传递函数的凸轮计算,使每个伺服电机转速变化符合标定后的曲线导数,使得不同长度的主动摇臂的运动位移量 X 一致,从而保持整体横梁的刚性并避免产生应力。

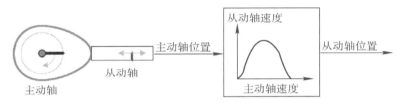

图 7.60　非线性同步功能

(2)垂直压紧气缸的运动。气缸位于压梁内部,其中均布多个气缸,气缸活塞的端部装有尼龙压块,压缩空气管路布置在压梁内部,压缩空气驱动气缸的活塞杆伸出或收回。气缸分为 3 组,实行分组控制,可以选择操作。每组气缸的管路上都装有压力传感器,不仅可以显示压力值,也可以将压力值传送到控制系统进行监控,如图 7.61 所示。

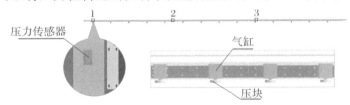

图 7.61　垂直压紧装置

(3)液压缸的运动。液压缸位于工作台上表面,在每列焊接垫板的一侧均布置一列液压缸,用于对产品的侧向压紧。液压缸的活塞杆端部安装有尼龙压块,通过液压油驱动活塞杆伸出或收回。每列侧向压紧装置均包含 70 个液压缸单元,将其平均分为 5 组进行控制。每组液压缸的管路上都装有压力传感器,不仅可以显示压力值,也可以将压力值传送到控制系统,进行监控。液压缸单元如图 7.62 所示。压力传感器位于工作台底部,并与每组的控制阀集成在一起,具体如图 7.63 所示。液压泵站为液压缸提供动力及压力,具体如图 7.64 所示。

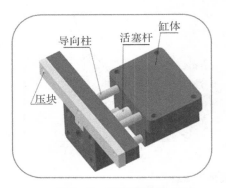

图 7.62　液压缸单元

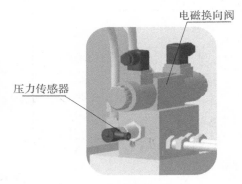

图 7.63　控制阀组

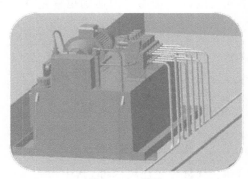

图 7.64　泵站

液压系统参数计算中,已知工件受到的侧向力为 800 kgf,液压缸的缸径为 40 mm,行程 50 mm,运动速度为 $v=25$ mm/s。

1)液压系统工作压力为 $p=\dfrac{F}{A}=\dfrac{8\ 000}{3.14\times20^2}=6.4$ MPa,按照最大承载压力 14 MPa 选取系统元件。

2)液压系统流量计算中,该液压系统执行元件多达 350 个,由一个泵站提供动力。焊接一道焊缝时,需要使用 70 个液压缸,如果同时启动,则总的流量为

$$Q=70vA=70\times25\times60\times3.14\times20^2=131.88\ \text{L/min}$$

油箱容量 $V=5Q=5\times131.88=659.4$ L,这个油箱体积太大,使用起来不方便。因此根据分组控制原则,将液压缸分为 5 组,每组 14 个缸,油箱容积减小到原来的 1/5。

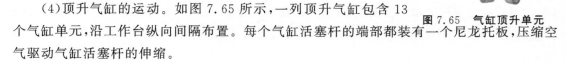

托板

气缸

图 7.65　气缸顶升单元

(4)顶升气缸的运动。如图 7.65 所示,一列顶升气缸包含 13 个气缸单元,沿工作台纵向间隔布置。每个气缸活塞杆的端部都装有一个尼龙托板,压缩空气驱动气缸活塞杆的伸缩。

3.电气控制系统设计

(1)控制系统总体方案设计。

1)控制系统需求分析。焊接工装用于压梁平移运动时的驱动控制及液压泵站、压紧、顶升等液压、气动执行元件的逻辑控制,完成压梁在各条焊缝之间的平行移动,实现焊接工件的夹紧及定位。依据机械系统结构设计情况,压梁的平移运动由 4 台伺服电机同步驱动,要实现压梁在各条焊缝之间平稳和安全的平行移动,需要实现 4 台摇臂在 0°~90°范围内精确、同步运行。

考虑到执行机构元件布置和电缆连线的合理布局,为了减少连接线缆的数量,本控制系统采用了总线连接和控制方式。控制系统包括上位机、控制柜、执行机构等。

(a)上位机实现人机交互功能,一方面通过上位机对焊接工装动作实现控制,另一方面实时显示焊接工装工作画面及工作状态。

(b)控制柜是控制系统的核心,主要包括 PLC 控制器和伺服驱动系统。

(c)执行机构包括伺服电机、液压泵站、气路控制单元。其中,伺服电机共 16 台,每个工作台各 8 台,分别用于左右侧摇臂的旋转定位。

2)控制系统组成。根据焊接工装结构组成及控制需求分析,控制系统需包含上位操作监控单元,具备摇臂旋转控制、液压夹紧控制、气动顶升及压紧控制等功能,其组成及连接框图如图 7.66 所示。

系统包含 1 套上位操作监控单元、2 套 PLC 控制系统。每套 PLC 控制器控制 2 套 S120 驱动控制单元。通过上位操作监控单元可实现焊缝选择、摇臂目标位置设定、电机状态监控、液压泵站及气路控制等功能。

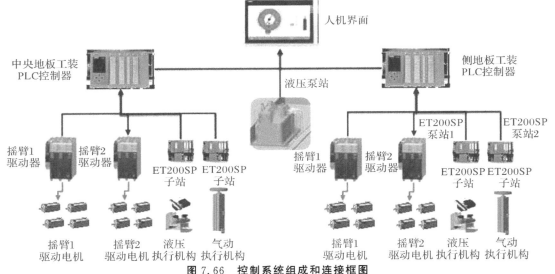

图 7.66　控制系统组成和连接框图

(2)控制系统硬件设计。

1)控制系统硬件选用。上位机主要实现人机交互功能,一方面通过上位机对焊接工装动作实现控制,另一方面实时显示焊接工装工作画面及工作状态。为方便实现上位机的人机交互功能,本案例上位机选用西门子公司生产的 SIMATIC TP900 工业级控制面板,通过

Profinet 工业以太网与 S7 - 1500 PLC 控制器实现数据交换。该操作屏可通过博图 Wincc 编程软件完成上位机界面设计、内部/外部参数设置、通信方式设置等,在编程软件上调试完成后下载到操作屏系统中即可直接使用。

2)驱动器选择。伺服驱动器选用西门子 SINAMICS S120,该驱动器采用模块化的设计,通过 DRIVER - CLIQ 总线实现驱动器各模块与电机互联,通过 DRIVER - CLIQ 总线 S120 驱动器可自动识别电机的各类参数,节省了硬件组态调试的时间。SINAMICS S120 可选用伺服控制、矢量控制和 V/F 控制,针对本控制系统选用的 1FK7 标准伺服电机,对伺服电机的控制选用伺服控制模式。S120 可通过 PROFINET 总线与外部设备数据交换,为焊接工装控制系统通信网络的建立创造了条件。SINAMICS S120 由控制单元、电源模块、电机模块三大部分组成,其中每个电机模块均可驱动两台电机。

3)总线及拓扑结构。指令信号传输可以用模拟量或者脉冲信号传递,也可以采用标准的通信协议传递数据,常用的通信协议有 RS232、RS485、CAN、Profinet 等协议类型。其中,Profinet 是一种以太网通信系统,基于工业以太网,数据传输速率高,具有很好的实时性,可以直接连接现场运动控制设备。为便于项目调试和系统集成,本案例选择 S120 驱动器。该驱动器具备高水平的快速定位精度和低纹波的转速波动功能,支持 Profinet 协议,通过 Profinet 接口,只需一根通信电缆即可实时传送运动控制指令并实时反馈驱动器转速、转矩等过程数据以及诊断数据。控制器与驱动器网络通信拓扑结构如图 7.67 所示。

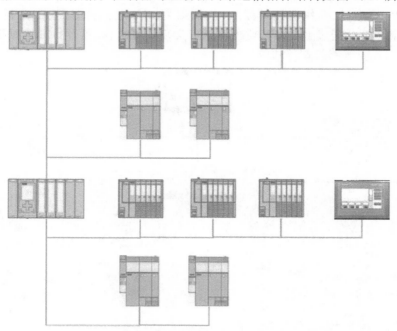

图 7.67 控制器与驱动器网络通信拓扑结构图

(3)控制系统软件设计。

1)I/O 信号及变量地址分配。焊接工装通过机械摇臂进行压紧横梁平移定位,通过液压缸进行侧向压紧。每条焊缝对应一列侧向压紧装置,其由 70 个液压缸组成,液压缸采用 ET200SP 子站分组进行控制。每套工装上有两根压梁,每根压梁长 21 m,其由 7 段 3 m 长的梁单元拼接而成,压梁内布置 70 个气缸单元,用于工件的垂直压紧。主要 PLC 信号变量及地址分配如表 7.6 所示。

表 7.6　主要 I/O 变量分配表

序号	名称	变量地址	序号	名称	变量地址
1	急停	I0.0	21	3# 侧压值	IW432
2	油箱液位 H	I0.1	22	4# 侧压值	IW434
3	油箱液位 L	I0.2	23	5# 侧压值	IW436
4	油箱温度 H	I0.3	24	气路开关阀	Q66.5
5	油箱温度 L	I0.4	25	油路开关 1	Q64.0
6	油滤堵塞	I0.5	26	油路开关 2	Q64.1
7	泵站启动	Q0.0	27	油路开关 3	Q64.2
8	卸荷阀	Q0.4	28	气源压力	IW458
9	1# 压紧阀开	Q50.0	29	预压 1 到位	I60.0
10	1# 压紧阀关	Q50.1	30	压紧 1 到位	I60.1
11	2# 压紧阀开	Q50.2	31	预压 2 到位	I60.2
12	2# 压紧阀关	Q50.3	32	压紧 2 到位	I60.3
13	3# 压紧阀开	Q50.4	33	预压 3 到位	I60.4
14	3# 压紧阀关	Q50.5	34	压紧 3 到位	I60.5
15	4# 压紧阀开	Q50.6	35	预压 4 到位	I60.6
16	4# 压紧阀关	Q50.7	36	压紧 4 到位	I60.7
17	5# 压紧阀开	Q51.0	37	预压 5 到位	I61.0
18	5# 压紧阀关	Q51.1	38	压紧 5 到位	I61.1
19	1# 侧压值	IW428	39	预压 6 到位	I61.2
20	2# 侧压值	IW430	40	压紧 6 到位	I61.3

2)系统控制流程。根据焊接工装结构设计,装配流程设计如下:

(a)将旋转摇臂旋转至初始零位,将压梁打开至工装左右两侧;

(b)工件吊装放置在相应工位,工件侧面基准靠近工装上的侧向定位面;

(c)顶升装置升起,工件被举起;

(d)拆卸吊挂顶升装置下降,工件落在工作台上;

(e)调整工件航向位置,并以定位销对工件航向进行定位;

(f)将槽型压板按顺序摆放在工件上,压脚在对缝两侧;

(g)选择目标位置,转动摇臂,将压梁移动至槽型压板上方;

(h)按顺序启动压紧横梁上的气缸,使气缸活塞杆上的压块垂直压在槽型压板上表面,给工件施加预压力(第一段压力 0.25MPa),保证工件能够与工作台面完全贴合;

(i)按顺序启动侧向液压夹紧单元,使工件靠实在侧向定位块上,两个工件在对缝处紧密贴合;

（j）启动气缸第二段压力设置（为 0.5 MPa），增加垂直方向的压力。

（k）调节两端推顶装置，将工件航向固定；

（l）完成工件固定夹紧工作，可以进行焊接工作；

（m）焊接完成后，先松开端部推顶装置，再松开侧向压紧液压缸和垂直压紧气缸；

（n）摆动摇臂，将压梁向两侧打开至极限位置；

（o）顶升装置动作，将产品托起，产品吊装下架。

焊接工装装配及控制流程图如图 7.68 所示。

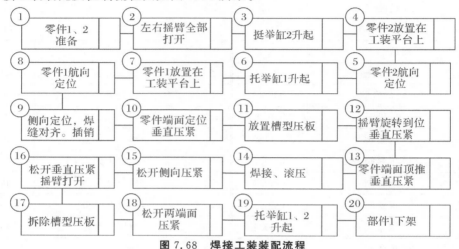

图 7.68　焊接工装装配流程

3）主程序设计。S7-1500 系列的 PLC 采用周期性顺序扫描的工作模式。OB1 为主程序块，PLC 上电后进行周期性扫描，同时可在 OB1 中调用逻辑块 FB、FC 等子程序块，在 FB 或 FC 等功能块中编写用户子程序。焊接工装包含摇臂运动控制、液压和气动等压紧、顶升装置，输入/输出点多。为便于系统调试，控制系统程序采用模块化结构设计，摇臂旋转、液压系统、气动顶升等运动和逻辑控制功能分别采用不同的功能块 FC 编写。

（a）摇臂定位控制。S7-1500 PLC 支持标准的运动控制功能，可实现速度和定位控制。根据焊接工装摇臂定位控制需求，摇臂需根据选择焊缝的不同在 0°～90°范围内精确定位。因此摇臂驱动伺服电机采用位置控制模式，采用主从同步控制，$1^{\#}$ 电机为主动轴，$2^{\#}$～$4^{\#}$ 电机为随动轴，4 台电机同步运行驱动摇臂旋转，带动横梁在各条焊缝之间平稳移动。部分关键程序如图 7.69 所示。

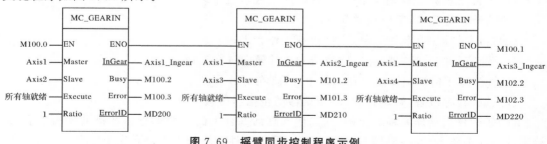

图 7.69　摇臂同步控制程序示例

（b）扭矩安全保护。由于焊接平台尺寸大，执行元件数量多，为避免摇臂旋转时与其他执行机构干涉，在控制软件设计中，对摇臂运行控制程序和压紧、顶升等气动执行元件状态进行了安全互锁。即只有当处于初始状态位时,方可启动摇臂运行操作。同时,在摇臂运行控制回路引入安全扭矩保护功能,在运行过程中任意一台驱动电机扭矩超出设定值时,摇臂即停止运行并通过声光进行报警提示。其部分关键程序如图 7.70 所示。

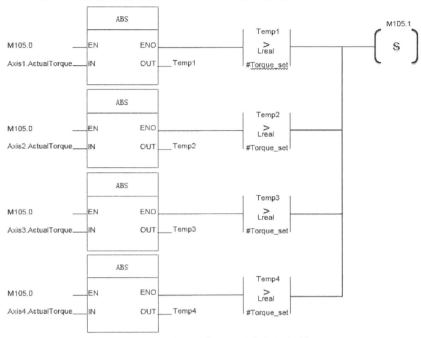

图 7.70　摇臂同步运行安全扭矩保护

4)上位机控制界面设计。根据控制系统的不同需求,共设计有 5 个控制界面,分别对应 5 条焊缝。控制界面包含摇臂旋转、侧向压紧、气路顶升等操作功能按钮和状态显示,如图 7.71 所示。

图 7.71　上位机控制界面

指示灯用于指示执行机构工作状态及摇臂运行条件是否就绪。仪表盘用于指示摇臂当前旋转角度。文本框用于气路压力显示。每个控制界面已预设定摇臂旋转目标位置,摇臂运行条件就绪后,点击旋转按钮,摇臂自动运行至设定位置后自动停止。

7.5 大尺寸长桁模具翻转装置设计

由于复合材料模具的外形尺寸通常较大,上下模具的分离和合模显得尤为困难。同时,在翻转过程需要保证产品的安全性、翻转平稳性和下模具的定位精度。因此,研制了一套模块化、轻量化、可重构的长桁模具翻转装置。该装置由高精度升降系统、翻转系统、柔性拉紧机构和控制系统等组成,能够确保翻转过程中上模具的稳定可靠,满足产品的装配要求,并具有良好的使用效果。

7.5.1 设计要求

大尺寸长桁模具翻转装置用于实现上下模具的对接装配,需要满足如下要求,以保证上模具、翻转对接装置及下模具的初步定位精度高。

(1)在翻转合模的过程中上下模应具有良好的贴合性;

(2)上下模具的分离和合模应简单;

(3)在翻转过程中需保证产品安全性,且翻转平稳;

(4)在合模过程中应保证足够的柔性以满足合模精度;

(5)占地面积小,操作简便,适用范围广。

7.5.2 总体设计

为满足不同长度长桁的使用要求,翻转装置选用模块化、可重构的形式。整个系统主要由 3 套相同的翻转装置组成,3 套翻转装置可单独动作,也可根据产品长度不同进行组合运动。每套翻转装置由高精度升降系统、翻转系统、柔性拉紧机构、控制系统等组成。总体结构布局如图 7.72 所示,翻转装置组成如图 7.73 所示。

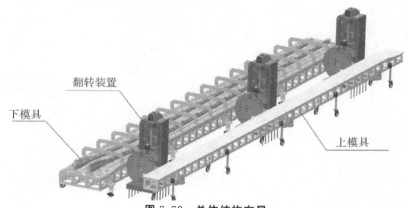

图 7.72 总体结构布局

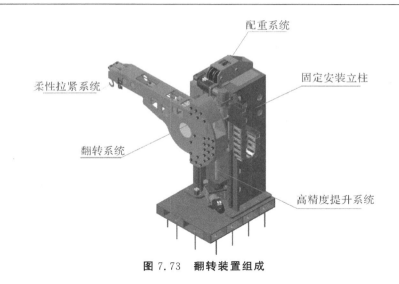

图 7.73　翻转装置组成

7.5.3　工艺流程

(1)将 3 台翻转装置提升系统均降至最低限位位置,将翻转系统调至初始状态,如图 7.74所示。

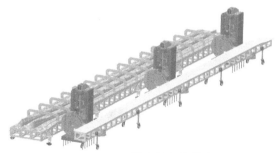

图 7.74　翻转系统初始状态

(2)先将上模具工装推送至翻转装置悬臂上,采用定位锥进行定位,通过柔性拉紧系统中的钢索拉紧钩拉紧上模工装,然后使用带锁扣夹具锁紧悬臂与上模具工装,检查侧向定位装置是否贴合,如图 7.75 和图 7.76 所示。需要注意的是,上模具锥孔定位装置未进入锥孔、拉紧钩钢索未受力工作、带锁扣夹具未锁紧及侧向定位装置未贴合时,均不得进行升降及翻转操作。

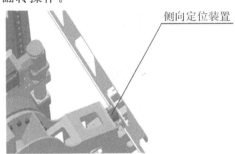

图 7.75　侧向定位装置

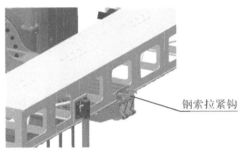

图 7.76　钢索拉紧钩

（3）翻转装置同步提升上模工装，直至碰触上限位停止操作，如图7.77所示。

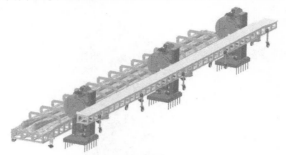

图 7.77　提升至高点

（4）检查确认3台翻转单元均提升至上限位，并确定每一台钢索拉紧钩和带锁扣夹具都牢靠锁紧，再进行180°工装翻转工作，直至翻转180°，再打开每一台翻转单元带锁扣夹具，利用拉紧系统同步松开上模工装，利用下模导向及钢索柔性功能进行工字型长桁合模工作，如图7.78和图7.79所示。

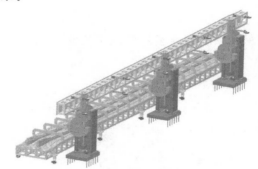

图 7.78　翻转至90°

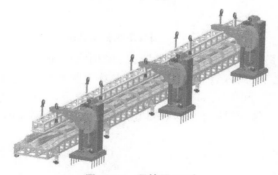

图 7.79　翻转至180°

7.5.4　详细设计

（1）柔性拉紧系统。柔性拉紧系统用于将上模具与翻转系统进行固定，保证上模具在翻转过程中的稳定、可靠，即不出现任何形式的位置滑移，同时保证上下模具合模过程中多自由度浮动的柔性对接需求。柔性拉紧系统主要由高精度驱动电缸、柔性钢丝绳、滑轮机构、上模具锥孔定位装置、侧向定位装置等组成，具体如图7.80所示。拉紧过程为：高精度驱动电缸伸出,使柔性钢丝绳处于放松状态,待上模具与悬臂翻转装置进行定位贴合后,将挂钩与上模具连接起来;高精度驱动电缸收回,拉紧柔性钢丝绳,保证柔性钢丝绳处于受力工作状态,确保上模具与悬臂翻转系统连接可靠。

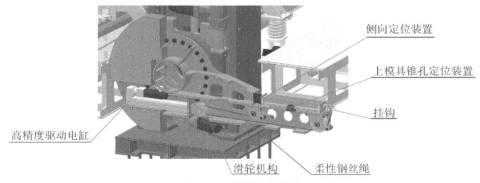

图 7.80　柔性拉紧系统

（2）配重系统。配重系统的作用是,在上模具提升过程中进行力平衡,减小电机驱动力,保证上模具提升过程运行平稳,无抖动。配重系统包括配重装置、钢索和滑轮机构等,如图7.81所示。

（3）高精度提升系统。高精度提升系统主要由伺服电机、高精度可自锁减速机、丝杠、移动托板等组成,如图 7.82 所示。为满足上模具翻转及对接需求,翻转装置应具备运动稳定、运行同步性高、能够在垂直方向任意位置可靠停止的提升系统。

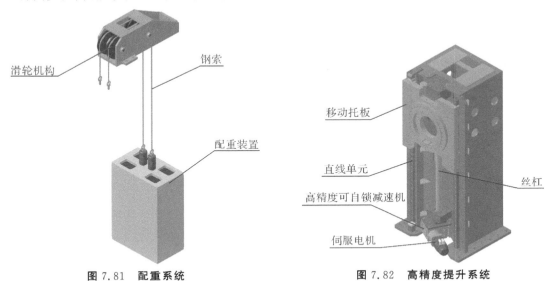

图 7.81　配重系统　　　　　　　　图 7.82　高精度提升系统

（4）翻转系统。翻转系统是实现上模具 180°翻转的关键系统,精确的翻转是上、下模具对接的前提。因此,翻转系统由大扭矩、高精度的转盘减速机、悬臂梁及悬臂配重装置组成,具体如图 7.83 所示。采用大扭矩、高精度转盘减速机作为翻转动力源,可保证翻转精度达到±0.1°,通过转盘减速机带动悬臂梁及上模具进行 180°翻转。翻转操作必须在图 7.84 所示提升高点限位处,否则有可能发生上模具工装与翻转装置碰撞的现象。同时,在翻转过程中,上模具工装所覆盖的区域均不能有人进入。

图 7.83 翻转系统

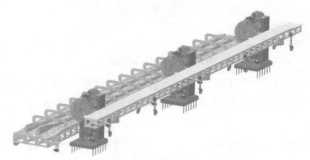

图 7.84 提升高点限位处

(5)垂直提升系统计算分析。

1)输入及假设条件。上模具质量 $m=2$ t,$S=900$ mm,提升速度 $v=0.05$ m/s,加减速时间 $t_1=0.5$ s,加速度 $a=0.1$ m/s²,直线运动系统配置为 $l_0=580$ mm,$l_1=600$ mm,$l_2=500$ mm,$l_3=1000$ mm。

2)直线导轨选择。直线导轨作为高精度运动的承力导向部件,必须具有足够的精度及强度。直线导轨垂直使用受力情况如图 7.85 所示。

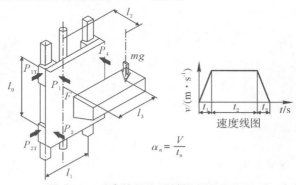

图 7.85 垂直使用直线导轨受力分析图

3)受力计算过程如下:

(a)加速上升时,有

$$P_1=P_4=-\frac{m(g+a_1)l_2}{2l_0}=-8\,706.8\ \text{N}$$

$$P_2 = P_3 = \frac{m(g+a_1)l_2}{2l_0} = 8\,706.8\ \mathrm{N}$$

$$P_{1T} = P_{4T} = = \frac{m(g+a_1)l_3}{2l_0} = 17\,413\ \mathrm{N}$$

$$P_{2T} = P_{3T} = -\frac{m(g+a_1)l_3}{2l_0} = -17\,413\ \mathrm{N}$$

（b）匀速上升时，有

$$P_1 = P_4 = -\frac{mgl_2}{2l_0} = -8\,620.6\ \mathrm{N}$$

$$P_2 = P_3 = \frac{mgl_2}{2l_0} = 8\,620.6\ \mathrm{N}$$

（c）减速上升时，有

$$P_1 = P_4 = -\frac{m(g-a_3)l_2}{2l_0} = -8\,534.5\ \mathrm{N}$$

$$P_2 = P_3 = \frac{m(g-a_3)l_2}{2l_0} = 8\,534.5\ \mathrm{N}$$

$$P_{1T} = P_{4T} = \frac{m(g-a_1)l_3}{2l_0} = 17\,068.9\ \mathrm{N}$$

$$P_{2T} = P_{3T} = -\frac{m(g-a_1)l_3}{2l_0} = -17\,068.9\ \mathrm{N}$$

最大载荷为 $P_R = 8\,706.8\ \mathrm{N}$，$P_T = 17\,413\ \mathrm{N}$。当在直线导轨上有多个负荷同时起作用时（见图 7.86），应将所有的负荷换算成径向等价负荷，再用此等价负荷来计算寿命或静态安全系数。

$$P_E(\text{等价负荷}) = P_R + P_T = 26\,119.8\ \mathrm{N}$$

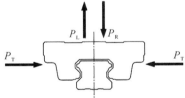

图 7.86 同时承受径向负荷及侧向负荷

（d）计算静态安全系数。翻转对接装置运动平稳，无振动和冲击，根据直线导轨静态安全系数选择表（见表 7.7）进行选择，$f_s = 2$。

表 7.7 静态安全系数选择表

使用机械	负荷条件	f_s的下限
一般工业机械	无振动或冲击时	1.0～3.5
	有振动或冲击时	2.0～5.0
机床行业	无振动或冲击时	1.0～4.0
	有振动或冲击时	2.5～7.0

由于 $\dfrac{C_0}{P_E}=f_s$，所以 $C_0=26\ 119.8\times2=52\ 239.6$ N $=52.2$ kN。

（e）计算额定寿命。预计寿命计算：$H=$运转时间/日×运转日/年×寿命年数×运转率（60%）。有 $H=4\times100\times20\times60\%=4\ 800$ h，取 5 000 h。

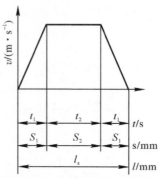

图 7.87　加减速运行示意图

加减速运行示意图如图 7.87 所示，假设条件为：$t_1=0.5$ s，$t_2=4.5$ s，$t=5.5$ s。有

$$s_1=\frac{1}{2}at_1^2=\frac{1}{2}\times0.2\times0.5^2=0.025\ \text{m}$$

$$s_2=vt_2=0.1\times4.5=450\ \text{mm}$$

加减速运行受力图如图 7.88 所示。

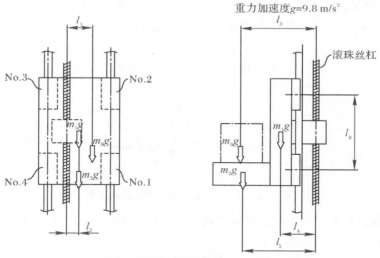

图 7.88　加减速运行受力示意图

上升时径向方向上每个 LM 滑块上承受的复合力（P_u），$P_{u1}=P_{u4}=\dfrac{mgl_3}{2l_0}=37\ 500$ N，

$P_{u2}=P_{u3}=\dfrac{mgl_3}{2l_0}=-37\ 500$ N。

上升时侧向方向上每个 LM 滑块上承受的复合推力（P_{tu}），$P_{tu1}=P_{tu4}=\dfrac{mgl_1}{2l_0}=10\ 344$ N，

$$P_{tu2} = P_{tu3} = \frac{mgl_1}{2l_0} = 10\ 344\ \text{N}。$$

下降时径向方向上每个 LM 滑块上承受的复合力(P_u)，$P_{d1} = P_{d4} = \frac{mgl_3}{2l_0} = 37\ 500\ \text{N}$，

$$P_{d2} = P_{d3} = -\frac{mgl_3}{2l_0} = -37\ 500\ \text{N}。$$

下降时侧向方向每个 LM 滑块上承受的复合推力(P_{tu})，$P_{du1} = P_{du4} = \frac{mgl_1}{2l_0} = 10\ 344\ \text{N}$，

$$P_{du2} = P_{du3} = \frac{mgl_1}{2l_0} = 10\ 344\ \text{N}。$$

$$P_{EU1} = P_{EU2} = P_{EU3} = P_{EU4} = \mid P_{u1} \mid + \mid P_{tu1} \mid = 47\ 844\ \text{N}$$

$$P_{Ed1} = P_{Ed2} = P_{Ed3} = P_{Ed4} = \mid P_{d1} \mid + \mid P_{du1} \mid = 47\ 844\ \text{N}$$

平均负荷 $P_{m1} = \sqrt[3]{\frac{1}{2l_s}(P_{EU1}^3 l_s + P_{Ed1}^3 l_s)} = 29\ 763\ \text{N}，P_{m1} = P_{m2} = P_{m3} = P_{m4}。$

直线导轨的额定寿命计算式如下：

$$L = \left(\frac{C}{P_m}\right)^{\frac{10}{3}} \times 50 \tag{7.2}$$

式中：L 为额定寿命(km)；C 为基本动额定负荷(N)；P_m 为负荷计算值(N)。

$$L_h = \frac{L \times 10^6}{2 \times L_s \times n \times 60} \tag{7.3}$$

式中：L_h 为工作寿命时间(h)，L_s 为行程长度(mm)；n 为每分钟往返次数(min^{-1})。

经计算得

$$L_h = \frac{\left(\dfrac{C}{7\ 518}\right)^{\frac{10}{3}} \times 50 \times 10^6}{2 \times 450 \times 6.5 \times 60} = 5\ 000\ \text{h}$$

直线导轨选型：SHS 45C($C = 82.8\ \text{kN}，C_0 = 126\ \text{kN}$)，寿命为 17 814 h。

4)滚珠丝杠选型计算。滚珠丝杠运动受力如图 7.89 所示。

已知条件：负载 $m = 2$ t，行程长度 $L_s = 900$ mm，最大速度 $v_{max} = 0.05$ m/s，加减速时间 $t_1 = 0.5$ s，加速度 $a = 0.2$ m/s^2，每分钟往返次数 $n = 10.9\ \text{min}^{-1}$，无效行程 0 mm，定位精度为 0.05 mm/900 mm，重复定位精度为 ±0.03 mm，最小进给量 $s = 0.005$ mm/脉冲，希望寿命为 18 000 h，驱动马达为 AC 伺服马达，额定转速 $n = 3\ 000\ \text{min}^{-1}$，减速机减速比为 A，导向面上的滚动摩擦因数为 0.003。计算选择项目为丝杠轴直径、导程、螺母型号、精度、轴向间隙、丝杠轴支撑方式、驱动马达。

(a)导程精度与轴向间隙选择。为了得出定位精度 0.05 mm/900 mm，即 $\frac{0.05\ \text{mm}}{900\ \text{mm}} = \frac{X}{300}$ mm，须有 $X = 0.02$ mm。导程精度必须选择 0.02 mm/300 mm 以上，

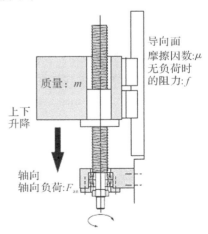

导向面摩擦因数：μ
无负荷时的阻力：f

质量：m

上下升降

轴向
轴向负荷：F_{an}

图 7.89　滚珠丝杠运动受力图

查表选择滚珠丝杠精度 C5(运行距离误差:0.018 mm/300 mm)。

为了满足 0 mm 无效行程的要求,必须选择轴向间隙在 0 mm 以下的 G0 预压滚珠丝杠。

(b)丝杠轴选择。

a)长度选择。假定螺母全长为 100 mm,丝杠轴末端长度为 100 mm,那么根据行程长度 900 mm 决定的全长为 900+200=1 100 mm,所以丝杠轴长度假定为 1 100mm。

b)导程选择。驱动马达的额定转速为 3 000 min^{-1},最高速度为 0.1 m/s,$P_h = \frac{100 \times 60}{3\ 000} = 2$ mm,滚珠丝杠导程大于 2 mm,取 $P_h = 5$ mm,

c)丝杠轴直径选择。查表可选标准库存丝杠,导程 5 mm 对应的丝杠外径有 12 mm、14 mm、16 mm、20 mm、25 mm、32 mm,初选丝杠轴径 25 mm。

d)丝杠轴支撑方法选择。丝杠的长度较短,轴向刚性较好。因此,滚珠丝杠的支撑方法选择固定-支撑的方式。最大轴向负荷的计算如下:

上升加速时

$$F_{a1} = mg\mu + ma + mg = 20\ 000 \times 0.03 + 2\ 000 \times 0.2 + 20\ 000 = 21\ 000 \text{ N}$$

上升等速时

$$F_{a2} = mg\mu + mg = 20\ 000 \times 0.003 + 20\ 000 = 20\ 600 \text{ N}$$

上升减速时

$$F_{a3} = mg\mu + mg - ma = 20\ 000 \times 0.003 + 20\ 000 - 2\ 000 \times 0.2 = 19\ 660 \text{ N}$$

下降加速时

$$F_{a4} = mg - mg\mu - ma = 20\ 000 - 20\ 000 \times 0.003 - 2\ 000 \times 0.2 = 19\ 360 \text{ N}$$

下降等速时

$$F_{a5} = mg - mg\mu = 20\ 000 - 20\ 000 \times 0.003 = 19\ 940 \text{ N}$$

下降减速时

$$F_{a6} = mg - mg\mu + ma = 20\ 000 - 20\ 000 \times 0.003 + 2\ 000 \times 0.2 = 19\ 440 \text{ N}$$

作用在滚珠丝杠上的最大轴向负荷为

$$F_{a\,max} = F_{a1} = 21\ 000 \text{ N}$$

e)丝杠轴挫曲载荷。按照丝杠轴径 25 mm、导程 5 mm 计算,与安装方法相关的系数 $\eta_2 = 20$。为考虑挫曲因素,螺母和轴承间的安装方法按固定—固定方式。安装间距 $l_a = 1\ 000$ mm,丝杠轴沟槽谷径 $d_1 = 22.2$ mm。有

$$P_1 = \eta_2 \times \frac{d_1^4}{l_a^2} \times 10^4 = 20 \times \frac{22.2^4}{600^2} \times 10^4 = 134\ 940 \text{ N}$$

丝杠轴的容许拉伸压缩负荷为 $P_2 = 116 \times d_1^2 = 116 \times 22.2^2 = 57\ 169$ N。最大轴向负荷不大于计算所得的挫曲载荷和容许拉伸压缩负荷。

f)丝杠容许转速。最大速度 $v_{max} = 0.1$ m/s,导程 $P_h = 5$ mm。有

$$n_{max} = \frac{v_{max} \times 60 \times 10^3}{p_h} = \frac{0.1 \times 60 \times 10^3}{10} = 600 \text{ r/min}$$

由丝杠轴的危险速度所决定的容许转速的计算,丝杠轴的危险速度随着滚珠丝杠转速

的提高逐渐接近丝杠轴的固有频率,因而会发生共振而不能继续转动。因此,一定要在共振点以下使用。与安装方法相关的系数 $\lambda_2 = 15.1$ 为考虑危险速度所引入的系数,螺母–轴承间的安装方法按固定–支撑方式。安装间距 $l_b = 1\ 000$ mm。

$$N_1 = \lambda_2 \times \frac{d_1}{l_b^2} \times 10^7 = 15.1 \times \frac{22.2}{600^2} \times 10^7 = 9\ 311 \text{ r/min}$$

由 D、N 值所决定的容许转速的计算。丝杠轴直径为 40 mm,导程为 10 mm,钢球中心直径 D 为 41.75 mm,$N_2 = \dfrac{70\ 000}{D} = \dfrac{70\ 000}{41.75} = 1\ 676$ r/min,丝杠的最大转速小于丝杠轴的危险速度和 D、N 值决定的容许转速。

g)螺母按照额定静载荷和额定动载荷选择。

额定静载荷的计算:

$$\frac{C_{0a}}{f_s} = F_{max} \frac{C_{0a}}{2} = 51\ 150 \text{ N}$$

解得 $C_{0a} = 110.2$ kN。

额定动载荷的计算:轴向负荷和运行距离的关系如表 7.8 所示。

表 7.8　轴向负荷和运行距离的关系

序　号	动　作	轴向负荷/N	运动距离/mm
1	去路加速	55 150	5
2	去路等速	50 150	890
3	去路减速	44 850	5
4	返程加速	44 850	5
5	返程等速	49 850	890
6	返程减速	54 850	5

轴向平均负荷为正方向的轴向平均负荷,即

$$F_{m1} = \sqrt[3]{\frac{1}{l_s}(F_{a1}^3 \times l_1 + F_{a2}^3 \times l_2 + F_{a6}^3 \times l_6 + |F_{a3}|^3 \times l_3 + |F_{a4}|^3 \times l_4 + |F_{a5}|^3 \times l_5)}$$

$$= \sqrt[3]{\frac{1}{500}(55\ 150^3 \times 5 + 50\ 150^3 \times 490 + 44\ 850^3 \times 5 + 49\ 850^3 \times 490 + 54\ 850^3 \times 5)}$$

$$= 49\ 949 \text{ N}$$

所以轴向平均负荷为 $F_m = 49\ 949$ N。

额定寿命的计算:负荷系数 $f_w = 1.2$,平均负荷 $F_m = 49\ 949$ N。

额定寿命 L(单位 r)为

$$L = \left(\frac{C_a}{f_w \cdot F_m}\right)^3 \times 10^6$$

每分钟平均转速的计算:每分钟往返次数 $n = 10.9$ min^{-1},行程 $l_s = 900$ mm。则

$$N_m = \frac{2nl_s}{5} = \frac{2 \times 10.9 \times 500}{5} = 2\ 180 \text{ r/min}$$

根据额定寿命计算工作寿命时间:

$$L_h = \frac{L}{60N_m} = 10\,000 \text{ h}$$

$$\left(\frac{C_a}{1.2 \times 670}\right)^3 \times 10^6 = 60 \times 2\,180 \times 10\,000, \quad C_a = 7\,400 \text{ N}$$

选型结果为 DIK5010-8,其中 $C_a = 43.4$ KN,$C_{0a} = 120.5$ kN。

5)驱动电机选型计算。

(a)减速机的减速比计算:$A = \dfrac{n_0}{n_1} = \dfrac{3\,000}{v/P_h} = \dfrac{3\,000}{100 \times 60/10} = 5$。

(b)旋转扭矩计算:由外部负荷引起的摩擦扭矩。有

$$T_1 = \frac{F_a P_h}{2\pi\eta A} = \frac{55\,150 \times 10}{2\pi \times 0.9 \times 15} = 6\,505 \text{ N} \cdot \text{mm}$$

(c)由滚珠丝杠预压引起的扭矩的计算:以基本额定动负荷(C_a)的 10%作为最大预压负荷:$F_{a0} = 120.5 \times 0.1 \text{ kN} = 12.05 \text{ kN}$。

预压标准扭矩的计算如下:

$$\tan\beta = \frac{P_h}{\pi \times p'} = \frac{10}{3.14 \times 41.75} = 0.076$$

$$T_p = 0.05\tan^{0.5}\beta \frac{F_{a0} P_h}{2\pi} = 0.05 \times 0.076^{-0.5} \frac{29\,800 \times 5}{2\pi} = 4\,303 \text{ N} \cdot \text{mm}$$

式中:β 为导程角;p' 为钢球中心直径。

(d)扭矩变动值的计算:

$$\frac{L}{D} = \frac{900}{50} = 18 \leqslant 40 \tag{7.4}$$

式中:L 为螺纹部长度;D 为螺纹部外径。

由 $6\,505 \times (1 \pm 0.2) = 5\,204 \sim 7\,806 \text{ N} \cdot \text{mm}$,可知,标准扭矩为 $6\,505 \text{ N} \cdot \text{mm}$,扭矩变动值为 $5\,204 \sim 7\,806 \text{ N} \cdot \text{mm}$。有

$$T_{P1} = \frac{7\,806}{15} = 520.4 \text{ N} \cdot \text{mm}$$

(e)每单位长度的丝杠轴惯性扭矩为 $1.97 \times 10^{-2} \text{ kg} \cdot \dfrac{\text{cm}^2}{\text{mm}}$,则丝杠轴全长 1 100 mm 的惯性力矩如下:

$$J = m\left(\frac{P_H}{2 \times \pi}\right)2 \times A^2 \times 10^{-6} + J_s \times A^2$$

$$= 5\,000 \times \left(\frac{10}{2 \times \pi}\right)^2 \times \left(\frac{1}{5}\right)^2 \times 10^{-6} + 13.79 \times 10^{-4} \times \left(\frac{1}{5}\right)^2$$

$$= 5.62 \times 10^{-4} \text{ kg} \cdot \text{m}^2$$

角加速度的计算:

$$N_m = \frac{50 \times 60}{10} \times 15 = 4\,500 \text{ r/min}$$

$$\omega' = \frac{2\pi \times N_m}{60 \times t_1} = \frac{2\pi \times 4\,500}{60 \times 0.1} = 3\,768 \text{ rad/s}^2$$

根据上述可知,加速所需要的扭矩如下:

$$J_{\mathrm{m}} \geqslant \frac{1}{3} J = \frac{1}{3} \times 5.62 \times 10^{-4} = 1.87 \times 10^{-4} \ \mathrm{kg \cdot m^2}$$

$$T_2 = (J + J_{\mathrm{m}}) \times \omega' = (5.62 \times 10^{-4} + 1.87 \times 10^{-4}) \times 3\,768 = 2.82 \ \mathrm{N \cdot m} = 2\,822 \ \mathrm{N \cdot mm}$$

因此,所需扭矩为:

外部负载扭矩为

$$T = 6\,505 + 520.4 = 7\,025 \ \mathrm{N \cdot mm}$$

加速时为

$$T_{\mathrm{k}} = T + T_2 = 7\,025 + 2\,822 = 9\,847 \ \mathrm{N \cdot mm}$$

等速时为

$$T_{\mathrm{t}} = T = 7\,025 \ \mathrm{N \cdot mm}$$

减速时为

$$T_{\mathrm{g}} = T - T_2 = 7\,025 - 2\,822 = 4\,203 \ \mathrm{N \cdot mm}$$

(f)马达扭矩的最大扭矩 $T_{\mathrm{max}} = 9\,847 \ \mathrm{N \cdot mm}$。

电机选型结果为 1FL6067 - 1AC61 - 2LB1,$P = 2 \ \mathrm{kW}$,$T = 9.55 \ \mathrm{N \cdot m}$,$n = 2\,000 \ \mathrm{r/min}$。

减速机选型结果为 AB142 - 015 - S2 - P2/1FL6090 - 1AC61 - 2LB1,减速比为 15。

7.6　数字化调姿定位系统设计

数字化调姿定位系统用于飞机大部件的对接,如机身各段之间的对接、机翼与机身的对接、机头与机身的对接等。一般根据飞机大部件对接的工艺需求,该系统包含至少 3 个以上的三坐标数控定位器和一套数控系统。部件对接工况不同,数控定位器的布局可以有多种形式。某飞机机头与机身对接的数字化调姿定位系统布局如图 7.90 所示,其中采用了 4 个三坐标数控定位器作为对产品进行调姿定位的主体。

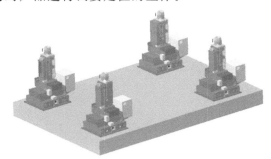

图 7.90　调姿定位系统布局图

7.6.1　设计要求

飞机机头部件通过 4 个定位器顶部的 4 个球窝与机头部件上的支撑杆的球头配合,托举机头部件;数控系统控制 4 个定位器的坐标联动,实现机头部件的精确调姿定位及对接功能。

技术要求如下:

(1)总承载:5 t;

(2)调姿行程:X/Y坐标行程为 450 mm;Z 坐标行程为 350 mm。

7.6.2　总体设计

设计 4 个三坐标数控定位器系统,每个数控定位器的坐标方向一致且互相平行。4 个数控定位器有相同的结构、坐标行程和功能。采用三层结构,底层为 X 坐标,中间层为 Y 坐标,上层为 Z 坐标,Z 坐标顶部为球窝组件,每个球窝组件上均有一个三分位的力传感器,用于监控各个坐标运动的协调性,保证产品在调姿运动过程中的安全。

7.6.3　工艺流程

飞机机头产品上设置 4 个球头,4 个定位器的球窝模块把持住产品上的球头,托举产品。通过数控系统,结合由激光跟踪仪测量的数据,对产品的姿态进行调整,并进行产品对接。

使用数控调姿定位装置装配产品时主要分为六个阶段:产品上架,利用激光跟踪仪建坐标系,将产品测量点发送到集成管理系统,上位机求解工艺球头空间坐标,上位机软件将当前位姿和目标位姿发送给控制系统,完成调姿运动;对本次调姿运动进行评价。具体工作流程如图 7.91 和图 7.92 所示。

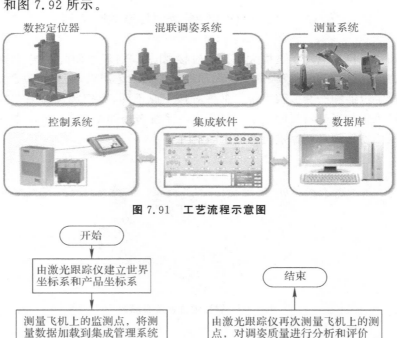

图 7.91　工艺流程示意图

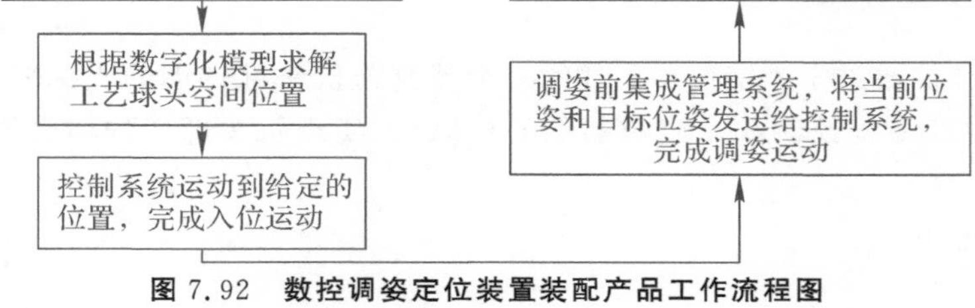

图 7.92　数控调姿定位装置装配产品工作流程图

7.6.4　详细设计

1.机械结构设计

数控定位器如图 7.93 所示,其由 X 轴运动模块、Y 轴运动模块、Z 轴运动模块、球窝组件、电控箱等组成。

(1)X 轴运动模块。

1)功能描述:数控定位器 X 轴运动模块,用于实现数控定位器在水平面内 X 坐标方向运动的高精度定位和重复定位。

2)三维图示。X 坐标结构如图 7.94 所示。

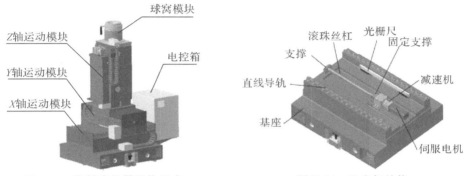

图 7.93　数控定位器结构组成　　　　图 7.94　X 坐标结构

3)安装图示。X 坐标驱动组件的安装如图 7.95 所示。

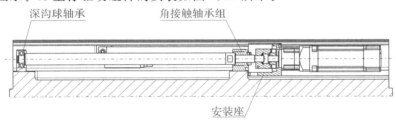

图 7.95　X 坐标驱动组件的安装

4)标准化、模块化。结构组成标准配置:直线导轨、伺服电机、减速机、联轴节、滚珠丝杠、固定支撑、游动支撑、光栅尺、机械限位、电气限位。

5)数控定位器 X、Y 坐标运动系统选型计算。X、Y 坐标均为惯性力起作用的水平方向使用,如图 7.96 所示。

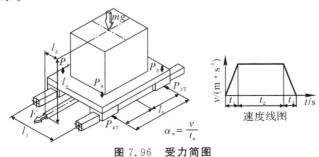

图 7.96　受力简图

质量 m 为 3 000 kg,行程 L_s 为 450 mm,直线运动系统的配置为 $l_0=208$ mm、$l_1=500$ mm、$l_2=1$ 560 mm、$l_3=225$ mm,速度 $v=0.06$ m/s,加减速时间 $t_1=0.3$ s,加速度 $a=0.2$ m/s^2,周期 $t=7.5$ s,每分钟往返次数为 4 次。

（a）直线导轨选择计算。

a）计算 $P_1 \sim P_4$,$P_{1T} \sim P_{4T}$。

加速时:

$$P_1=P_4=\frac{mg}{4}-\frac{mal_2}{2l_0}=\frac{30\ 000}{4}-\frac{3\ 000\times 0.2\times 1\ 560}{2\times 208}=5\ 250\ \text{N}$$

$$P_2=P_3=\frac{mg}{4}+\frac{mal_2}{2l_0}=\frac{30\ 000}{4}+\frac{3\ 000\times 0.2\times 1\ 560}{2\times 208}=9\ 750\ \text{N}$$

$$P_{1T}=P_{4T}=\frac{mal_3}{2l_0}=\frac{3\ 000\times 0.2\times 225}{2\times 208}=325\ \text{N}$$

$$P_{2T}=P_{3T}=-\frac{mal_3}{2l_0}=-\frac{3\ 000\times 0.2\times 225}{2\times 208}=-325\ \text{N}$$

匀速时

$$P_1=P_2=P_3=P_4=\frac{mg}{4}=-\frac{30\ 000}{4}=7\ 500\ \text{N}$$

减速时

$$P_1=P_4=\frac{mg}{4}+\frac{mal_2}{2l_0}=\frac{30\ 000}{4}+\frac{3\ 000\times 0.2\times 1\ 560}{2\times 208}=9\ 750\ \text{N}$$

$$P_2=P_3=\frac{mg}{4}-\frac{mal_2}{2l_0}=\frac{30\ 000}{4}-\frac{3\ 000\times 0.2\times 1\ 560}{2\times 208}=5\ 250\ \text{N}$$

$$P_{1T}=P_{4T}=-\frac{mal_3}{2l_0}=-\frac{3\ 000\times 0.2\times 225}{2\times 208}=-325\ \text{N}$$

$$P_{2T}=P_{3T}=\frac{mal_3}{2l_0}=\frac{3\ 000\times 0.2\times 225}{2\times 208}=325\ \text{N}$$

最大载荷为 $P_R=9$ 750 N,$P_T=325$ N。

b）静载荷计算:

$$\frac{C_0}{P_E}=f_s \tag{7.5}$$

$$C_0=(9\ 750+325)\times 2=20\ 150\ \text{N}=20.2\ \text{kN}$$

c）动载荷计算:

预计寿命的计算:$H=$ 运转时间/日 × 运转日/年 × 寿命年数 × 运转率(60%)。$H=4\times 100\times 20\times 60\%=4\ 800$ h,取 5 000 h。$v\text{-}t$ 关系曲线如图 7.97 所示。

图 7.97 中,$t_1=0.3$ s,$t_2=15$ s,$t=0.3$ s。

$$s_1=\frac{1}{2}at_1{}^2=\frac{1}{2}\times 0.2\times 0.3^2=9\ \text{mm}$$

$$s_2=450-2\times 9=432\ \text{mm}$$

平均负荷如下:

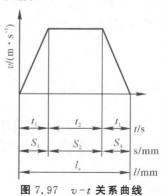

图 7.97 $v\text{-}t$ 关系曲线

$$P_m = \sqrt[3]{\frac{1}{l_s}(P_{a1}^3 s_1 + P_1^3 s_2 + P_{d1}^3 s_1)}$$

$$= \sqrt[3]{\frac{1}{450}(10\ 075^3 \times 9 + 7\ 500^3 \times 432 + 10\ 075^3 \times 9)}$$

$$= 7\ 640\ \text{N}$$

$$P_{m1} = P_{m2} = P_{m3} = P_{m4}$$

直线导轨的额定寿命计算如下：

$$L = \left(\frac{C}{P_m}\right)^{\frac{10}{3}} \times 50 \tag{7.6}$$

式中：L 为额定寿命（km）；C 为基本动额定负荷（N）；P_m 为负荷计算值（N）。

$$L_h = \frac{L_s \times 10^6}{2 \times l_s \times n_1 \times 60} \tag{7.7}$$

式中：L_h 为工作寿命时间（h）；L_s 为行程长度（mm）；n_1 为每分钟往返次数（min^{-1}）。

$$L_h = \frac{\left(\dfrac{C}{7\ 640}\right)^{\frac{10}{3}} \times 50 \times 10^6}{2 \times 450 \times 4 \times 60} = 5\ 000$$

$$C = 19\ 206\ \text{N} = 19.206\ \text{KN}$$

直线导轨选型结果为 SHS25 C（$C = 31.7$ kN，$C_0 = 52.4$ kN），寿命大于 5 000 h。

（b）滚珠丝杠选型计算。

a）计算图示。滚珠丝杠结构简图如图 7.98 所示。

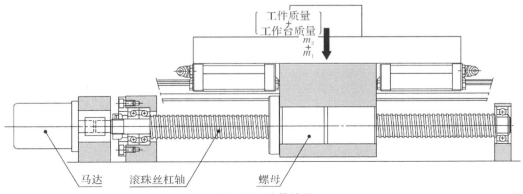

图 7.98　计算简图

b）已知条件：负载 $m = 3\ 000$ kg，行程长度 $l_s = 450$ mm，最大速度 $v_{\max} = 0.06$ m/s，加减速时间 $t_1 = 0.3$ s，加速度 $a = 0.2$ m/s²，每分钟往返次数 $n = 4$ min^{-1}，无效行程 0 mm，定位精度为 0.03 mm/450 mm，重复定位精度为 ± 0.015 mm，最小进给量 $s = 0.005$ mm/脉冲，驱动马达为 AC 伺服马达，额定转速为 3 000 r/min，导向面上的摩擦因数为 0.003。

c）导程精度与轴向间隙选择。

导程精度的选择：为了保证定位精度 0.03 mm/450 mm，则

$$\frac{0.03}{450\ \text{mm}} = \frac{X}{300\ \text{mm}}$$

$$X = 0.02\ \text{mm}$$

查表选择滚珠丝杠精度 C5,运行距离误差为 0.018 mm/300 mm。

轴向间隙的选择:为了满足 0 mm 无效行程的要求,必须选择轴向间隙在 0 mm 以下的 G0 预压滚珠丝杠。

d)丝杠轴选择。假定螺母全长为 100 mm,丝杠轴末端长度为 100 mm,所以根据行程长度 450 mm 决定的全长如下:

$$450+200=650 \text{ mm}$$

即假定丝杠轴长度为 650 mm。

e)导程的选择。驱动马达的额定转速为 3 000 r/min、最快速度为 0.06 m/s 时,滚珠丝杠导程如下:

$$P_h=\frac{60\times60}{3\ 000}=1.2 \text{ mm}$$

滚珠丝杠导程大于 1.2 mm,取 $P_h=5$。

f)丝杠轴直径的选择。丝杠的外径可查表,选标准库存丝杠,导程 5 mm 对应的丝杠外径有 12 mm、14 mm、16 mm、20 mm、25 mm、32 mm。选丝杠轴径 32 mm。

g)丝杠轴支撑方法的选择。丝杠的长度较短,轴向刚性较好,因此,滚珠丝杠的支撑方法选择固定-支撑的方式。

h)容许轴向负荷计算过程如下。

去路加速时:

$$F_{a1}=mg\mu+ma=30\ 000\times0.003+3\ 000\times0.2=690 \text{ N}$$

去路等速时:

$$F_{a2}=mg\mu=30\ 000\times0.003=90 \text{ N}$$

去路减速时:

$$F_{a3}=mg\mu-ma=30\ 000\times0.003-3\ 000\times0.2=-510 \text{ N}$$

返程加速时:

$$F_{a4}=-mg\mu-ma=-30\ 000\times0.003-3\ 000\times0.2=-690 \text{ N}$$

返程等速时:

$$F_{a5}=-mg\mu=-30\ 000\times0.003=-90 \text{ N}$$

返程减速时:

$$F_{a6}=-mg\mu+ma=-30\ 000\times0.003+3\ 000\times0.2=510 \text{ N}$$

作用在滚珠丝杠上的最大轴向负荷为 $F_{a\ max}=F_{a1}=690$ N。

丝杠轴的挫曲载荷计算:按照丝杠轴径 32 mm、导程 5 mm 计算。为考虑挫曲因素,螺母和轴承间选择固定-固定方式,与安装方法相关的系数 $\eta_2=20$。

$$P_1=\eta_2\times\frac{d_1^{\ 4}}{l_a^{\ 2}}\times10^4=20\times\frac{29.2^4}{550^2}\times10^4=480\ 658 \text{ N}$$

丝杠轴的容许拉伸压缩负荷为

$$P_2=116\times d_1^{\ 2}=116\times29.2^2=98\ 906 \text{ N}$$

最大轴向负荷不大于计算所得的挫曲载荷和容许拉伸压缩负荷。

i)丝杠容许转速如下。

丝杠的最大转速为

$$n_{\max}=\frac{v_{\max}\times60\times10^3}{P_{\mathrm{h}}}=\frac{0.06\times60\times10^3}{5}=720\ \mathrm{r/min}$$

由丝杠轴的危险速度所决定的容许转速的计算:与安装方法相关的系数 $\lambda_2=15.1$,考虑危险速度,螺母-轴承间的安装方法按固定-支撑方式,安装间距 $l_{\mathrm{b}}=550\ \mathrm{mm}$。有

$$N_1=\lambda_2\times\frac{d_1}{l_b^2}\times10^7=15.1\times\frac{29.2}{550^2}\times10^7=14\ 576\ \mathrm{r/min}$$

由 DN 值所决定的容许转速的计算:丝杠轴直径为 32 mm,导程为 5 mm,钢球中心直径 D 为 32.75 mm。

$$N_2=\frac{70\ 000}{D}=\frac{70\ 000}{32.75}=2\ 137\ \mathrm{r/min}$$

可见,丝杠的最大转速小于丝杠轴的危险速度及 DN 值决定的容许转速。

(c)螺母选择。螺母按照额定静载荷和额定动载荷选择。

a)额定静载荷:

$$\frac{C_{0\mathrm{a}}}{f_{\mathrm{s}}}=F_{\max}$$

$$\frac{C_{0\mathrm{a}}}{2}=690$$

$$C_{0\mathrm{a}}=1\ 380\ \mathrm{N}=1.38\ \mathrm{kN}$$

b)额定动载荷。

首先进行运行距离计算。最大速度 $v_{\max}=0.06\ \mathrm{m/s}$,加速时间 $t_1=0.3\ \mathrm{s}$,减速时间 $t_3=0.3\ \mathrm{s}$。

加速时的运行距离为

$$L_{1,4}=\frac{vt_1}{2}\times10^3=\frac{0.06\times0.3}{2}\times10^3=9\ \mathrm{mm}$$

等速时的运行距离为

$$L_{2,5}=432\ \mathrm{mm}$$

正方向的轴向平均负荷为

$$F_{\mathrm{m}1}=\sqrt[3]{\frac{1}{l_{\mathrm{s}}}(F_{\mathrm{a}1}^3 l_1+F_{\mathrm{a}2}^3 l_2+F_{\mathrm{a}6}^3 l_6)}$$

$$=\sqrt[3]{\frac{1}{450}(690^3\times9+90^3\times432+510^3\times9)}$$

$$=215\ \mathrm{N}$$

负方向的轴向平均负荷为

$$F_{\mathrm{m}2}=\sqrt[3]{\frac{1}{l_{\mathrm{s}}}(\mid F_{\mathrm{a}3}\mid^3 l_3+\mid F_{\mathrm{a}4}\mid^3 l_4+\mid F_{\mathrm{a}5}\mid^3 l_5)}$$

$$=\sqrt[3]{\frac{1}{450}(510^3\times9+90^3\times432+690^3\times9)}$$

$$=215\ \mathrm{N}$$

因 $F_{\mathrm{m}1}=F_{\mathrm{m}2}$,所以轴向平均负荷为 $F_{\mathrm{m}}=F_{\mathrm{m}1}=F_{\mathrm{m}2}=215\ \mathrm{N}$。

c)额定寿命。

负荷系数 $f_w=1.2$，平均负荷 $F_m=143$ N，计算额定寿命 L（单位 r）。有

$$L=\left(\frac{C_a}{f_w \cdot F_m}\right)^3 \times 10^6 \qquad (7.8)$$

d）每分钟平均转速。

每分钟往返次数 $n=4$ min^{-1}，行程 $l_s=450$ mm。

$$N_m=\frac{2nl_s}{5}=\frac{2 \times 4 \times 450}{5}=720 \text{ r/min}$$

e）根据额定寿命计算工作寿命及动载荷。

预计寿命计算：$H=$ 运转时间/日 $\times$ 运转日/年 $\times$ 寿命年数 $\times$ 运转率（60%）。$H=4 \times 100 \times 20 \times 60\%=4\,800$ h，取 $5\,000$ h。有

$$L=\frac{L}{60 \times N_m}=5\,000$$

$$L=60 \times 720 \times 5\,000=2.16 \times 10^8 \text{ r}$$

$$L=\left(\frac{C_a}{f_w \times F_m}\right)^3 \times 10^6=\left(\frac{C_a}{1.2 \times 215}\right)^3 \times 10^6=2.16 \times 10^8$$

$$C_a=1.548 \text{ kN}$$

选型结果为 DIK3205-6，$C_a=11.1$ kN，$C_{0a}=30.2$ kN。

（d）驱动电机选型计算。

a）减速机的减速比计算：

$$A=\frac{n_0}{n_1}=\frac{3\,000}{v/P_h}=\frac{3\,000}{60 \times 60/5}=4.2$$

查减速机样本，预选择 $A=4$。

b）旋转扭矩计算：

由外部负荷引起的摩擦扭矩为

$$T_1=\frac{F_a P_h}{2\pi \eta A}=\frac{90 \times 5}{2\pi \times 0.9 \times 4}=19.9 \text{ N} \cdot \text{mm}$$

由滚珠丝杠预压引起的扭矩如下：

以基本额定动负荷（C_a）的 10% 作为最大预压负荷，即

$$F_{a0}=11\,100 \times 0.1=1\,110 \text{ N}$$

B 为导程角，P' 为钢球中心直径，预压标准扭矩的计算过程为

$$\tan\beta=\frac{P_h}{\pi \times P'}=\frac{5}{3.14 \times 32.75}=0.048\,6$$

$$T_p=0.05 \tan^{0.5}\beta \frac{F_{a0} P_h}{2\pi}=0.05 \times 0.048\,6^{-0.5} \frac{1\,110 \times 5}{2\pi}=200 \text{ N} \cdot \text{mm}$$

扭矩变动值的计算为

$$\frac{L'}{D'}=\frac{450}{320}=1.4 \leqslant 40$$

式中：L' 为螺纹部长度（mm）；D' 为螺纹部外径（mm）。

根据 $200 \times (1 \pm 0.55)=90 \sim 310$ N·mm，标准扭矩为 200 N·mm，扭矩变动值为 $90 \sim 310$N·mm。有

$$T_{p1} = \frac{310}{4} = 77.5 \text{ N} \cdot \text{mm}$$

加速时所需的扭矩计算：每单位长度的丝杠轴惯性扭矩为 8.08×10^{-3} kg·cm²/mm，则丝杠轴全长 650 mm 的惯性力矩为

$$J_s = 8.08 \times 10^{-3} \times 650 = 5.252 \text{ kg} \cdot \text{cm}^2 = 5.252 \times 10^{-4} \text{ kg} \cdot \text{m}^2$$

$$J = m \left(\frac{P_h}{2\pi} \right)^2 \times A^2 \times 10^{-6} + J_s \times A^2$$

$$= 3\,000 \times \left(\frac{5}{2 \times 3.14} \right)^2 \times \left(\frac{1}{4} \right)^2 \times 10^{-6} + 5.252 \times 10^{-4} \times \left(\frac{1}{4} \right)^2$$

$$= 1.516\,8 \times 10^{-4} \text{ kg} \cdot \text{m}^2$$

角加速度为

$$N_m = \frac{60 \times 60}{5} \times 4 = 2\,880 \text{ r/min}$$

$$\omega' = \frac{2\pi N_m}{60 t_1} = \frac{2\pi \times 2\,880}{60 \times 0.3} = 1\,005 \text{ rad/s}^2$$

根据上述分析，加速所需要的扭矩如下：

$$J_m \geqslant \frac{1}{3} J = \frac{1}{3} \times 1.516\,8 \times 10^{-4} = 5.056 \times 10^{-5} \text{ kg} \cdot \text{m}^2$$

$$T_2 = (J + J_m) \times \omega' = (1.516\,8 \times 10^{-4} + 5.056 \times 10^{-5}) \times 1\,005 = 203 \text{ N} \cdot \text{mm}$$

因此，所需扭矩如下：

外部负载扭矩为

$$T = T_1 + T_{P1} = 19.9 + 77.5 = 97.4 \text{ N} \cdot \text{mm}$$

加速时为

$$T_k = T + T_2 = 97.4 + 203 = 300 \text{ N} \cdot \text{mm}$$

等速时为

$$T_t = T = 97.4 \text{ N} \cdot \text{mm}$$

减速时为

$$T_g = T - T_2 = 97.4 - 203 = -105.6 \text{ N} \cdot \text{mm}$$

c) 滚珠丝杠轴轴端强度：

$$T = \tau_a \cdot Z_\rho \tag{7.9}$$

式中：T 为最大扭矩（N·mm）；τ_a 为丝杠轴的容许扭转应力，49 N/mm²；Z_ρ 为极截面系数，mm³。

$$Z_\rho = \frac{\pi d^3}{16} \tag{7.10}$$

$$d \geqslant \sqrt[3]{\frac{352 \times 16}{49\pi}} \cong 3.3 \text{ mm}$$

d) 旋转速度。马达的转速中，最高使用转速为 2 880 min⁻¹，马达额定转速为 3 000 min⁻¹。

e) 最小进给量。编码器的线数为 2^{20} p/r（线/转），分辨率为 $\frac{5}{2^{20} \times 4} = 1.9 \times 10^{-5}$ mm/p，满足最小进给量 0.005 mm/p 的要求。

f)马达扭矩如下：

$$T_{rms} = \sqrt{\frac{T_k^2 \cdot t_1 + T_t^2 \cdot t_2 + T_g^2 \cdot t_3 + T_s^2 \cdot t_4}{t_1 + t_2 + t_3 + t_4}}$$

$$= \sqrt{\frac{300^2 \times 0.3 + 97.4^2 \times 7.5 + 105.6^2 \times 0.3 + 0}{0.3 + 7.5 + 0.3 + 0}} = 112 \text{ N} \cdot \text{mm}$$

电机选型结果为 AM8032，$M_{max} = 2.38$ N·m，$M_0 = 2.3$ N·m，$J = 0.921$ kg·cm²。
减速机选型结果为 AB060 - 00，减速比为 4。

（2）Z 轴运动模块。

1）功能描述：数控定位器 Z 坐标用于实现数控定位器在垂直方向运动的高精度定位和重复定位。

2）三维图示。Z 坐标结构如图 7.99 所示。

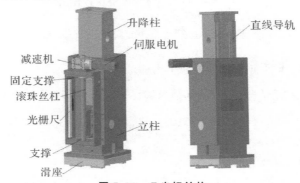

图 7.99　Z 坐标结构

3）安装图示。Z 坐标驱动组件安装如图 7.100 所示。

4）标准化、模块化。结构组成标准配置为直线导轨、伺服电机、减速机、联轴结、滚珠丝杠、固定支撑、游动支撑、光栅尺、机械限位、电气限位。

5）数控定位器 Z 坐标运动系统选型计算。Z 坐标运动是惯性力起作用，垂直使用，受力简图如图 7.101 所示。

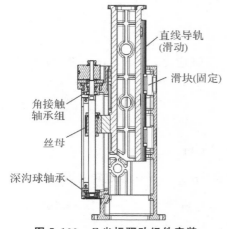

图 7.100　Z 坐标驱动组件安装

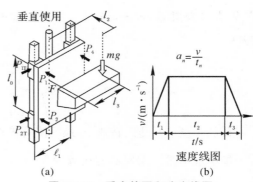

图 7.101　受力简图和速度线图

(a)已知条件。负载 m 为 2 500 kg,行程 L_s 为 350 mm,直线运动系统配置为 $l_0=300$ mm,$l_1=148$ mm,$l_2=122$ mm,$l_3=0$ mm,速度 $v=0.02$ m/s,加减速时间 $t_1=0.5$ s,加速度 $a=0.04$ m/s^2,周期时间 $t=18$ s,每分钟往返次数为 1.67 次。

(b)直线导轨选择计算。计算 $P_1\sim P_4$,$P_{1T}\sim P_{4T}$。

加速时

$$P_1=P_4=\frac{m(g+a_1)l_2}{2l_0}=\frac{2\ 500\times(10+0.04)\times122}{2\times300}=5\ 104\ \text{N}$$

$$P_2=P_3=-\frac{m(g+a_1)l_2}{2l_0}=-\frac{2\ 500\times(10+0.04)\times122}{2\times300}=-5\ 104\ \text{N}$$

$$P_{1T}=P_{4T}=\frac{m(g+a_1)l_3}{2l_0}=0$$

$$P_{2T}=P_{3T}=-\frac{m(g+a_1)l_3}{2l_0}=0$$

匀速时

$$P_1=P_4=\frac{mgl_2}{2l_0}=\frac{2\ 500\times10\times122}{2\times300}=5\ 083\ \text{N}$$

$$P_2=P_3=-\frac{mgl_2}{2l_0}=-\frac{2\ 500\times10\times122}{2\times300}=-5\ 083\ \text{N}$$

$$P_{1T}=P_{4T}=\frac{mgl_3}{2l_0}=0$$

$$P_{2T}=P_{3T}=-\frac{mgl_3}{2l_0}=0$$

减速时

$$P_1=P_4=\frac{m(g-a_1)l_2}{2l_0}=\frac{2\ 500\times(10-0.04)\times122}{2\times300}=5\ 063\ \text{N}$$

$$P_2=P_3=-\frac{m(g-a_1)l_2}{2l_0}=-\frac{2\ 500\times(10-0.04)\times122}{2\times300}=-5\ 063\ \text{N}$$

$$P_{1T}=P_{4T}=\frac{m(g-a_1)l_3}{2l_0}=0$$

$$P_{2T}=P_{3T}=-\frac{m(g-a_1)l_3}{2l_0}=0$$

最大载荷为 $P_R=5\ 104$ N。

a)计算静载荷:

$$\frac{C_0}{P_E}=f_s \tag{7.11}$$

$$C_0=5\ 104\times2=10\ 208\ \text{N}=10.208\ \text{kN}$$

b)计算动载荷。

预计寿命计算:$H=$运转时间/日$\times$运转日/年$\times$寿命年数$\times$运转率(60%)。$H=4\times$

$100 \times 20 \times 60\% = 4\ 800$ h,取 $5\ 000$ h。$v-t$ 关系曲线如图 7.102 所示。

图 7.102 中,$t_1 = 0.5$ s,$t_2 = 17$ s,$t = 0.5$ s。

$$s_1 = \frac{1}{2} \times 0.04 \times 0.5^2 = 5 \text{ mm}$$

$$s_2 = 350 - 10 = 340 \text{ mm}$$

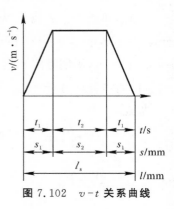

图 7.102 $v-t$ 关系曲线

平均负荷为

$$P_m = \sqrt[3]{\frac{1}{l_s}(P_{a1}^3 s_1 + P_1^3 s_2 + P_{d1}^3 s_1)}$$

$$= \sqrt[3]{\frac{1}{350}(5\ 104^3 \times 5 + 5\ 083^3 \times 340 + 5\ 063^3 \times 5)}$$

$$= 5\ 083 \text{ N}$$

直线导轨的额定寿命计算:

$$L = \left(\frac{C}{P_m}\right)^{\frac{10}{3}} \times 50 \tag{7.12}$$

式中:L 为额定寿命(km);C 为基本动额定负荷(N);P_m 为负荷计算值(N)。

$$L_h = \frac{L \times 10^6}{2 \times l_s \times n \times 60} \tag{7.13}$$

式中:L_h 为工作寿命时间(h);L_s 为行程长度(mm);n 为每分钟往返次数(min^{-1})。

$$L_h = \frac{\left(\frac{C}{5\ 083}\right)^{\frac{10}{3}} \times 50 \times 10^6}{2 \times 350 \times 1.67 \times 60} = 5\ 000$$

$$C = 8.2 \text{ kN}$$

直线导轨选型为 NRS35 R($C = 49.5$ kN,$C_0 = 109$ kN),寿命大于 $5\ 000$ h。

(c)滚珠丝杠选型计算。

计算图示,即结构简图如图 7.103 所示。

已知条件:负载 $m = 2\ 500$ kg,行程长度 $l_s = 350$ mm,最大速度 $v_{max} = 0.02$ m/s,加减速时间 $t_1 = 0.5$ s,加速度 $a = 0.04$ m/s²,每分钟往返次数 $n = 1.67$ min^{-1},无效行程 0 mm,定位精度为 0.03 mm/350 mm,重复定位精度为 ± 0.015 mm,最小进给量 $s = 0.005$ mm/脉冲,驱动马达为 AC 伺服马达,额定转速为 $6\ 000$ r/min,自锁减速机减速比 $A = 47$,导向面上的滚动摩擦因数为 0.003,导向面阻力 $f = 50$ N。

a)导程精度与轴向间隙选择。为保证定位精度 0.03 mm/350 mm,$\frac{0.03 \text{ mm}}{350 \text{ mm}} = \frac{X}{300 \text{ mm}}$,$X = 0.025\ 7$。查表选择滚珠丝杠精度 C5。

为了满足 0 mm 无效行程的要求,必须选择轴向间隙在 0 mm 以下

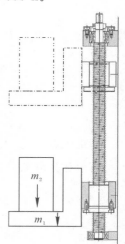

图 7.103 计算图示

的 G0 预压滚珠丝杠。

b)丝杠轴选择。假定螺母全长为 100 mm,丝杠轴末端长度为 100 mm,那么根据行程
长度 350 mm 决定的全长为 350＋200＝550 mm,所以假定丝杠轴长度为 550 mm。

驱动马达的额定转速为 6 000 r/min、最高速度为 0.02 m/s 时,滚珠丝杠导程如下:

$$P_h = \frac{20 \times 60}{6\ 000/47} = 9.4 \text{ mm}$$

滚珠丝杠导程大于 9.4 mm,取 $P_h = 10$ mm。

丝杠的外径可查表,选标准库存丝杠:导程 10 mm 对应的丝杠外径有 32 mm、36 mm、
40 mm、50 mm。选丝杠轴径为 40 mm。

丝杠的长度较短,轴向刚性较好,因此,滚珠丝杠的支撑方法选为固定-支撑的方式。

最大轴向负荷的计算如下:

上升加速时

$$F_{a1} = ma + mg + f = 2\ 500 \times 0.04 + 2\ 500 \times 10 + 50 = 25\ 150 \text{ N}$$

上升等速时

$$F_{a2} = mg + f = 25\ 000 + 50 = 25\ 050 \text{ N}$$

上升减速时

$$F_{a3} = mg - ma + f = 25\ 000 - 2\ 500 \times 0.04 + 50 = 24\ 950 \text{ N}$$

下降加速时

$$F_{a4} = mg - ma - f = 25\ 000 - 2\ 500 \times 0.04 - 50 = 24\ 850 \text{ N}$$

下降等速时

$$F_{a5} = mg - f = 25\ 000 - 50 = 24\ 950 \text{ N}$$

下降减速时

$$F_{a6} = ma + mg - f = 2\ 500 \times 0.04 + 2\ 500 \times 10 - 50 = 25\ 050 \text{ N}$$

作用在滚珠丝杠上的最大轴向负荷如下:

$$F_{a\ max} = F_{a1} = 25\ 150 \text{ N}$$

c)螺母选择。螺母按照额定静载荷和额定动载荷选择。

额定静载荷的计算如下:

$$\frac{C_{0a}}{f_s} = F_{max}$$

$$\frac{C_{0a}}{2} = 25\ 150 \text{ N}$$

$$C_{0a} = 50\ 300 \text{ N} = 50.3 \text{ kN}$$

额定动载荷:

最大速度 $v_{max} = 0.02$ m/s,加速时间 $t_1 = 0.5$ s,减速时间 $t_3 = 0.5$ s。运行距离计算包
括加速时的运行距离和等速时的运行距离。

加速时的运行距离为

$$L_{1,4} = \frac{v_{max}t_1}{2} \times 10^3 = \frac{0.02 \times 0.5}{2} \times 10^3 = 5 \text{ mm}$$

等速时的运行距离为

$$L_{2,5} = 350 - 10 = 340 \text{ mm}$$

运行距离如表 7.9 所示。

表 7.9　各动作运行距离

序号	动作	轴向负荷 F_{an}/N	运行距离 L_n/mm
1	上升加速	25 150	5
2	上升等速	25 050	340
3	上升减速	24 950	5
4	下降加速	24 850	5
5	下降等速	24 950	340
6	下降减速	25 050	5

轴向平均负荷计算如下：

$$F_m = \sqrt[3]{\frac{1}{2l_s}(F_{a1}^3 l_1 + F_{a2}^3 l_2 + F_{a3}^3 l_3 + F_{a4}^3 l_4 + F_{a5}^3 l_5 + F_{a6}^3 l_6)}$$

$$= \sqrt[3]{\frac{1}{700}(25\ 150^3 \times 5 + 25\ 050^3 \times 340 + 24\ 950^3 \times 5 + 24\ 850^3 \times 5 + 24\ 950^3 \times 340 + 25\ 050^3 \times 5) F_{a2}^3}$$

$$= 25\ 000 \text{ N}$$

负荷系数 $f_w = 1.2$，平均负荷 $F_m = 25\ 000$ N。额定寿命 L 为

$$L = \left(\frac{C_a}{f_w F_m}\right)^3 \times 10^6 \tag{7.14}$$

每分钟往返次数 $n = 1.67 \text{ min}^{-1}$，行程 $l_s = 350$ mm。每分钟平均转速为

$$N_m = \frac{2nl_s}{10} = \frac{2 \times 1.67 \times 350}{10} = 116.9 \text{ r/min}$$

根据额定寿命计算工作寿命时间：

$$L_h = \frac{L}{60N_m} = 120 \text{ h}$$

$$L = 60 \times 116.7 \times 120 = 8.4 \times 10^5 \text{ r}$$

$$L = \left(\frac{C_a}{f_w F_m}\right)^3 \times 10^6$$

$$C_a = 28\ 306 \text{ N} = 28.306 \text{ kN}$$

选型结果为 DIK4010 - 6，其中 $C_a = 29.8$ kN，$C_{0a} = 69.3$ kN。

d)驱动电机选型计算。

减速机的减速比计算如下：

$$A = \frac{n_0}{n_1} = \frac{6\ 000}{v/P_h} = \frac{6\ 000}{20 \times 60/10} = 50$$

查减速机样本,预选择 $A = 47$。

e)旋转扭矩计算。

由外部负荷引起的摩擦扭矩为

$$T_1 = \frac{F_a P_h}{2\pi \eta A} = \frac{25\ 050 \times 10}{2\pi \times 0.4 \times 47} = 2\ 122\ \text{N} \cdot \text{mm}$$

由滚珠丝杠预压引起的扭矩:以基本额定动负荷(C_a)的 10% 作为最大预压负荷:$F_{a0} = 29\ 800 \times 0.1 = 2\ 980\ \text{N}$。

b 预压标准扭矩的计算如下:

$$\tan\beta = \frac{P_h}{\pi \times P} = \frac{10}{3.14 \times 41.75} = 0.076$$

$$T_p = 0.05 \tan^{0.5}\beta \frac{F_{a0} P_h}{2\pi} = 0.05 \times 0.048\ 6^{-0.5} \frac{2\ 980 \times 10}{2\pi} = 1\ 722\ \text{N} \cdot \text{mm}$$

式中:β 为导程角(°),P 为钢球中心直径(mm)。

扭矩变动值的计算如下:

$$\frac{L'}{D'} = \frac{350}{40} = 8.75 \leqslant 40$$

式中:L' 为螺纹部长度(mm);D' 为螺纹部外径(mm)。

由 $1\ 722 \times (1 \pm 0.3) = 1\ 205 \sim 2\ 239\ \text{N} \cdot \text{mm}$ 可知,标准扭矩为 $1\ 722\ \text{N} \cdot \text{mm}$,扭矩变动值为 $1\ 205 \sim 2\ 239\ \text{N} \cdot \text{mm}$。

$$T_{p_1} = \frac{2\ 239}{47 \times 0.4} = 119\ \text{N} \cdot \text{mm}$$

加速时所需的扭矩计算如下:

每单位长度的丝杠轴惯性扭矩为 $1.97 \times 10^{-6}\ \text{kg} \cdot \text{m}^2/\text{mm}$,则丝杠轴全长 854 mm 的惯性力矩如下:

$$J_s = 1.97 \times 10^{-6} \times 854 = 1.68 \times 10^{-3}\ \text{kg} \cdot \text{m}^2$$

$$J = m\left(\frac{P_h}{2\times\pi}\right)^2 A^2 \times 10^{-6} + J_s A^2$$

$$= 2\ 500 \times \left(\frac{10}{2\times\pi}\right)^2 \times \left(\frac{1}{47}\right)^2 \times 10^{-6} + 1.68 \times 10^{-3} \times \left(\frac{1}{47}\right)^2$$

$$= 3.63 \times 10^{-6}\ \text{kg} \cdot \text{m}^2$$

角加速度为

$$N_m = \frac{20 \times 60}{10} \times 47 = 5\ 640\ \text{r/min}$$

$$\omega' = \frac{2\pi N_m}{60 t_1} = \frac{2\pi \times 5\ 640}{60 \times 0.5} = 1\ 181\ \text{rad/s}^2$$

根据上述计算,得加速所需要的扭矩如下:

$$J_m \geqslant \frac{1}{3} J = \frac{1}{3} \times 3.63 \times 10^{-6} = 1.21 \times 10^{-6}\ \text{kg} \cdot \text{m}^2$$

$$T_2 = (J + J_m) \times \omega' = (3.63 \times 10^{-6} + 1.21 \times 10^{-6}) \times 1\ 181$$
$$= 0.005\ 7\ \text{N} \cdot \text{m} = 5.7\ \text{N} \cdot \text{mm}$$

因此,所需扭矩如下:

外部负载扭矩为

$$T = T_1 + T_{p1} = 2\ 122 + 119 = 2\ 241\ \text{N} \cdot \text{mm}$$

加速时为

$$T_k = T + T_2 = 2\ 241 + 5.7 = 2\ 247\ \text{N} \cdot \text{mm} = 2\ 247\ \text{N} \cdot \text{m}$$

等速时为

$$T_t = T = 2\ 241\ \text{N} \cdot \text{mm}$$

减速时为

$$T_g = T - T_2 = 2\ 241 - 5.7 = 2\ 235\ \text{N} \cdot \text{mm}$$

滚珠丝杠轴轴端强度计算式:

$$T = \tau_a Z_\rho \tag{7.15}$$

式中:T 为最大扭矩($\text{N} \cdot \text{mm}$);τ_a 为丝杠轴的容许扭转应力(为 $49\ \text{N}/\text{mm}^2$);Z_ρ 为极截面系数(mm^3)。

$$Z_\rho = \frac{\pi d^3}{16} \tag{7.16}$$

$$d \geqslant \sqrt[3]{\frac{2\ 247 \times 16}{49\pi}} \cong 6.2\ \text{mm}$$

旋转速度:马达转速中的最高使用转速为 $5\ 640\ \text{min}^{-1}$,马达额定转速为 $6\ 000\ \text{min}^{-1}$。

最小进给量:编码器的线数为 $2^{20}\ \text{p/r}$,分辨率为 $\dfrac{10}{2^{20} \times 47} = 2.3 \times 10^{-6}\ \text{mm/p}$,满足最小进给量 $0.005\ \text{mm/p}$ 的要求。

马达扭矩如下:

$$T_{rms} = \sqrt{\frac{T_k^2 \cdot t_1 + T_t^2 \cdot t_2 + T_g^2 \cdot t_3 + T_s^2 \cdot t_4}{t_1 + t_2 + t_3 + t_4}}$$

$$= \sqrt{\frac{2\ 247^2 \times 0.5 + 2\ 241^2 \times 17 + 2\ 235^2 \times 0.5}{18}}$$

$$= 2\ 241\ \text{N} \cdot \text{mm} = 2.241\ \text{N} \cdot \text{m}$$

电机选型结果为 AM8033 - xx11,$M_{max} = 3.22\ \text{N} \cdot \text{m}$,$M_0 = 2.7\ \text{N} \cdot \text{m}$,$J = 1.46\ \text{kg} \cdot \text{cm}^2$。

减速机选型结果是 HPG045_C1_47_PR,减速比为 47。

2. 控制系统硬件设计

数控调姿系统由三坐标数控定位器机械系统、数字化测量系统、电气控制系统以及集成管理系统组成。其中,机械系统为执行单元,电气控制系统为控制单元,通过设计调姿定位算法实现多定位器协同运动功能。

(1)控制系统组成。数控定位器电气控制系统采用"一主站多从站"的控制方式,主要由工控机、控制器、伺服驱动器、伺服电机、网络通信模块、球头锁紧模块等组成。系统以西门子 S1517T 控制器作为整个电气系统的主要控制单元,完成数据的采集、分析处理工作,并根据用户指令控制伺服系统和气动系统动作。V90 系列伺服系统为运动控制和执行单元。摄像头安装在球窝上面用于观察球头的入位和锁紧状态。

　　控制系统可以与数字化测量系统进行实时信息交互,工作中通过激光跟踪仪测量产品当前的实际位姿并动态传递实时检测数据,使数控定位器具备自动分析、快速给出误差修正调姿参数的功能,实现进行快速、精准运行。数控定位器电气控制系统如图 7.104 所示。

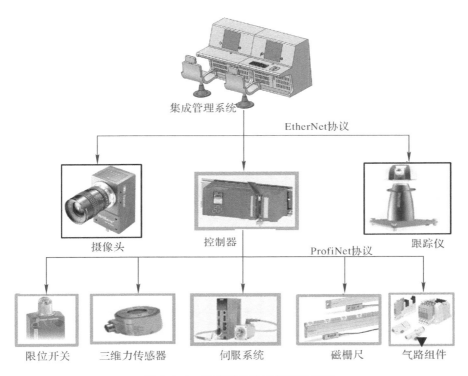

图 7.104　数控定位器电气控制系统

　　(2)I/O 信号分配。ET200SP 是分布式 I/O 的扩展单元和单台定位器的控制中枢。限位开关、三维力传感器、声光报警器等电气元件实现整个系统的安全保障功能。伺服系统采用全闭环控制,将光栅尺配置成"Motion Control"模式,并作为第二编码器反馈参与到电机控制中,大大提高了电机的定位精度。

　　(3)硬件系统的组网。PLC 具有多种拓扑形式,如星型、总线型、树型、环网型。为提高通信的效率和稳定性,减小信号传输的延时和冲突,采用星型拓扑。星型拓扑在单根网络或设备故障时并不影响其他定位器的正常运行,而且还具有可伸缩性好和易与其他系统融合的优点,在后期需要缩减定位器数量或者将其他系统加入时,特别有优势。

　　在系统组态时,先对网络进行配置,然后采用统一的命名规则给所有驱动和从站分配 Pofinet 名称和 IP 地址,要实现设备间的通信,需要把所有设备分配到同一个网络下。系统网络视图如图 7.105 所示。

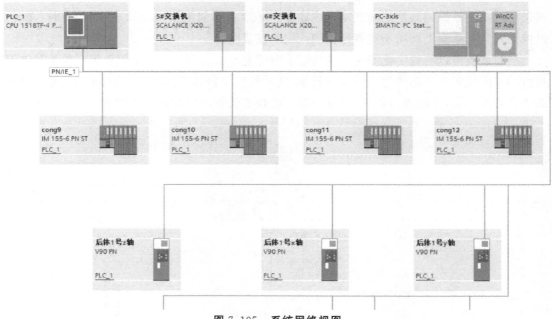

图 7.105　系统网络视图

3.控制系统软件设计

（1）下位控制程序设计。电气系统安装完接线完后,需要在博图软件中编写驱动程序实现具体功能。根据模块功能的不同,PLC 程序分为轴运动程序、回原点程序、光栅尺程序、力传感器程序、报警程序、安全互锁程序等。其中回原点程序如图 7.106 所示。

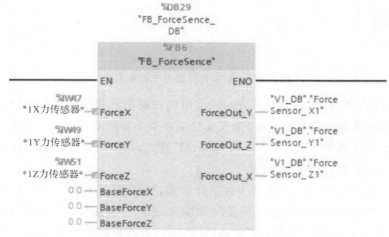

图 7.106　下位机回原点程序

力传感器是由模拟量输入模块驱动的,再经放大板将输入信号转化为标准的模拟量 4~20mA 电流信号。力传感器程序如图 7.107 所示,在编写驱动程序时先在模块中配置通道数和信号类,然后在程序中对采集的模拟量数值进行归一化和缩放处理。将单个力传感器三个通道的模拟量数据封装在一个 FB 功能模块中,最终输出三个方向的力值。

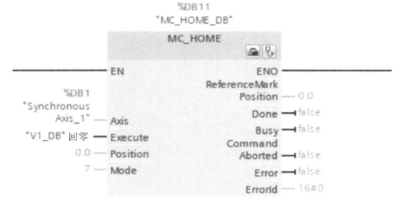

图 7.107　力传感器程序图

(2)下位控制人机界面设计。为了对试验台参数和功能进行测试,设计了模块化测试系统。如图 7.108 所示,功能测试界面分三个部分。第一部分是测试三维力传感器;第二部分是对定位器功能进行测试,包括限位功能、使能状态、运动功能以及光栅尺值和电机编码器值反馈;第三部分是球头功能测试。球头由 3 个气缸组成,分吹气、松开、防逃逸、锁紧 4 个位置,每个位置都有对应的限位。将球头放入球窝中,通过点击不同的按钮,查看 3 个气缸的动作和各个限位的状态指示灯,进而判断球头的功能。

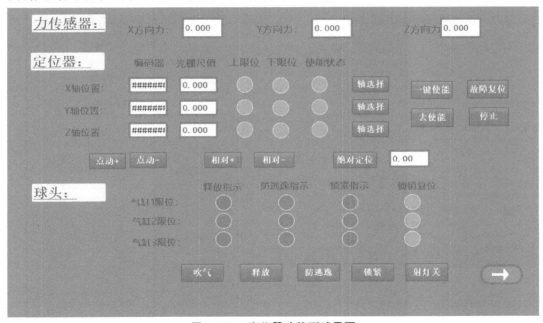

图 7.108　定位器功能测试界面

如图 7.109 所示,为测试各轴的定位精度和重复定位精度设计了标定界面,在软件中输入"开始位置""结束位置""步数""循环次数""超越距离"这些参数后,点击"开始标定",程序自动运行。

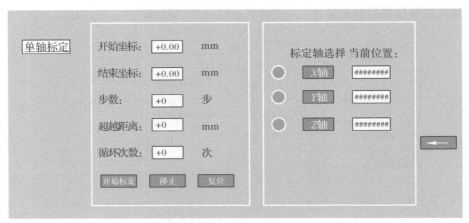

图 7.109　标定界面

（3）上位控制人机界面设计。上位软件启动后会自动检查系统运行状态，并将系统状态展示在主界面。如图 7.110 所示，主界面最上方是导航栏，通过导航栏可以进入不同的操作界面，默认是主界面——机翼对接功能界面。在导航栏的左下方是状态显示，以表格形式展示了各个定位器的当前状态（包括当前位移、受力、电机使能状态）。表格底部为状态提示及切换。

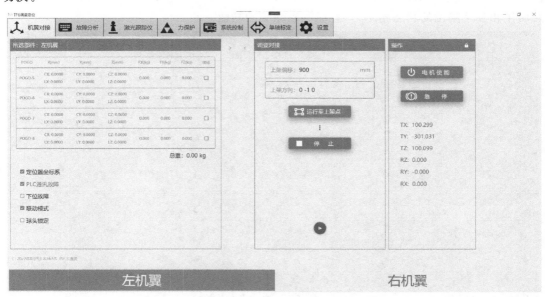

图 7.110　主界面

主界面功能如下：

1）定位器坐标系。用户可点击，用于切换表格内定位器的坐标是在定位器坐标系下还是在飞机坐标系下。

2）PLC 通信故障。用户无法点击，若选中，则表示当前上位机与 PLC 通信发生故障。此时上位机的所有指令无法发送到 PLC。一般重启系统总电源可解决。

3)下位故障。用户无法点击,若选中,则表示数控定位器控制系统(PLC 端)发生故障,可能原因是伺服驱动器故障、力值超限、速度过大等。当发生错误时,该选择框右侧会自动出现详细信息按钮,用户可以通过点击该按钮获取错误原因和解决办法。在错误解决后,需要点击"错误确定"。

4)联动模式。若选中,则表示当前数控定位器处于联动状态,只能进行联动运动(即整体调姿、平移、旋转),各个轴不能单动(上架、绝对定位、相对定位)。

5)球头锁定。用户无法点击,若选中,则表示当前产品对应的球头已经锁定。

状态栏右下方为产品位置信息,实时显示产品当前的位置和姿态。TX、TY、TZ 为产品位置,RX、RY、RZ 表示产品绕对应轴的欧拉角。

6)电机使能及急停。使能及急停按钮位于主界面右侧,启动后应先使能电机才能执行运动操作。急停按钮仅用于处理一般性事件,必要情况下请使用控制台上的实体急停按钮。

7)单轴运动。如图 7.111 所示,在单轴运动前,需要先在左侧状态表里选择需要控制的电机。点击表格里任一"X""Y""Z"列里的单元格,就表示选中的该电机。此时在"单轴控制"分组框里的"所选轴"行就会显示所选电机。在"目标位移"输入框里填入需要的位移量,然后点击"相对位移"按钮,该电机就会相对移动。此外,在顶部的"当前速度"栏里可以输入该轴运动速度,在"当前位置"栏里会实时显示该轴的位置。

图 7.111　单轴运动

8)力保护。如图 7.112 所示,在导航栏点击"力保护",进入力保护设置界面。在该界面可以设置力波动限值和三向绝对力限值。波动限值表示每次调姿过程中力的最大变化幅度,力限值表示力的绝对值最大值。当超过所设置的力限值时,会引发系统报警急停。

此处设置的力限值仅会影响本次调姿,断电重启后,力保护会恢复到默认值。

图 7.112　力保护设置界面

9)调姿对接操作。

(a)产品上架。如图 7.110 所示,在主界面中间的"调姿对接"分组框里,用户选择产品后,会在"上架偏移"和"上架方向"里显示当前产品上架位置相对理论位置的偏移量和偏移方向。在无故障的情况下,先点击"电机使能",然后点击"运行至上架点",定位器各个轴会各自向其上架位置运动。在运行过程中,可以随时点击"停止"。

在"联动模式"下是无法进行上架操作的(需要手动取消"联动模式")。上架完成后,点击底部的下一步按钮(见图 7.113),进入球头锁定界面。

图 7.113　下一步按钮界面

（b）球头锁定。如图7.114所示，在球头锁定界面，可以对球头进行锁定和解锁。在完成相关操作后，可以在左侧状态栏看到"球头锁定"状态。确定正常后，点击底部的下一步按钮进入调姿界面。

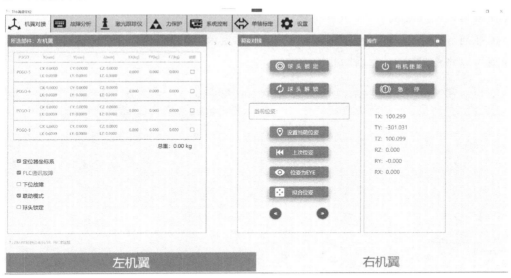

图7.114　球头锁定界面

（c）调姿。如图7.115所示，在进行调姿前，需要先用激光跟踪仪测量测点数据，然后通过辅助测量工具将测点坐标发送至调姿软件。点击"加载测量点"，会加载测量数据并分析，点击"生成报告"会根据测量信息生成测量报告，点击"调姿"会将产品位置调整到上架理论位置。

该过程可以重复进行，直至测量点坐标满足要求。完成后点击下一步按钮。

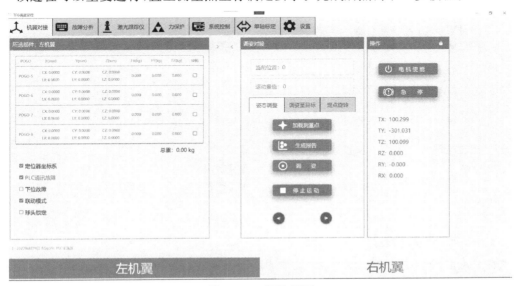

图7.115　调姿界面

(d)对接。在完成调姿后,一般产品只需要在 Y 方向进给就可以完成对接。如图 7.116 所示,该界面提供了 4 个用于对接的操作:

a)对接。产品向目标位置移动,运动量为"运动量值"输入框所填值。一般情况下利用该操作就可以完成对接。

b.撤离。产品远离位置移动,运动量为"运动量值"输入框所填值。一般情况下利用该操作就可以将产品撤出,重新对接。

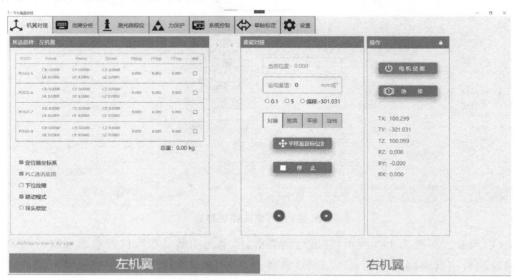

图 7.116　对接界面

c)平移。在平移界面,需要手动选择平移方向(见图 7.117),并在"运动轴"右侧的"⋮"里给出该轴的详细信息。在"运动量值"里填入平移距离。

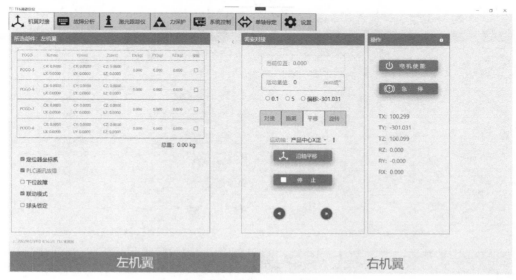

图 7.117　平移界面

　　d)旋转。旋转与平移类似,需要手动指定选择方向。在"运动量值"里填入旋转角度。需要注意的是,运动轴是一根直线,用 6 个参数表示,前三个参数表示该轴上任意一点的坐标,后三个参数表示该轴的矢量方向。所以,在平移时,前三个参数无任何意义,在旋转时,产品将绕着通过该点的直线旋转。

　　10)产品下架。如图 7.118 所示,在产品下架时,需要在"调姿对接"的第二个页面里将球头解锁。必要时可以单轴运动以方便产品下架。

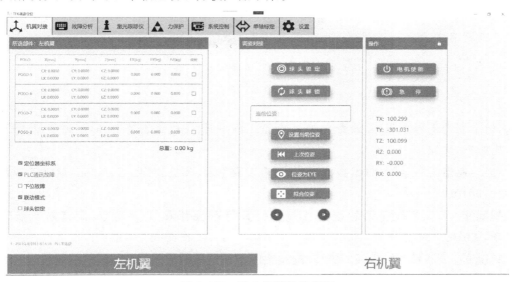

图 7.118　**球头解锁操作界面**

参 考 文 献

[1]《航空制造工程手册》总编委会.航空制造工程手册:飞机工艺装备[M].北京:航空工业出版社,1994.

[2]《航空制造工程手册》总编委会.航空制造工程手册:飞机装配[M].北京:航空工业出版社,2010.

[3] 魏晓东.飞机装配工装快速设计技术研究与系统开发[D].南京:南京航空航天大学,2019.

[4] 魏晓东,安鲁陵,闫宝强.飞机装配型架内型板快速设计方法[J].航空制造技术,2018,61(22):54－61.

[5] 池新.某型飞机中央翼模拟量与数字量协调装配技术研究[D].哈尔滨:哈尔滨工业大学,2014.

[6] 刘场.面向机身颤振模型的结构拓扑优化方法研究[D].大连:大连理工大学,2010.

[7] 张仲桢.机翼盒段结构优化分析[J].民用飞机设计与研究,2013(1):42－47.

[8] 李继红.飞机制造中工装数字化技术的应用研究[D].西安:西北工业大学,2001.

[9] 李洋.计算机辅助飞机装配型架概念设计技术研究与实现[D].南京:南京航空航天大学,2007.

[10] 薛红前.飞机装配工艺学[M].西安:西北工业大学出版社,2015.

[11] 杨华保.飞机原理与构造[M].西安:西北工业大学出版社,2011.

[12] 刘本锁.机械加工技术[M].北京:机械工业出版社,2016.

[13] 曹爱民.某飞机排气筒激光焊接工艺装备的研究[D].哈尔滨:哈尔滨工业大学,2020.

[14] 李磊,田忠文,王新峰,等.复合材料壁板脱膜及转运真空吸附装置研究[J].科学技术创新,2019(1):186－187.

[15] 徐洁洁.TC4 钛合金激光焊接接头组织性能研究[D].北京:北京工业大学,2009.

[16] 刘天雨.活塞杆激光焊接工艺优化及夹具研究[D].锦州:辽宁工业大学,2021.

[17] 张旭.工艺装备制造方法及常用材料[J].工业 C,2016(21):275－276.

[18] 高艳秋,赵龙,吴刚,等.高加筋壁板结构树脂膜渗透(RFI)技术研究[J].航空制造技术,2014(15):52-55.

[19] 晏冬秀,刘卫平,黄钢华,等.复合材料热压罐成型模具设计研究[J].航空制造技术,2012(7):49-52.

[20] 王海宇.飞机钣金工艺学[M].西安:西北工业大学出版社,2011.

[21] 曹建国.金属冲压成形工艺与模具设计[M].北京:中国铁道出版社,2015.

[22] 何胜强.大型飞机数字化装配技术与装备[M].北京:航空工业出版社,2015.

[23] 刘成鑫.飞机地面牵引安全性研究[D].南京:南京航空航天大学,2018.

[24] 李福海.飞机地面牵引移动与停放安全技术研究[D].南京:南京航空航天大学,2016.

[25] 乔学新.关于液压元件试验台的设计理念和设计思路[J].液压与气动,2009(12):72-73.

[26] 李磊,田忠文,王新峰,等.复合材料壁板脱膜及转运真空吸附装置研究[J].科学技术创新,2019(1):186-187.

[27] 赵刚.数控机床交流伺服系统动态性能分析与参数整定技术研究[D].天津:天津大学,2010.

[28] 芦海涛,张程,程露,等.基于西门子S7-1500与SINAMICS V90伺服驱动器的柔性安装装置设计[J].中国机械,2019(15):23-25.

[29] 叶剑锋.浅谈基于CAE技术的塑料模具设计[J].中国机械,2019(15):22.

[30] 王新峰,杨宝华,王伟华,等.飞机地板搅拌摩擦焊的多工位柔性化自动装夹装备设计研究[J].现代制造技术与装备,2020,56(12):4-7.

[31] 何轩.基于WinCC的移载设备监控系统的研制[D].成都:西南交通大学,2018.

[32] 严智虎.数控机械机床加工效能提升的途径[J].探索科学,2021(6):21-22.

[33] 李通.移动式大跨度卫星通用展开架控制系统研发[D].哈尔滨:哈尔滨工业大学,2016.

[34] 刘春.飞机大部件数字化对接装配系统中若干关键技术研究[D].杭州:浙江大学,2013.